航天科技图书出版基金资助出版

液体火箭发动机高空模拟试验系统设计

史 超 等 编著

中国宇航出版社

·北京·

图书在版编目（ＣＩＰ）数据

液体火箭发动机高空模拟试验系统设计／史超等编
著．－－北京：中国宇航出版社，2021.12
ISBN 978－7－5159－1991－1

Ⅰ．①液… Ⅱ．①史… Ⅲ．①液体推进剂火箭发动机
－高空试验－模拟试验－系统设计 Ⅳ．①V434

中国版本图书馆 CIP 数据核字(2021)第 279090 号

责任编辑　朱琳琳　　　封面设计　宇星文化

出　版 发　行	**中国宇航出版社**			
社　址	北京市阜成路 8 号　邮　编　100830	版　次	2021 年 12 月第 1 版	
	(010)68768548		2021 年 12 月第 1 次印刷	
网　址	www.caphbook.com	规　格	787×1092	
经　销	新华书店	开　本	1/16	
发行部	(010)68767386　　(010)68371900	印　张	19.75　彩　插　8 面	
	(010)68767382　　(010)88100613 (传真)	字　数	475 千字	
零售店	读者服务部　　　　(010)68371105	书　号	ISBN 978－7－5159－1991－1	
承　印	天津画中画印刷有限公司	定　价	118.00 元	

本书如有印装质量问题，可与发行部联系调换

航天科技图书出版基金简介

航天科技图书出版基金是由中国航天科技集团公司于 2007 年设立的，旨在鼓励航天科技人员著书立说，不断积累和传承航天科技知识，为航天事业提供知识储备和技术支持，繁荣航天科技图书出版工作，促进航天事业又好又快地发展。基金资助项目由航天科技图书出版基金评审委员会审定，由中国宇航出版社出版。

申请出版基金资助的项目包括航天基础理论著作，航天工程技术著作，航天科技工具书，航天型号管理经验与管理思想集萃，世界航天各学科前沿技术发展译著以及有代表性的科研生产、经营管理译著，向社会公众普及航天知识、宣传航天文化的优秀读物等。出版基金每年评审 1～2 次，资助 20～30 项。

欢迎广大作者积极申请航天科技图书出版基金。可以登录中国航天科技国际交流中心网站，点击"通知公告"专栏查询详情并下载基金申请表；也可以通过电话、信函索取申报指南和基金申请表。

网址：http：//www. ccastic. spacechina. com

电话：(010) 68767205，68768904

前　言

　　运载火箭、导弹等运载器所用的二级、三级、上面级火箭发动机以及卫星、飞船等航天器所用的姿轨控发动机需要在高空环境下工作，为获得这类发动机在实际工作环境下的性能、可靠性和热防护措施可行性等，需要在地面建造一个近似高空飞行的模拟环境，将发动机置于这种环境下进行试验，这类试验统称为发动机高空模拟试验。

　　高空模拟试验系统主要由发动机试验系统、真空获取系统、辅助系统（如吊装、电力、通信、气体生产、分析化验等）组成。发动机试验系统主要由推进剂供应系统、控制系统、测量系统等组成。这部分内容有专门书籍介绍。真空获取系统一般由试验舱、燃气升压系统、燃气降温系统、燃气抽吸系统、蒸气生成系统等分系统组成，其作用是让被试发动机在试验舱内形成满流所需要的低压力环境并维持该环境。试验过程中这些分系统一起协调工作，完成发动机高空模拟试验任务。

　　《液体火箭发动机高空模拟试验系统设计》一书主要介绍液体火箭发动机高空模拟试验真空环境获取系统的设计方法，内容包括真空获取系统的结构组成、核心装置的设计和调试与验证方法等。全书分为9章，第1章概论，主要介绍高空模拟试验在发动机研制中的目的与特点、高空模拟试验系统结构类型、高空模拟试验技术的现状与发展趋势等；第2章高空模拟试验系统总体设计，主要介绍总体设计的需求分析、设计依据和原则、总体功能与结构设计、总体技术指标设计、指标分解与气动计算、环境条件总体设计、测控系统总体设计等；第3章试验舱与环境条件设计，主要介绍试验舱设计、真空环境条件设计、稀薄流环境模拟系统、真空环境大喷管保护条件设计等；第4章燃气升压系统设计，主要介绍发动机-扩压器系统流动模型，扩压器设计，扩压器气动、结构及传热计算等；第5章燃气降温系统设计，主要介绍气体热力性质计算，燃气降温器、换热器设计计算，冷却水流量控制和调试等；第6章燃气抽吸系统设计，主要介绍真空管道设计、真空系统设计计算、气体喷射泵的一维流设计方法、蒸气冷凝器设计等；第7章蒸气生成系统设计，主要介绍液氧酒精蒸气发生器设计、空气酒精蒸气发生器设计、蒸气发生器系统调试等；第8章高空环境参数测量，主要介绍高空模拟环境下推力、压力、温度等参数测量方法等；第9章系统调试与验证，主要介绍真空获取系统的调试内容、冷却水系统调试、蒸气生成系统调试、系统联合调试、考台试验、系统性能评估等。

　　本书由史超、王志武等 11 位长期从事液体火箭发动机试验系统设计与试验、具有丰富工程实践经验的专业技术人员共同撰写。其中，史超确定全书的主题思想与架构、一二三级目录及章节核心论述内容，负责组织撰写人员对各章节内容进行多次审查修改并最终定稿。本书第 1 章、第 2 章由史超、赵万明撰写；第 3 章由王志武、李广会、王宏亮、贺宏撰写；第 4 章、第 5 章、第 6 章由王志武撰写；第 7 章由曹明明、赵曙撰写；第 8 章由李广会、唐斌运、吕欣撰写；第 9 章由周献齐撰写。梁小强、焦玉屏、安会刚、杜晨昕负责组织策划、内容审查、图书出版管理等工作。罗维民研究员对全书进行了认真审查，提出了宝贵的修改意见。

　　目前，介绍液体火箭发动机试验技术的专著很少，高空模拟系统设计方面的专业书籍更加鲜见。书中典型的理论计算引用了公开发表的参考文献，部分计算公式、设计数据、调试结果、调试方法等是作者长期实践经验的积累、总结和引自未公开发表的单位内部资料，这些内部资料未在参考文献中列出。本书把从事液体动力试验领域的专家和一线经验丰富的技术人员掌握的显性和隐性知识呈现出来，为从事液体火箭发动机试验系统设计与试验的专业技术人员提供理论指导和实践经验参考，让更多的年轻技术人员从中受益，为我国将来建造能力更强、技术更先进的液体火箭发动机高空模拟试验系统奠定人才基础。全书理论与实践相结合，贯彻工程经验必须经过实际验证的设计思想。作者在大量理论与仿真计算的基础上，列举了典型并成功应用的设计实例，提升了本书的参考价值，帮助读者快速理解设计理论和方法。本书所述内容力求通俗易懂、针对性强。读者对象为火箭发动机高空模拟试验系统设计与试验人员，火箭发动机设计人员，发动机试验风洞设计人员，高校从事火箭发动机设计理论教学的教师和学生，热爱航天事业的工程技术人员和航天爱好者。

　　本书的撰写人员常年奋斗在液体火箭发动机试验一线，完成了大量的液体火箭发动机试验系统设计与试验任务，在承担繁重的科研试验任务的同时，努力完成了本书的撰写、修订等工作，付出了艰辛的劳动。在此，对参与本书撰写、策划、修改、出版等工作的所有人员深表感谢。在本书出版过程中，得到航天科技图书出版基金的鼎力资助和中国宇航出版社的大力支持，在此深表感谢。

　　由于作者水平有限，书中内容难免有疏漏和不妥之处，恳请液体火箭发动机试验领域的专家、学者和专业技术人员及广大读者给予批评指正。

史　超
2021 年 10 月于西安

目 录

第1章 概　论

探索浩瀚宇宙永无止境，攀登科技高峰任重道远。发展航天事业，建设航天强国，是我们不懈追求的航天梦。发展航天，动力先行。液体动力是航天发展的基石，支撑着国家探索和利用外层空间的能力，承载着维护国家安全、保障国家利益、富国强军的神圣使命。液体火箭发动机是运载火箭、导弹及航天器的主要动力装置，为弹、箭、星、船、器的飞行、姿态控制、轨道转移、空间对接提供动力，是飞行器的"心脏"。不论是运载火箭、导弹还是航天器，实现其准确入轨、精确打击、正常运行等活动的前提都是具有高性能、高可靠、高稳定的发动机。由于液体火箭发动机工作环境的恶劣性，在研制过程中，要反复进行不同工况、不同类型的点火试验。

液体火箭发动机研制一般经过预研、初样、试样、定型、批产五个阶段。为了解决各阶段遇到的问题，以泵压式发动机为例，研制全过程要反复进行下列试验：发生器试验、涡轮泵吹风试验、涡轮泵与发生器联试、涡轮泵与发生器等组件半系统试验、全系统整机试验、长程可靠性试验、边界条件试验、稳定性评定试验、性能鉴定（或校准）试验、批抽检（交付验收）试验等[1,5]。对于工作在高空环境条件下的发动机要进行高空模拟试验，对于组合使用的发动机（双机、多机并联）或动力装置（全箭、全弹）要进行子级整机试验等。每种类型的试验达到不同的目的。

大型液体火箭发动机试验系统的结构组成由试验类型所决定。高空模拟试验系统主要由发动机试验系统、真空获取系统、辅助系统（如吊装、电力、通信、气体生产、分析化验等）组成。发动机试验系统主要由推进剂供应系统、控制系统、测量系统等组成。运载火箭的二级、三级、上面级发动机，卫星与飞船用姿轨控发动机等动力系统通常工作在高空环境，为了获得更高的比冲，需采用大喷管（大扩张比）设计形式[1]。如果大扩张比发动机喷管在地面试验台进行试验，发动机产生的燃气激波分离面不在喷管出口边沿，而在喷管内某一处，表现为发动机喷管出口的燃气不满流；同时在地面大气环境下试验获得的推力等性能参数不能真实地反映实际工作性能，还可能因燃气激波的作用损坏发动机喷管，导致发动机不能正常工作或试验失败。为考核高空环境条件下此类发动机的工作性能、可靠性和寿命，必须在地面创建一个近似高空飞行的环境条件——高空模拟试验环境，将发动机置于该模拟环境下进行试验，获取发动机高空环境下的工作性能、寿命及高空环境条件下多次点火的可靠性。高空模拟试验系统中的真空获取系统主要由试验舱、燃气升压系统、燃气降温系统、燃气抽吸系统、蒸气生成系统等分系统组成，试验中这些分系统一起协调工作，在发动机喷管出口及其周围产生低于环境大气压力的真空环境并维持该环境，对发动机飞行环境条件下的工作可靠性进行模拟验证。相比地面试验系统，高空模拟试验系统结构庞大、分系统多、试验流程复杂，需要各分系统之间紧密协作。

　　高空模拟试验系统设计的主要依据是被试火箭发动机推力、流量、推力室压力等主要性能参数和发动机研制过程策划的高空模拟试验需求，综合考虑建台选址周边的供水、供电、天气等物理环境条件。主要任务是设计一座满足要求、技术成熟、工作稳定、安全可靠、自动化程度高、可扩展的液体火箭发动机高空模拟试验系统。高空模拟试验系统设计主要包括发动机试验中真空环境的产生与维持、发动机工作过程高温燃气的正常排出（降温）、发动机高空条件下可靠点火与关机等，与之相关结构组件、装置、测控系统等。本书除介绍高空模拟试验在发动机研制中的目的与特点外，还详细论述了高空模拟试验系统的系统总体设计、试验舱与环境条件设计、燃气升压系统设计、燃气降温系统设计、燃气抽吸系统设计、蒸气生成系统设计、高空环境参数测量、系统调试与验证等。关于发动机地面试验系统中通用的推进剂供应系统、控制系统、测量系统等设计内容，本书不叙述。

　　液体火箭发动机高空模拟试验中，模拟环境条件和分系统协调工作的复杂模式决定了高空模拟试验系统的设计复杂性。真空环境获取、维持作为基本功能设计，需要开展全系统压力平衡计算，发动机边界工况条件下试验系统结构的可靠性、冗余设计。同时，考虑高真空环境条件下发动机点火与关机、冷、热、振动等多因素耦合模拟环境设计，以及考虑不同真空条件下推力、流量、压力等性能参数的准确测量。若采用动力蒸气驱动引射的真空环境，还需要考虑蒸气生产系统长程工作的可靠性设计等。

　　目前火箭发动机试验领域的高空模拟试验系统结构多种多样，按真空获取原理不同可归纳为两种类型：一种是依靠发动机工作时喷管出口超声速燃气流的被动引射作用，使发动机喷管出口截面产生一定的低压环境，满足发动机喷管出口基本满流的工作条件；另一种是以机械真空泵抽气或气体喷射泵（采用水蒸气/空气/氮气等动力气体源）引射为主，发动机燃气被动引射为辅，使安装发动机的试验舱内真空度满足喷管满流条件或更低的压力条件。一般对模拟高度在 $10 \sim 20$ km 范围内的较大推力发动机，由于发动机燃气流量较大，采用自身超声速燃气的被动引射方式进行高空模拟试验；对模拟高度在 $20 \sim 50$ km 范围内的中小推力发动机，由于发动机燃气流量较小，采用主动＋被动引射的方式进行高空模拟试验；对模拟高度在 $50 \sim 80$ km 范围内的小推力或微小推力的姿轨控发动机，由于发动机燃气流量小，试验舱容积比发动机体积大得多，自身引射作用很小（可忽略），主要依靠外界抽气。被动引射方式的高空模拟试验系统的特点是真空获取系统结构和试验流程简单，模拟高度低，发动机点火与关机时的真空度、冲击大小、推力曲线等和实际工作有一定差异，不能完全模拟发动机实际工作情况，主要适用于推力较大的二级发动机和部分三级发动机。主动引射的试验系统规模比被动引射的规模大，系统结构和试验流程复杂、试验准备时间长、试验成本高，但试验模拟高度高，能反映出发动机接近真实的工作性能。

　　目前我国液体火箭发动机高空模拟试验最大推力量级为 1 200 kN，模拟高度为 $12 \sim 15$ km；小推力发动机和姿轨控发动机模拟高度较高，多数在 $25 \sim 55$ km 范围内；少数高空模拟试验系统实现了 76 km 点火条件。采用被动引射和主动引射相结合的千牛推力量级的发动机高空模拟试验通常可以达到较高的真空度，万牛推力量级的发动机高空模拟试验的模拟高度较低。我国现有的高空模拟试验中虽然发动机喷管出口基本达到了满流状态，但并不能模拟发动机真实的飞行高度环境。在高空模拟方面多数试验仅模拟了真空压力条件，缺少冷、热、太阳辐射、电磁等试验条件模拟设施。美国是世界上建有高空模拟试验设施最多、能力最强的国家，其次是俄罗斯、欧洲空间局等。它们的高空模拟试验不仅发动机推力大，而且模拟高度高。除完善的高空模拟试验设施外，它们还建立了大量的热真空试验装置，为二级以上液体火箭发动机，特别是弹、箭、星、船、器上的姿控发动机及动力装置，在空间环境条件下进行模拟试验奠定了强大的研制基础。

《液体火箭发动机高空模拟试验系统设计》以真空获取系统为重点，主要论述不同类型的真空获取系统的结构组成、设计依据、设计原则、设计内容、设计步骤、理论计算、工程实践、调试验证等内容，并应用高性能仿真手段对设计内容进行仿真计算。论述中，树立以理论计算为基础、理论实践相结合的设计理念，坚持工程实践指导系统设计的基本原则。书中介绍的设计理论、计算方法和工程经验是我国多座已成功投入使用的高空模拟试验系统设计经验的总结和凝练，并借鉴了国外先进的液体火箭发动机高空模拟试验设计方法与应用经验。可以说本书是理论、实践、经验深度融合的专业设计手册。

需要指出的是，液体运载火箭助推发动机和一级发动机分离高度多数在 $50\sim80$ km，二级发动机分离高度多数在 $80\sim200$ km[2-4]，三级发动机分离高度在 200 km 以上。可以看出，二级以上液体运载火箭发动机的实际飞行和工作过程均在 50 km 以上的高空环境中。目前我国液体运载火箭发动机的高空模拟试验最高模拟高度为 76 km，绝大多数高空发动机试验模拟高度比实际飞行高度低得多，但试验过程实现了发动机喷管出口基本满流的高空工作条件。所以，通常所讲的火箭发动机高空模拟试验实质上是发动机喷管满流模拟试验。通过发动机喷管满流状态模拟试验，可以获得发动机近似真空条件下的推力、室压等性能参数，验证飞行过程工作性能、多次点火的可靠性等重要信息，是非常重要和必要的。

1.1　高空模拟试验的目的与特点

液体火箭发动机高空模拟试验的目的和特点与地面试验基本相同，不同点是在地面试验的基础上增加了真空环境、冷热环境、电磁环境等其他复杂环境条件试验内容。对研制型的发动机来说，试验目的是检验发动机设计方案的可行性、合理性，结构材料的适应性，系统工作的协调性和结构加工件质量等；对定型的发动机来说，试验目的是考核批生产工艺的稳定性、正常工作的可靠性及验证性能参数[1,5]。同时，发动机试验能够为发动机设计方法和理论研究提供数据支持，推动发动机设计理论不断发展、完善；能够验证设计结果的正确性，为改进设计提供依据。一般认为，发动机的固有质量是设计出来的，但试验是准确反映发动机固有质量的重要手段，试验结果对发动机质量、性能和可靠性等做出评价[5-6]。

液体火箭发动机试验和其他大型科学试验相比有许多特点，主要由发动机的工作方式、工作条件和工作环境所决定。主要特点有：

1）发动机试验是一项复杂的系统工程。涉及机械工程、空气动力学、流体力学、材料力学、热力学、高能化学、自动控制、计量测试、计算仿真等多学科[6]。

2）发动机试验测控系统复杂。控制时序准确无误，测量参数种类多，测量精度要求高。测控对象处于恶劣的环境条件下，系统采取多种冗余措施，保证系统可靠，参数测准、测全。

3）发动机试验费用大。一次大型发动机试验费用为几百万至数千万，试验若失败，将导致巨大损失。

4）发动机试验过程风险高，危险性大。试验所用的推进剂易燃、易爆或有毒、强腐蚀。试验中出现的许多故障是灾难性的，可能造成着火、爆炸、试验设施毁坏、人员中毒或伤亡等重大事故发生。

图1-1概括了液体火箭发动机高空模拟试验的目的和特点。

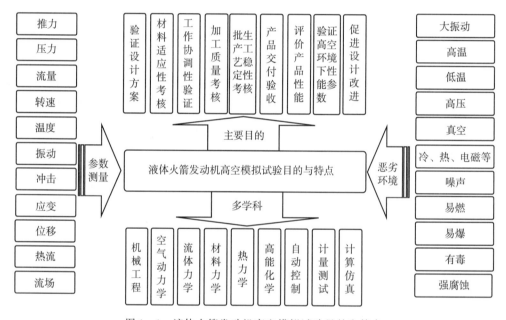

图1-1 液体火箭发动机高空模拟试验目的和特点

除上述试验类型外，要想判断二级、三级发动机和姿轨控发动机及动力系统使用的发动机在高空或空间环境条件下能否可靠点火或稳定工作，还需进行下列高空模拟试验[1]：

1）高空性能试验，目的是获得发动机高空环境条件下性能比冲、关机后效冲量、点火时序等；

2）可靠性及寿命考核试验，目的是验证高空环境条件下长期工作的寿命和边界条件下工作的可靠性；

3）高空点火试验，目的是考核高空和空间环境下二次点火和脉冲多次点火的可靠性；

4）羽焰试验，目的是获得发动机在高空和空间环境工作条件下羽焰特性及效应，验证发动机工作时燃气的羽焰能否自由膨胀[7]；

5）复杂环境试验，复杂环境试验是指除真空压力环境条件外，还有地球大气层内的温度及气动加热、冷黑、外层空间热流、微重力、电磁辐射、空间碎片等环境条件（或几种条件组合）试验。无论是一种环境试验还是多种环境条件组合的复杂环境试验，均在发动机热试条件下进行，试验过程必须是高空环境。因此，高空环境条件模拟是前提和基础。

1.2 高空模拟试验系统结构类型

液体火箭发动机高空模拟试验系统的真空获取有多种方式：一般推力较大的二级和部分三级发动机试验时在发动机喷管出口安装扩压器进行燃气升压组成真空获取系统；小推力发动机采用全封闭的主动抽吸燃气引射方式组成真空获取系统。按扩压器的结构形式和燃气引射方式综合分类，高空模拟试验系统主要分为扩压器开式系统、扩压器闭式系统、组合开式系统、组合闭式系统共四种结构类型。

1.2.1 扩压器开式系统

扩压器开式系统结构组成如图 1 - 2 所示。扩压器为空气泄入式直筒扩压器，是高空模拟试验最简单的真空获取方式。如某型号二级发动机高空模拟试验系统的试车架、发动机、扩压器的中心线与地面按 10°倾斜设计。发动机安装时喷管伸进扩压器 15～20 mm，喷管出口外沿与扩压器内壁均匀保持 20～25 mm 间隙，保证发动机起动、关机时喷管不会与扩压器内壁碰撞，发动机其余喷管外壁及发动机整体、推力架等处在大气环境中。试验时，依靠发动机喷管出口超声速燃气流引射作用，使发动机喷管出口附近抽吸到一定的真空度，实现发动机工作时喷管出口燃气满流的条件。该型号发动机长程试验时，喷管出口平行截面真空压力最低达到 4 kPa（模拟高度约 22 km），短程试验在 7～12 kPa（模拟高度 15～18 km）。这种空气泄入式扩压器结构形式的真空获取系统的特点是结构简单，试验时间不受限制，发动机起动时不需抽真空，可在大气压环境条件下起动，关机时真空压力相对较高，又有空气泄入，一般不会对喷管结构造成损害。缺点是喷管出口的真空压力较高，发动机的喷管在试验过程中仍然受环境大气压力作用，影响推力准确测量。某型号 1 200 kN 大推力二级发动机采取倾斜 45°空气泄入式扩压器进行高空模拟试验。

1.2.2 扩压器闭式系统

扩压器闭式系统由圆柱形扩压器、真空头盖组成，如图 1 - 3 所示。该结构将直筒扩压器入口端面和真空头盖出口端面用法兰连接，发动机、安装发动机的转接架及与转接架连接的部分推力动架整体安装在真空头盖连接的扩压器内。发动机安装时，喷管出口外沿距扩压器内壁均匀预留 25～30 mm 间隙，防止发动机起动、关机瞬间喷管与扩压器内壁碰撞。这种结构的特点和扩压器开式系统基本相同，试前不用抽真空。不同点是试验过程

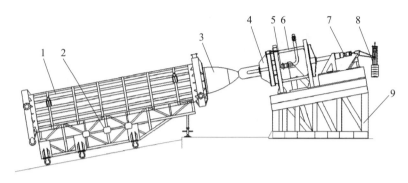

图 1-2　扩压器开式系统结构组成

1—空气泄入式直筒扩压器；2—扩压器支架；3—发动机喷管；4—发动机转接架；5—测量力传感器；6—推力动架；
7—油缸与基准推力传感器；8—施加预紧力的砝码；9—试验台基础（推力定架）

发动机整体处于真空环境条件下，有利于真空推力的准确测量。这种结构的试验过程由于扩压器内辐射热量和真空压力等因素影响，需对发动机上安装的相关控制部件与测量传感器、接插件等采取防护措施。某型号 750 kN 推力二级发动机高空模拟试验系统采取倾斜 45°的圆柱形扩压器闭式系统进行试验，试验过程中真空压力达到 2.55～12.1 kPa（模拟高度 15～25 km）。

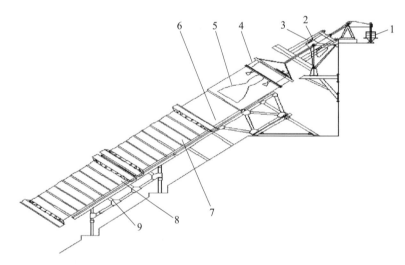

图 1-3　扩压器闭式系统结构组成

1—砝码；2—推力定架；3—推力动架；4—头盖；5—发动机；6—连接舱；7—扩压器前段；
8—扩压器后段；9—扩压器支架

1.2.3　组合开式系统

　　组合开式系统由试验舱、二次喉道扩压器、真空堵盖、抽真空装置组成，如图 1-4 所示。抽真空装置可以是真空泵机组，也可以是真空泵机组与气体引射装置的组合。发动机，试车架，推力校准装置及推力、振动、真空压力、温度等传感器均安装在试验舱内。

试验时，二次喉道扩压器出口安装真空堵盖，真空泵机组的罗茨泵、爪式泵和氮气引射器按顺序及各自预设的真空压力值先后开始抽真空，试验舱压力达到要求值后，拆掉真空堵盖的固定螺栓，堵盖打开方向（燃气方向）两侧分别用油压装置施加一定的力，助力发动机起动瞬间头部堵盖快速打开。发动机点火条件具备后，关闭抽真空设备，发动机开始点火，试验过程依靠发动机高速燃气引射保持一定的真空度。发动机关机前 0.5～1.0 s 打开试验舱上部的泄压装置，泄入一定的空气，降低真空度，防止关机瞬间损害发动机喷管。这种结构的特点是，结构相对简单，试验前抽真空，根据试验舱体积和抽真空设备能力，实现点火前较低的真空压力，使发动机在更有利的真空条件下点火。缺点是发动机点火后，只能依靠被动引射方式，试验舱的真空压力相对较高，但比空气泄入式扩压器真空系统和头盖式扩压器真空系统获得的真空压力低。如某型号三级发动机高空模拟试验系统的真空获取系统采用这种组合开式系统，试验前试验舱压力抽到 100 Pa（约 48 km），试验过程中真空压力维持在 600 Pa（33 km）附近。

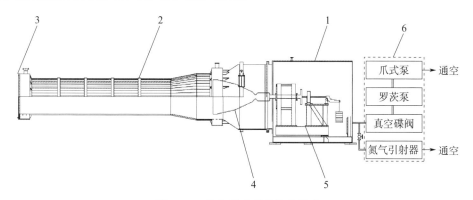

图 1-4 组合开式系统结构组成

1—试验舱；2—二次喉道扩压器；3—真空堵盖；4—发动机；5—试车架；6—抽真空装置

1.2.4 组合闭式系统

组合闭式系统主要由真空获取系统、发动机试验系统和辅助系统等组成。其中真空获取系统主要由试验舱，真空机械泵组，介质供应系统，燃气升压、降温系统，蒸气发生器，蒸气喷射泵组构成。组合闭式系统是功能最全、结构最复杂的高空模拟试验系统，系统结构框图如图 1-5 所示。图 1-6 给出了一个采用组合闭式系统结构的发动机高空模拟试验真空获取系统的原理图。原理介绍如下：试验舱中安装发动机，其喷管出口截面位于二次喉道扩压器的进口圆柱段内，二次喉道扩压器与试验舱连接。由真空机械泵组将试验舱内压力抽至发动机点火所需的真空压力。发动机点火后，高速燃气经过二次喉道扩压器减速升压，直接进入接触式喷水降温器，将燃气温度降低至设计温度值以下。降温器出口混合气流进入第一级喷射泵进行升压，升压后气流进入第一级冷凝器，将混合气流中部分水蒸气冷凝，排出真空管道，并对混合气流进行降温。经一级冷凝的混合气流进入第二级喷射泵升压，第二级喷射泵后的出口气流再次经过冷凝，进入第三级喷射泵升压，第三级喷射泵出口气流经过冷凝后排入大气,完成一个完整的真空获取流程。

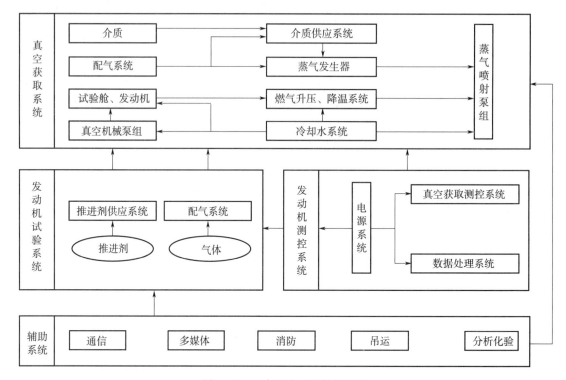

图 1-5　组合闭式系统结构框图

喷射泵的动力蒸气由液氧/酒精/软化水三组元蒸气发生器生成,蒸气发生器出口蒸气随后进入蒸气分配器,并输送到各级喷射泵。真空机组由滑杆泵、两级罗茨泵组成,具有将试验舱内压力抽至 2.0 Pa(高度约 76 km)的能力,满足发动机高真空环境条件点火要求。冷凝器出口冷凝水进入热井,可循环利用。图 1-7 所示为一个典型、直观且经过实际应用的组合闭式真空获取系统结构组成。从图中可以看出,燃气降温系统由喷水降温器、前集气室、三组管束降温器、后集气室组成。扩压器出口的高温燃气进入喷水降温器降温→前集气室燃气扩散、减速→管束降温器降温→后集气室扩散、收敛,完成燃气降温。蒸气发生器通过液氧、酒精或空气产生高温带压蒸气,蒸气通过引射一级泵、二级泵、三级泵、四级泵将降温后的发动机燃气引射排入大气中。一~四级蒸气喷射泵同时对燃气和高温蒸气进行降温冷凝,减少排气量。试验系统全程真空压力经过详细计算和仿真,从试验舱压力到四级蒸气喷射泵出口压力保持一定的梯度和平衡,确保燃气与蒸气顺利排出。

需要指出的是,组合闭式系统中的引射动力源除蒸气发生器产生的蒸气外,还可以用常温空气或氮气、真空机械泵组抽气等作为动力源。这些动力源中,蒸气发生器产生的蒸气引射能力强大,是高空模拟试验系统向推力更大、试验时间更长、模拟高度更高发展的首选动力源。因此,开展大流量蒸气发生器技术研究和系统研制,也是发动机高空模拟试验系统建设者的一项重要工作。

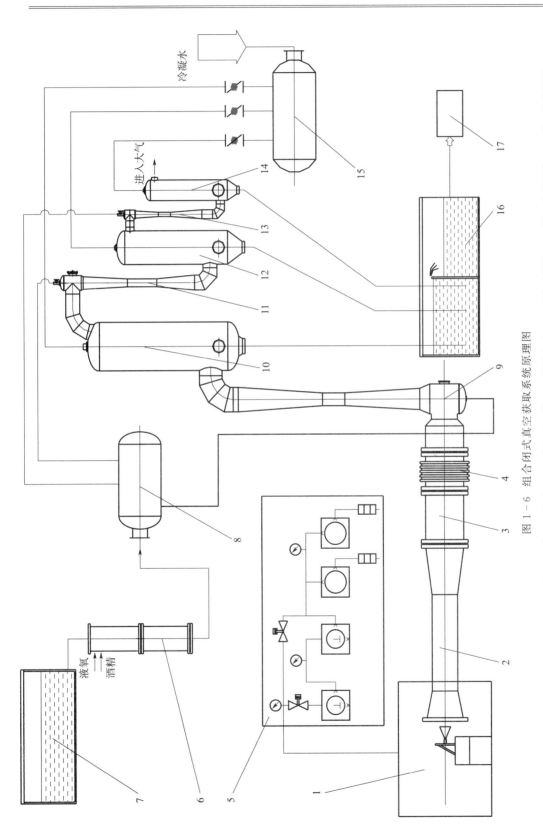

图 1-6 组合闭式真空获取系统原理图

1—试验舱；2—扩压器；3—降温器；4—波纹管；5—真空机械泵组；6—蒸气发生器；7—软化水池；8—蒸气分配器；9—第一级喷射泵；10—第一级冷凝器；11—第二级喷射泵；12—第二级冷凝器；13—第三级喷射泵；14—第三级冷凝器；15—冷凝水分配器；16—热井；17—冷凝水循环系统

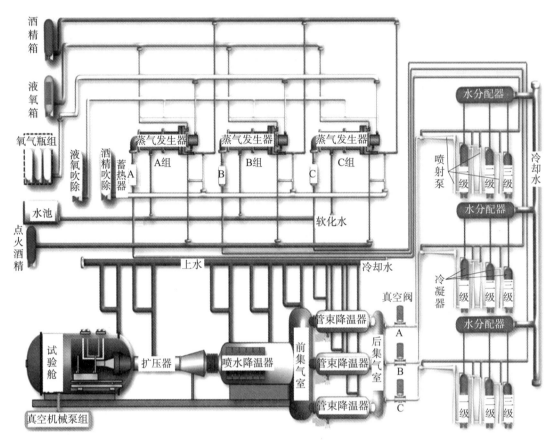

图 1-7　组合闭式真空获取系统结构组成图（见彩插）

真空获取系统设计的主要依据是发动机的推力大小、燃气质量流量、温度和要求的真空度。根据发动机的主要性能参数确定试验舱的体积、真空机械泵组的抽气能力、喷水降温水流量、蒸气发生器产生的蒸气量、蒸气喷射泵级数和能力等参数。这种功能齐全的组合闭式高空模拟试验系统的特点是：结构复杂，功能齐全，试验时间长，可实现发动机76 km点火，试验过程维持较高的真空度。特别是多组蒸气发生器的组合，满足不同推力量级的发动机高空模拟试验，同时蒸气发生器强大的主动引射能力，可快速实现试验舱试前、试验过程要求的真空度。用图 1-7 所示的高空模拟试验系统，1 kN 推力量级的发动机试验时，76 km点火，仅使用一组 22 kg 级蒸气发生器，试验过程中真空压力可达到22 Pa（60 km），试验时间长达 3 600 s，充分考核了发动机高空环境条件下的工作可靠性。

高空模拟试验系统设计的规模大小和复杂程度取决于被试发动机参数和对高空模拟试验的要求。图 1-7 所示的功能齐全的试验系统设计了 3 组蒸气发生器、前后集气室和 3组管束降温器、4 级蒸气喷射泵，试验最大推力可达 15 kN。根据工程经验，如果被试发动机的推力在 100 N 以下，真空获取系统的结构大为简化，可采用真空机械泵组全程抽真空，根据燃气温度和试验系统结构设计冷却方式，试验时间不受真空获取系统限制，发动机推力更小时可以不设计燃气冷却环节。发动机推力为 500～1 000 N 时，依靠单一的真空机械泵组一般难以满足发动机试验过程的抽气能力，多数采用真空机械泵组先将试验舱抽到一定的真空度，发动机点火前起动空气或氮气引射装置，并关闭真空机械泵组。发动机试验过程主要依靠外界气体引射（发动机燃气自身引射也起一定作用）方式维持真空度。这种高空模拟试验方式试验时间长短取决于气体存储量的多少。如果采用锅炉蒸汽引射，可以实现长程高空模拟试验，但只适用于小推力发动机。当发动机推力为 1 000 N、模拟高度在 60 km 以上时，大约需 30 t 的蒸汽锅炉。推力更大时，蒸汽锅炉的建设规模更大，不适宜使用蒸汽锅炉方案。从目前国内外已建成的高空模拟试验系统和设计经验来看，采用蒸气发生器产生蒸气、蒸气引射获取真空的方式是较大推力发动机长程高空模拟试验最理想的手段。

1.2.5　新型高空模拟试验系统

随着液体火箭发动机高空模拟试验技术和水平的迅速发展，发动机研制者追求在更接近发动机全寿命周期的实际工作环境条件下进行高空模拟试验，在组合闭式高空模拟试验系统基础上增加冷、热环境试验功能，来流环境试验功能，电磁辐射环境试验功能，力、热耦合复杂环境试验功能等，使之具备组合功能或复杂环境功能是未来的发展趋势[1,6,9,10]。

（1）冷、热环境高空模拟试验系统

在安装发动机的试验舱内，利用液氮循环或压缩机制冷方式，使发动机及相关部件、推进剂供应管路等处于低温环境（如发动机−20～−50 ℃、推进剂−5～−30 ℃）。在该环境温度下发动机点火并工作，考核发动机及配套产品在工作过程中的适应性和可靠性。通过石英灯阵加热方式，使发动机及相关部件、推进剂供应管路等处于高温环境（如发动机 100～600 ℃、推进剂 20～100 ℃）或接受一定的热流密度。在该温度环境条件下发动机点火并工作，考核发动机及配套产品在工作过程受到其他发动机火焰热辐射或与空气高速摩擦、太阳热辐射等高温环境下的工作可靠性。

（2）来流环境试验系统

当液体火箭发动机随火箭高速飞行在稀薄流环境中时，外部来流环境可能会对发动机的点火工作产生影响。当发动机在试验舱内试验时，发动机静止不动，需要产生来流气体模拟真实环境飞行情况。来流的流量、速度、温度、与发动机火焰方向的夹角等通过气体流量调节器和加热器来满足。通过来流环境条件高空模拟试验，验证、考核发动机在来流环境下点火的可靠性及发动机正常工作的稳定性。

（3）电磁辐射环境试验系统

卫星上的发动机或动力装置长期工作在空间环境，工作中在受到太阳热辐射的同时，也受到空间电磁辐射或各种电磁干扰。发动机或动力装置上的控制和测量部件，能否在空间电磁辐射和电磁干扰环境下长期稳定、可靠工作，需要通过模拟的电磁辐射环境试验系统进行试验验证[8]。所以，在试验舱内设计电磁辐射和电磁干扰环境条件，进行电磁辐射环境高空模拟试验，考核发动机或动力装置配套的控制与测量部件的抗电磁辐射和干扰的能力。

（4）力、热耦合复杂环境试验系统

高空发动机或空间动力系统在全寿命周期工作中，受到的环境条件不是单一的冷、热、来流、电磁辐射与干扰等单个因素，经常是多个因素叠加，只是在某个阶段某种环境因素影响较大。特别是发动机或动力系统在运载装置发射、降落及转级的关键阶段工作时，受到力（振动、加速度）和热耦合的复杂环境因素影响较大。所以，进行力、热耦合复杂环境高空模拟试验，对考核、验证发动机或动力系统的可靠性至关重要。

1.3　高空模拟试验技术的现状与发展趋势

1.3.1　国内外高空模拟试验技术发展现状

美国和俄罗斯是世界上火箭发动机试验设施最多、能力最强、技术水平最高的两个国家。它们十分重视高空模拟试验装备和关键试验技术的研究，为此建设了大量功能完善的高空模拟试验设施。美、俄、欧空局、日本等多数火箭发动机试验基地具备二级、三级、上面级及姿轨控发动机高空模拟试验能力。在推力较大的发动机高空模拟试验系统中广泛使用蒸气发生器技术，采用蒸气发生器产生的蒸气引射＋真空泵机组的结构形式获取真空环境。国外液体火箭发动机主要高空模拟试验设施及能力见表 1-1[9-16]，可以看出，美国空军研究实验室、白沙试验场，德国兰波尔豪森试验基地，俄罗斯导弹与航天工业科学试验中心等高空模拟试验能力强大、功能完善。美国液体、固体火箭发动机大型高空模拟试验装置共有 70 多个，其中，白沙试验场有 8 座液体火箭发动机高空模拟试验设施，6 座具备 76 km 点火的功能；空军研究实验室有 6 座高空模拟试验设施，其中 1-14C 高空模拟试验装置真空度达到了 195 km（设计 210 km）高度；阿诺德工程研究中心的 J-4 高空模拟试验台试验舱直径 14.4 m，高 37.5 m，不仅可进行大型液体、固体发动机高空模拟试验、羽流试验，还具备推进系统整机高空模拟试验的能力，在推力 226.5 kN 时，模拟高度达到了 30.5 km；格林研究中心的 B-2 试验台试验推力 110.1 kN 的 RL10 B-2 发动机时模拟高度达到 53.3 km，试验推力 1 775 kN 的发动机时模拟高度达到 28.5 km，是世界上唯一能进行全尺寸运载器上面级火箭发动机高空模拟试验的大型设施；斯坦尼斯的 A-3 试验台是世界上试验能力最大的高空模拟试验台，设计有 9 组（3 台为一组）共 27 台蒸气发生器，设计蒸气产生能力达 2 240 kg/s（模拟高度 27～30.48 km），实际调试结果为 1 961.3 kg/s，试验过程还具备 5°摆摆能力，目前承担推力 1 330 kN 的 J-2X 发动机高空模拟试验。俄罗斯导弹与航天工业科学试验中心有 7 座高空模拟试验设施，其中 B2-1 试验台在推力 98 kN 的量级下，试验时间达到 4 000 s。德国兰波尔豪森试验基地建立了 5 座高空模拟试验台，其中 P4.1 试验台的 5 台液氧/酒精发生器产生的蒸气总流量达到 226 kg/s，试验推力达到 200 kN。日本角田航天推进中心建有 2 座高空模拟试验设施，其中 HATS 试验台蒸气流量达到 280 kg/s，试验推力 100 kN，试验时间达 600 s。总体看，国外液体火箭发动机高空模拟台试验能力从几十牛到几十万牛，试验舱直径为 1.0～14.4 m，实际模拟高度为 9～210 km，多数采用多级蒸气引射或与真空机械泵组联合的主动引射方式获取真空环境，发动机点火前试验舱压力一般在 100 Pa 以下。此外，国外除完善的高空模拟试验设施外，还建立了大量的复杂环境试验装置。如俄罗斯的科尔德什研究中心第一组试验设施主要模拟外部环境对火箭的影响，包括在深空条件下模拟发动机工作时航天器周围大气流场的低温真空试验装置、高精度模拟太阳辐射的热真空试验舱、空间环境对航天器的电物理作用试验装置、卫星部件和材料稳定性放电试验等。动力机械科研生产联合体建立了高真空、超大容积（900 m³）的 618 热试验舱，试验时真空压力达到了 0.001 3 Pa。美国阿诺德工程研究中心建立了大量先进的空间环境舱、电弧加热器、弹道试验装置等模拟发动机实际工作条件的复杂环境试验装置，增加了发动机真实环境工作条件测试的覆盖性。

表 1 - 1 国外液体火箭发动机主要高空模拟试验设施及能力

国家	试验机构	试验台	试验舱与特点	试验推力/设计试验推力/kN	模拟高度/点火条件/km
美国	斯坦尼斯	A - 2	试件最大直径 10.06 m	1 667/4 854	16～21
		A - 3	ϕ12.19 m×17.68 m（承载 454 t,可进行 550 s,5°摇摆试验）,27 台（3 台一组）蒸气发生器设计能力达 2 240 kg/s	1 290/4 452	27～30.48
		B - 1	试件最大直径 10.06 m	1 667(SSME)	18
	白沙试验场	302	试件最大直径 7.6 m,高 13.7 m,蒸气引射+真空泵	111.2	30.5/76
		303	试件最大直径 2.1 m,高 7.6 m,蒸气引射+真空泵	4.5	30.5/76
		401	试件最大尺寸 4.6 m×4.6 m×13.7 m,蒸气引射+真空泵	111.2	30.5/76
		402	试件最大尺寸 6 m×6 m×7.6 m		
		403	试件最大尺寸 4.5 m×4.5 m×13.7 m,蒸气引射+真空泵,推力矢量测量	110	30.5/76
		405	试验舱 ϕ2.9 m×8 m,蒸气引射+真空泵	110/固,4.5/液	30.5/76
		406	试验舱 ϕ1.02 m×2.5 m,蒸气引射+真空泵	4.5	30.5/76
		TS - 901	移动式,试验舱 ϕ1 m×2 m		30
	阿诺德工程研究中心	J - 2A	试验舱 ϕ5.58 m×9.75 m,冷、热试验	88.3	60
		J - 3	试验舱 ϕ5.1 m×12 m,六分力推力测量	最大试验能力 882.6,实际试验 88.3	37.5
		J - 4	试验舱 ϕ14.4 m×37.5 m,蒸气引射,故障诊断,羽焰、六分力测量等	226.5/6 767	30.5
	格林研究中心	B - 2	试验舱 ϕ11.6 m×18.9 m,世界唯一全尺寸高模试验,抽空能力 10^{-5} Pa,试验	1 775(110.1 kN,600 s)	28.5(53.3)

续表

国家	试验机构	试验台	试验舱与特点	试验推力/设计试验推力/kN	模拟高度/点火条件/km
美国	空军研究实验室	1－14A	试验舱 $\phi2.55$ m×9.3 m,最长试验 6 h	4.41/22.06	36.0
		1－14C	试验舱 $\phi3.6$ m×2.1 m	0.441/0.882	210
		1－14D	试验舱 $\phi2.4$ m×4.8 m	22.06	78
		1－14E	试验舱 $\phi2.7$ m×6 m	1.32/22.06	78
		1－42B	试验舱 $\phi4.8$ m×8.4 m,六分力测量	19.6/220.6	36
		1－42C	球形舱 $\phi9.1$ m,真空度 1.33×10^{-4} Pa	441.3	195
	航空喷气·洛克达因公司	A－8	高压 38.5 MPa	88.3	9
		J－3	试验舱 4.5 m×5.3 m×3 m	6.86	57
		J－4	试验舱 $\phi2.5$ m×39 m,试前温度可调	88.3	45
		J－5		882.6	45
		29A/29B		13.2～53	24
	普拉特·惠特尼凯瑟马·夸特	E－6	蒸气引射	2 226	23
		1#舱	试验舱 $\phi1.2$ m×1.1 m	5.5	
		2#舱	试验舱 $\phi8$ m×6 m	180	40
		9#－1/2	球形舱 $\phi6$ m	0.05/5.1	71
		PRL D/E	试验舱 $\phi1.2$ m×1.0 m	0.51	40
俄罗斯	导弹与航天工业科学试验中心	105－5B－1	外形 8 m×8 m×10 m	784.5	
		105－5B－2	外形 4.5 m×7 m×7 m,试验航天器动力装置	9.8	
		B1		392.2	
		B2－1	最长试验时间 4 000 s	98	
		B2－2	最长试验时间 200 s	1 961.3	
		526－PCY	真空度 1.33×10^{-4} Pa,低温－210 ℃	6	
		526－BKY	真空度 1.33×10^{-5} Pa,低温－210 ℃	0.22	
	化学自动化设计局	4 号		294	
		9 号		490.3	
		62 号		980	
	克拉斯纳亚尔斯克机械制造厂	2 号台	2－2 舱容积 30 m³,试验 0.000 1～0.005 kN 2－3 试验:245.2 kN	0.000 1～245.2	
		4 号台	试验舱容积 60 m³	0.05	
乌克兰	南方机械厂	2 号台	试车台倾斜 45°	784.5	
	南方设计局	2 号台	试验舱直径 1.3 m	0.019～0.098	

续表

国家	试验机构	试验台	试验舱与特点	试验推力/设计试验推力/kN	模拟高度/点火条件/km
欧空局	德国兰波尔豪森试验基地	P1	试验舱容积为 4.5 m³,试验时间 2 h,蒸气发生器产生蒸气流量为 45 kg/s	0.2~0.6	42
		P3.2			19.5
		P4.1	试验舱 φ5 m×6.2 m,5 台蒸气发生器产生 226 kg/s 蒸气流量,试验时间 770 s	200	32
		P4.2	试验舱 2.8 m×2.8 m×4.9 m,2 台蒸气发生器蒸气流量为 100 kg/s,试验时间 300 s		16
		P6.2	氮气引射流量为 2.8~4.2 kg/s		32
	法国维尔农试验基地	PF41-1	锅炉蒸汽引射流量为 110 kg/s,试验时间 900 s	68.6	25
	法国航空航天研究院	A75	试验舱 φ5 m×15 m(固/液)		80
		A611	试验舱 φ3 m×20 m(固/液)		80
		S4MA	试验舱 φ1.2 m×4.7 m(固/液)		25
		S4B	试验舱 φ2.5 m×14 m(固/液)		25
日本	角田航天推进中心	发动机高空试验	蒸气引射流量为 160 kg/s,试验时间 180 s	100	30
		HATS	试验舱 φ3.8 m×7.8 m,一级蒸气流量为 65 kg/s,二级蒸气流量为 215 kg/s,试验时间 600 s	100	30

注:1. 试验推力/设计试验推力一栏中,没有斜杠和说明的单一数值代表实际试验推力;
 2. 模拟高度/点火条件一栏中,没有斜杠和说明的单一数值代表实际模拟高度。

我国液体火箭发动机高空模拟试验设施在近十几年得到了较快发展,但总体比较薄弱,能力不足,数量、规模、功能等和国外有较大差距。高空模拟试验设施主要集中在千牛推力量级的发动机试验,模拟高度 23 km 以上和具备 76 km 点火能力的试验设施很少。50 kN 以上的二、三级发动机主要依靠空气泄入式扩压器引射的方法进行高空模拟试验,模拟高度一般为 15~23 km。值得一提的是,我国科研人员在"十三五"期间攻克了大流量蒸气发生器核心技术,分别研制了蒸气流量为 10 kg/s、22 kg/s 的系列化蒸气发生器,并建立了 100 kg/s 蒸气发生器引射系统,可用于承担不同推力量级的发动机高空模拟试验任务。22 kg/s 的蒸气发生器主要用于承担 1~3 kN 发动机的高空模拟试验,三组并联工作状态下最大可承担 15 kN 以下发动机的高模试验,最长模拟时间为 1 000 s;10 kg/s 的蒸气发生器主要用于承担 100 N~1 kN 发动机的高空模拟试验任务,单次最长试验时间达 5 000 s;100 kg/s 的蒸气发生器的蒸气引射能力在世界上仅次于美国斯坦尼斯的 A-3 试验台,可实现单台独立工作、多台并联工作等多种高模引射组合模式,满足了不同推力量级发动机和吸气动力多种飞行工况的高空模拟试验任务需要。在液体火箭发动机试验领域应用蒸气发生器技术,进一步提高了我国液体火箭发动机高空模拟试验能力和技术水平,为我国较大推力的发动机高空模拟试验奠定了坚实基础。近几年，在试验舱内增加制冷、加热功能，模拟空间冷、热环境，开展真空及力、热耦合等环境下发动机高空模拟试验技术的研究和设施研制，充分验证发动机在复杂环境下的工作可靠性，促进新型高空模拟试验技术的深入、快速发展。

1.3.2　国外高空模拟试验技术发展趋势

美、俄、欧等国外液体火箭发动机高空模拟试验设施经过长期投入、建设，在规模和数量上占有绝对优势，其试验技术和水平经过多年研究、积累和沉淀，在该领域处于领先地位。随着航天技术的快速发展，特别是各国为了维护国家安全，保障国家利益，积极发展外层空间和深空探测能力，不仅需要大力研制发展重型液体火箭发动机，而且需要建立更大推力的发动机高空模拟试验设施。同时，为了提高火箭发动机的工作可靠性，应尽可能在试验中模拟发动机全寿命周期遇到的所有工作环境，使发动机高空工作性能得到充分考核。高空模拟试验技术发展趋势如下：

（1）建立完善的高空模拟试验设施

美、俄等国家及欧洲空间局在液体火箭发动机试验基地，投入巨大的财力，建设众多功能完善的高空环境模拟试验设施，从未停止建设步伐。可以说只要发动机研制需要，就建立新的高空模拟试验台或改造原有的试验台。

（2）积极开展大流量蒸气发生器技术研究与应用

随着蒸气发生器技术的深入发展，大流量蒸气发生器投入使用，燃气引射能力大幅提高，使较大推力的二、三级发动机高空模拟试验由扩压器被动引射的方式向蒸气主动引射为主、发动机自身引射为辅的主动引射＋被动引射方式转变，试验模拟高度更高、试验时间更长。对于小推力发动机高空模拟试验，使用蒸气发生器主动引射方式后，模拟高度和试验时间也显著提升。

（3）加速复杂环境高空模拟试验技术研究与系统建立

高空与空间发动机全寿命工作周期，不仅仅涉及真空压力，而且涉及高低温、振动、电磁辐射等，目前多数高空模拟试验主要以真空环境试验为目的，不具备高可靠性发动机研制需要的复杂环境高空模拟试验能力。近几年国外复杂环境高空模拟试验技术发展迅速，诸如俄罗斯的科尔德什研究中心在深真空条件下进行低温、太阳辐射、卫星部件和材料放电等复杂环境高空模拟试验。美国阿诺德工程研究中心建立先进复杂环境的空间环境舱、电弧加热器、弹道试验装置，进行真空、冷、热、振动耦合等复杂环境条件下的高空模拟试验，提高发动机真实环境工作条件测试的覆盖性。

（4）开展高空模拟试验仿真与故障诊断技术研究

液体火箭发动机试验危险性高、费用巨大，试验过程的故障可能导致发动机爆炸及试验系统烧毁等灾难性情况发生，高空模拟试验更是如此。为了提高试验成功率、降低试验成本及防止试验过程中灾难性故障的发生，各国积极开展液体火箭发动机高空模拟试验仿真技术研究和试验系统故障诊断技术研究。美国马歇尔空间飞行中心用于 SSME 发动机的涡轮泵振动分析的实时振动监测系统成功应用于发动机高空模拟试验；德国开发了基于模式识别的液体火箭发动机试验专家诊断系统；法国开发了一种诊断速度快、准确率高的发动机试验监测系统用于阿里安-5 火箭发动机试验；俄罗斯针对重型火箭发动机 RD-170 开发了健康监测和寿命评估与预测系统；日本利用基于知识的专家系统和多传感器技术分别对 H-2 运载火箭发动机进行实时监测，对在轨卫星进行故障诊断与健康监测；我国在新一代运载火箭研制中，开展了试验仿真和故障诊断系统技术研究，西安航天动力试验技术研究所和北京航天试验技术研究所分别开发了基于稳态参数的液氧煤油发动机和液氢液氧发动机高空模拟试验的故障检测系统，成功应用于发动机试验。

分析国外液体火箭发动机高空模拟试验技术发展趋势，研究我国和国外存在的差距，对我国液体火箭发动机试验设施的建设，特别是高空模拟试验系统的设计思路有着重要的指导意义。从事液体火箭发动机试验系统设计的技术人员，应充分利用现有试验装备，加强先进试验技术、关键试验装备的预先研究，为我国高性能导弹武器和大推力、高可靠的运载火箭配置更加先进的发动机，设计能力强大、功能完善的高空模拟试验平台。

参 考 文 献

[1] 郭宵峰. 液体火箭发动机试验 [M]. 北京：宇航出版社，1990.

[2] 龙乐豪. 中国长征-3B 运载火箭 [J]. 国际太空，1999 (4)：4 - 5.

[3] 胡冬生，等. 重复使用火箭垂直回收任务弹道分析 [J]. 导弹与航天运载技术，2018，364 (5)：
       23 - 25.

[4] 刘晓正. 美国首次商业载人试航发射成功 [J]. 导弹与航天运载技术，2020，374 (3)：14.

[5] 张贵田. 高压补燃液氧煤油发动机 [M]. 北京：国防工业出版社，2005.

[6] 侯敏杰. 高空模拟试验技术 [M]. 北京：航空工业出版社，2014.

[7] 肖泽娟，程惠尔，周伟敏，等. 高空羽流试验系统和压力场的测量 [J]. 上海交通大学学报，
       2007，41 (9)：1543 - 1545.

[8] 王晓海. 空间环境探测技术的发展现状与趋势 [J]. 卫星与网络，2015 (18)：60 - 64.

[9] 张斌章. 国外火箭发动机试车台及发展趋势研究 [J]. 火箭推进，2007，33 (5)：43 - 45.

[10] 罗维民. 国外液体火箭发动机试验设施述评 [J]. 火箭推进，2015，41 (1)：2 - 9.

[11] 张婵. 俄罗斯的液体火箭发动机研制企业——动力机械科研生产联合体 [J]. 飞航导弹，2000
       (11)：34 - 35.

[12] SHAMIM RAHMAN，BARTT HEBERT. Rocket Propulsion Testing at Stennis Space Center：
       Current Capability and Future Challenges [R]. AIAA 2003 - 5038，2003.

[13] THOMAS E JACKS，MICHELE BEISLER. Expending Hydrogen Peroxide Propulsion Test
       Capability at NASA's Stennis Space Center E - Complex [R]. AIAA 2003 - 5041，2003.

[14] ELIZABETH A MESSER. Development of a Work Control System for Rocket Propulsion Testing at
       NASA Stennis [R]. AIAA 2005 - 1130，2005.

[15] M DAWSON. Development and Implementation of NASA's Lead Center for Rocket Propulsion
       Testing [R]. AIAA 2001 - 0747，2001.

[16] M F FISHER，R F KING. Low - Cost Propulsion Technology Testing at the Stennis Space Cente—
       Propulsion Test Article and the Horizontal Test Facility [R]. AIAA 1998 - 3367，1998.

第 2 章　高空模拟试验系统总体设计

液体火箭发动机高空模拟试验四种真空获取结构形式中，通常以扩压器开式、扩压器闭式结构形式建立二、三级较大推力发动机试验真空环境条件，以组合开式、组合闭式结构形式建立三级、上面级等小推力、姿轨控发动机试验真空环境条件。组合闭式结构形式的高空模拟试验中，根据推力量级、发动机结构尺寸、试验时间等因素考虑配置系统的引射方式和规模。本章系统总体设计主要针对功能齐全、系统复杂的组合闭式结构形式。

在系统总体设计中，首先根据液体火箭发动机研制过程对高空模拟试验的要求进行需求分析，根据需求分析结果，确定高空模拟试验系统的设计目标、总体功能、总体架构、总体指标、结构布局及规模等；还应综合考虑试验系统的通用性、建设周期、分系统设计指标、分系统接口关系、功能和规模的可扩展性等因素。本书后续各章节对不同分系统进行介绍，可根据实际高空模拟试验配置需要进行内容组合，实现不同发动机高空模拟环境条件的建立。

《发动机高空模拟试验要求/任务书》（以下简称《任务书》）为设计总输入，它明确规定了高空模拟试验系统的设计指标、发动机结构尺寸、性能参数、飞行工况所需的时间与压力环境要求。系统总体设计主要是确定目标、规模、结构布局，提出试验舱、燃气升压降温系统、排气系统、引射动力源系统、辅助配套系统等分系统的结构形式和主要技术指标，将这些分系统合理配置组合，实现复杂的环境模拟功能。

2.1　需求分析

设计人员应熟悉液体火箭发动机试验系统、真空获取系统的原理、特点和试验流程，在拟建设现场实际考察、调研，将高空模拟试验系统设计需求和思路编制成内容详尽、条理清晰、目标明确的《需求分析报告》。《需求分析报告》准确、完整地涵盖《任务书》的内容。《需求分析报告》包含高空模拟建设项目名称、建设场地、建设内容、技术指标、关键技术、建设周期、场地环境条件、成本控制等内容。其编写过程，是设计者对《任务书》的分析、理解、梳理、归纳、总结的过程。《需求分析报告》内容应详细、准确和完整，是对《任务书》的详细描述与正确理解，是高空模拟试验系统设计的重要基础文件。高空模拟试验系统总体设计的输入文件是《任务书》和《需求分析报告》。

2.2　设计依据和原则

2.2.1　设计依据

系统总体设计的主要依据有：

1）《任务书》；

2）《×××发动机试验技术条件》；

3）《×××发动机高空模拟试验系统项目建议书》《×××发动机高空模拟试验系统项目建议书批复》，一般包括建设目标、主要建设内容、技术指标、建设经费、建设周期等；

4）建设单位提供的建设场地相关地质、水文、气象等基础资料；

5）国家相关法规、标准、规范。

上述依据中，《任务书》是最全面、最完整的设计文件，它涵盖高空模拟试验技术条件、技术指标、建设目标、建设周期等系列内容。一般包括：

1）高空模拟试验系统的功能；

2）发动机的通用技术要求：真空推力、燃烧室压力、推进剂流量、推进剂类型、发动机入口压力、额定及最长工作时间、起动与关机时序，有摇摆或姿态控制要求时的控制方向、最大角度、最大横向力等；

3）发动机的高空模拟环境要求：额定工况模拟高度，喷管出口满流的真空压力，起动前及关机后舱内真空压力、温度要求，起动前及试验过程推进剂温度要求，二次或多次起动条件，高空模拟边界条件试验要求，高空模拟试验测量参数类型、测量不确定度要求等；

4）发动机基本尺寸，在舱内安装要求；

5）高空模拟试验的次数和最长试验时间；

6）未来高空模拟试验系统功能需求与能力扩展（冷、热、电磁等环境）需求；

7）对试验系统的其他特殊要求等。

2.2.2　设计原则

高空模拟试验系统的设计原则如下：

1）应满足研制立项任务的目标要求及研制发动机任务书规定的环境技术指标要求，覆盖全面的参数获取功能要求；

2）在设计寿命内进行成本设计和策划，在满足任务目标的规模要求下，实现控制成本与性能的最优搭配；

3）使用的国产和进口元件设备、仪器的种类与数量满足国家和行业的相关规定与要求，各系统配套工艺接口标准、测控系统通用要求依据国家现有行业规范；

4）设计过程中最大限度地考虑继承性，在满足功能和技术指标的前提下，沿用成熟系统工艺结构、气动分布形式、引射系统原理、测控兼容配套、试验工艺流程等，在确保高空模拟试验系统可靠性、稳定性的同时，降低成本、缩短设计周期。

系统总体设计时应满足以下要求：

1）性能满足要求。系统总体设计应满足被试发动机高空模拟环境中压力、温度、气体流速、气动热等参数要求，模拟环境尽可能与发动机实际工作环境接近。

2）可靠性高。液体火箭发动机高空模拟试验成本高、风险大，试验系统组件、仪器设备、非标准装置等应具备较高的可靠性、稳定性，确保性能指标满足要求的同时避免因试验设备仪器等质量问题而导致重大损失或试验失败。

3）安全性好。试验系统通常包含高温、低温、高压、有毒、强腐蚀、大振动等众多危险因素，要通过系统设计提高本质安全。在设计过程中应严格依据安全管理规范开展安全冗余设计、安全流程管理、安全应急措施，防止因安全防护设计不足引起试验起火、爆炸、烧毁等问题。

4）可测试性与可维护性好。系统总体设计中应充分考虑其可测试性、可维护性，便于分系统和全系统进行检查、测试、维护，使试验系统的功能与性能始终处于受控状态。

5）结构模块化设计。系统总体设计中应采用模块化设计思想，将多个独立的分系统进行模块化设计，便于系统组装、调试与改造。结构模块化设计的系统具有良好的可扩展性。

6）通用性强。高空模拟试验系统投资规模大，系统设计时应具有较好的通用性，不同的模块组合或略作改造，可承担不同型号、不同推力量级的发动机高空模拟试验或地面试验任务。

7）技术先进。高空模拟系统设计时采用成熟、可靠、经实践考核验证的原理和方法，关键与核心技术要借鉴液体火箭发动机高空模拟试验领域新技术、新方法及发展趋势，使设计的试验系统功能、性能指标具有先进性。

8）经济性好。系统设计时，在功能、性能指标、可靠性相同或相近的前提下，选择具有价格优势的设备和仪器，或在价格相近的情况下，追求高性能、高可靠性、高性价比，并通过迭代与优化设计，降低研制费用，使建设总费用控制在项目批复范围内。

2.3　总体功能与结构设计

2.3.1　模拟环境

随着火箭二、三级发动机及姿轨控发动机和空间动力系统从地面进入高空，大气压力从环境大气压变化到真空压力环境，空气含量不断减少，外界的温度、湿度发生较大的变化。特别是空间动力系统在空间轨道工作时，处于微重力、超真空、高低温、高能粒子辐射（太阳辐射、地球辐照、地球反射和月球反射及宇宙射线）等外界污染及参数剧烈变化的环境[1]，因此，高空模拟试验中较完善的环境模拟条件应是真空环境、冷热环境、羽焰环境、电磁辐射环境等的组合。目前已认知的环境条件模拟内容有如下几方面[2]。

（1）压力环境

高空模拟试验系统应满足发动机起动前、试验过程及发动机关机后与模拟高度对应的环境压力要求。海平面大气压力为 101 325 Pa，10～20 km 高度对应的大气压力约为 26 500～5 530 Pa，23 km 高度对应的大气压力约为 3 241 Pa，42 km 高度的环境压力约为 220 Pa，76 km 高度的环境压力约为 2.2 Pa，80～100 km 高度的环境压力约为 1.037～ 0.032 Pa，300 km 高度的环境压力约为 8×10^{-6} Pa，1 000 km 高度的环境压力约为 7.5×10^{-9} Pa[1]。

（2）冷热环境

试验舱内的发动机、推进剂及供应管路试验前与试验过程中通过加热或制冷功能，模拟地球大气层内的温度环境变化及气动加热条件。

（3）冷黑环境

宇宙空间是一个温度约 3 K、吸收系数为 1 的冷黑空间。此环境是理想的绝对黑体（称为冷黑环境）。航天器在此环境中运行时发出的热量不再返回，没有辐射的再反射。由于辐射散热，航天器外露部件材料长期在空间冷黑环境中，应能承受低至 −180 ℃ 的温度环境。

（4）热流环境

空间热流环境主要包括太阳辐照、地球辐照和地球反射。在太阳辐照下，航天器外露部件材料温度有时上升至 200 ℃。太阳是一个高温辐射体，环境模拟外热流可采用太阳模拟器或红外模拟器完成。

（5）微重力环境

部分航天器需要考核在地球大气层外（或边缘）飞行时所处的微重力环境条件下正常工作的可靠性。

（6）电磁辐射环境

空间带电粒子环境主要来自地球辐射带、银河宇宙射线、太阳耀斑和太阳风。地球辐射带主要由地球磁场俘获电子和质子构成，空间能量为 100 keV 以下的带电粒子组成等离子体带电粒子环境。地球辐射带和等离子体带电粒子环境对空间发动机及航天器表面金属材料有影响。银河宇宙射线和太阳耀斑的高能粒子通量很小，对材料的影响小。太阳风是由电子、质子、α 粒子和重离子组成的，对飞行于星际的航天器外表材料有一定的影响，表现为材料的光学性能、热性能、力学性能和导电性能的退化。

（7）羽焰环境

在空间环境下，发动机喷管出口排出的燃气羽焰能够自由膨胀。要模拟羽焰环境，确定发动机的羽焰特性及其效应，试验舱需要具备很强的抽气能力、容积足够大，并具有空间环境的"分子沉"和"热沉"的模拟能力。

（8）空间碎片环境

空间碎片与航天器的平均相对撞击速度高达 10 km/s[3]，厘米以上级空间碎片撞击会直接导致航天器彻底损坏，毫米级空间碎片能够导致航天器表面撞坑或舱壁贯穿。模拟空间碎片对航天器的破坏作用是未来高空模拟试验的一项新内容。

目前环境模拟最多和技术比较成熟的是真空压力环境和冷热环境模拟。本书主要针对液体火箭二、三级发动机，姿轨控发动机及空间动力系统试验，介绍低压环境起动或低压条件全工况工作性能获取，真空与冷环境或真空与热环境试验系统的设计。

总体功能设计中，除上述环境模拟内容外，还应考虑满足发动机试验过程多次起动时对真空获取系统的控制需求，试验过程模拟环境的参数测量和受环境条件影响的推力、压力、温度等参数的测量不确定度需求，被试发动机最长试验时间对环境获取与维持、推进剂供应能力等需求。

总体功能设计确定了高空模拟试验系统环境模拟的内容、能力和总体技术指标等。

2.3.2　总体结构设计

2.3.2.1　总体结构组成

高空模拟试验系统的总体功能、被试发动机主要性能指标、发动机高空模拟试验的要求等决定了高空模拟试验系统的总体结构组成。根据总体结构组成的主要内容，确定真空获取系统结构组成、分系统结构形式。飞行高度的环境压力模拟是高空模拟试验的基础和前提，其他环境模拟条件在环境压力模拟基础上扩展，且集中在安装发动机的试验舱内，试验舱结构设计时根据发展趋势，应预留一定体积空间和接口。

（1）扩压器开式与闭式结构组成

推力较大的二级发动机高空模拟，通常在环境大气压条件下起动，试验过程发动机喷管出口真空度一般达到 $26.5 \sim 3.24$ kPa（$10 \sim 23$ km 高度）。试验中依靠发动机燃气被动引射来维持低压工作环境，如图 1 - 2 所示总体结构采用空气泄入式水冷直筒扩压器结构（扩压器开式），如图 1 - 3 所示为直筒扩压器＋真空头盖的结构形式（扩压器闭式）。直筒扩压器的作用是确保发动机喷管出口燃气满流，扩压器设计长径比一般为 $4 \sim 7$。扩压器开式结构中，发动机、推力架系统的结构形式和地面试验相同，发动机处于环境大气中，空气泄入式直筒扩压器结构是最简单、最可靠的一种形式；扩压器闭式结构中，发动机、部分推力架安装于扩压器内，发动机处于低压环境条件中，试验模拟的真空度略高，一般达到 $12.1 \sim 2.55$ kPa（$15 \sim 25$ km 高度）。

推力架与发动机一般会设计一定的倾斜角度或采用水平设计，目的是方便扩压器安装，降低试验系统主体结构的总高度，减少投资规模。

（2）组合开式结构设计

推力较大的三级发动机，一般要求发动机起动前处于低压环境，起动后依靠发动机燃气被动引射，在试验舱内产生真空环境。结构设计为试验舱＋二次喉道扩压器＋真空堵盖＋抽真空装置的形式，如图 1 - 4 所示。此种结构增加了试验舱、真空机组或气体引射装置，在扩压器出口设置堵盖。根据试验舱＋扩压器的总容积和抽真空的时间要求，配置真空机组或气体引射装置，发动机起动前的试验舱可以达到较高的真空度，一般达到 $79.8 \sim 11.4$ Pa（$50 \sim 65$ km 高度）。发动机起动前关闭真空机组或气体引射装置，试验过程模拟的真空度一般为 2.55～0.29 kPa（25～40 km 高度）。

（3）组合闭式结构设计

姿轨控发动机、空间发动机（空间动力系统）通常工作在较低气压或真空环境下，自身燃气的被动引射能力很小，甚至可以忽略不计，只能依靠外界的连续引射系统维持所需模拟环境。一般根据真空压力、发动机推力量级、环境模拟时间等因素确定真空获取方式：

1）发动机推力在 100 N（燃气流量小于 40 g/s）以下，可采用试验舱＋真空机械泵组的结构组成。真空机械泵组的功率（抽气能力）根据发动机工作时的燃气排放量进行配置。这种结构的试验系统结构简单、可靠、试验时间长，可以实现发动机 76 km 高空环境点火考核的目的。

2）发动机推力在 100～1 000 N（燃气流量在 40 ～400 g/s 内）范围时，多数采用试验舱＋真空机械泵组＋气体引射装置的结构组成（简单的组合闭式）。气体引射装置的动力气体源可以选用空气、氮气或水蒸气。使用空气、氮气作为动力气体源引射时，由于气体源贮量原因，试验时间受到限制；使用水蒸气作为动力气体源引射时，可有效提升试验工作时间。真空机械泵组可用于发动机点火前对试验舱局部抽真空，可以实现 76 km 发动机高空环境点火考核的目的。

3）发动机推力在 1 000 N（燃气流量大于 400 g/s）以上，可涵盖至几万牛，根据真空压力、试验工作时间综合考虑，通常采用试验舱＋真空机械泵组＋二次喉道扩压器＋燃气降温器＋蒸气发生器＋蒸气喷射泵组的结构组成（组合闭式结构），如图 1-6 所示。真空机械泵组用于发动机 76 km 高空环境点火考核，燃气降温器的串、并结构以及蒸气引射模块的并联工作模式等，均取决于待试发动机的规模。组合闭式真空获取系统结构复杂、规模大，实现流程与控制环节较多，总体结构设计需按任务书规定的发动机最大推力量级、最长试验时间进行设计，提供一定的设计冗余。试验舱作为发动机考核的工作环境，需要考虑冷热环境及将来可能补充的模拟功能的预留条件。

2.3.2.2　总体结构布局

总体结构布局设计对真空获取系统能否达到设计指标，是否具有较高的可靠性，是否便于调试、功能检查、排除故障、维护保养等至关重要。不同结构形式的高空模拟试验系统，在总体结构布局时考虑的因素不同，原则是：布局合理紧凑，轴线对称，串并联结合，安全经济。

（1）扩压器式结构布局

采用扩压器开式、闭式获取真空环境的结构形式，由于结构简单，总体布局一般考虑扩压器安装简便和可靠、冷却水收集、火焰喷射长度等因素。

（2）组合开式结构布局

采用试验舱＋二次喉道扩压器＋真空堵盖＋抽真空装置的结构形式（组合开式）获取真空环境，总体结构一般按中心轴线布局，抽真空装置（真空机械泵组和气体引射装置）与试验舱的距离在相对安全的前提下就近布置；抽气管路适宜直径大而长度短；需考虑二次喉道扩压器出口的真空堵盖在发动机起动瞬间冲出落点的安全因素等。如果小推力发动机高空模拟试验真空获取系统只有试验舱＋抽真空装置（真空机械泵组或气体引射装置），结构布局时需考虑抽气或引射气体的流量大小、引射方向与发动机燃气方向是否一致等因素。

（3）组合闭式结构布局

组合闭式结构在总体布局时考虑的因素如下：

1）试验舱、扩压器、燃气降温器在一条轴线上布置。如果燃气降温器由喷水降温器＋前集气室＋多组管束降温器＋后集气室的结构组成，则考虑中心轴线、对称布置，燃气均匀分配，燃气流动方向顺畅等因素。

2）真空机械泵组和试验舱就近布置。

3）蒸气发生器的蒸气出口、燃气降温器的出口、一级蒸气喷射泵入口就近布置，便于管路连接。蒸气发生器的介质供应系统、测控系统、软化水供应等考虑安全距离、流阻等因素。

4）设计多级蒸气喷射泵时，根据结构尺寸紧凑布局。

5）扩压器、喷水降温器、管束降温器等多处使用冷却水时，应按流量需求合理布局供水管路。布局时考虑管路流阻、入口压力、供水池容积与高度、循环利用的回收水池容积等因素。蒸气发生器多数使用变频泵调节软化水流量，变频泵与蒸气发生器距离设置、供应管路设计应满足供应参数与冬季防寒保温等因素。

高空模拟试验真空获取系统的结构总体布局时，除考虑上述因素外，还要考虑总经费概算、建设场地周边环境条件、建设周期等因素。图 2－1 是一个串联单组型组合闭式高空模拟试验真空获取系统结构布局示意图；图 2－2 给出了多组型组合闭式高空模拟试验真空获取系统结构立体布局示意图，图中设计两组并联真空机组、一组喷水降温器、三组管束降温器、三组蒸气发生器、三组并联四级蒸气喷射泵、测量系统、控制系统、配气系统、软化水生产装置、高位水池等。

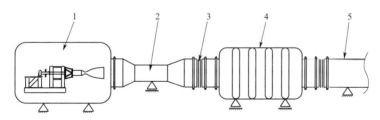

图 2－1　单组型真空获取系统布局示意图

1—试验舱；2—扩压器；3—补偿器；4—降温器；5—真空管道

2.3.2.3　结构补偿

在总体结构设计中应根据热力应变、真空压力应变、振动及大结构装配等因素进行补偿设计。在各分系统独立设计中，需要进行标准化接口、串并联安装中对应接口补偿等考虑。全系统连接后长度十几米至几百米，试验过程系统各设备受到高温燃气、高温蒸气、

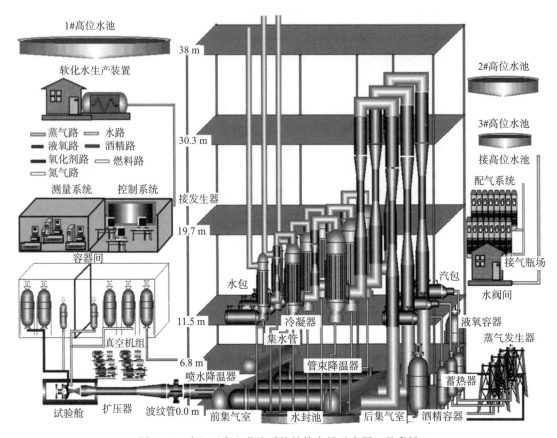

图 2-2 多组型真空获取系统结构布局示意图（见彩插）

真空压力、设备重力、安装基座拉力与剪切力等综合因素影响，各分系统会受到不同程度
的应力，出现热胀冷缩现象。结构设计上必须采取结构补偿技术，解决应力平衡和真空引
射条件下的内外部压差引起的力平衡等问题。常用的结构补偿措施有：

1）分系统或较大的单体设备设计中，应明确设备尺寸、接口形式及最大温度补偿条
件。单体设备具备承受自身力学结构的特性，具有一定的温度、压力补偿变形特征。固定
基座设计中具备轴向、径向应力释放调节功能。

2）真空获取系统的机械结构件、装置、仪器仪表等设备在压力、温度、腐蚀、振动
等环境条件变化时，产生安装应力、盲板力、热胀冷缩、结构组件腐蚀及疲劳等，需要对
其性能、可靠性和结构件的破坏性进行必要的计算与仿真，确保应力许用范围内仍有足够
的安全裕度。

3）开展优化设计。单体设备考虑结构对称布置以及对称开孔，减小或避免产生应力
集中与较大的盲板力。

4）试验系统设备管道布局和系统集成装配中，应采用同轴线串联、水平或垂直线并
联对称的组合布局。同轴串联的多个单体设备采用分段设置轴向补偿（波纹管膨胀节）的
形式，对管道轴向及横向热胀冷缩产生的力和角位移进行吸收。较大、较长的设备固定采
用一端基座固定、另一端基座滑移的补偿形式，设备基础用于消除轴向应力以及约束其余

方向的应力。

5）辅助系统配套中，动力设备接口采用补偿波纹管的形式，降低应力及振动产生的应力叠加影响。远离机械运动件的介质供应管路采用弯头或金属波纹管对接，减小带压管内供应流体起动、关闭过程中水击和振动产生的应力集中影响。

2.4　总体技术指标设计

液体火箭发动机高空模拟试验系统设计时，总体技术指标决定了设计的思路、方向、结构布局、投资规模等。总体指标确定的主要依据是发动机高空模拟试验对试验环境模拟的具体要求，主要包括以下几个方面。

（1）发动机相关参数

1）真空推力（kN）；

2）推进剂总流量（kg/s），燃气温度（K），燃气速度（m/s）；

3）入口、推力室（喷前）压力（MPa）；

4）外形结构尺寸，包括燃烧室、喷管、安装转接机架、入口管路的总长度（mm）和最大直径（mm）等；

5）总质量（kg）。

（2）真空压力

1）发动机起动前试验舱压力（Pa）；

2）发动机工作过程试验舱维持压力（Pa）；

3）脉冲或间断工作方式，发动机关机时试验舱压力（Pa）。

（3）试验舱参数

1）总容积（m^3）；

2）方形结构时，$L \times B \times H$，圆柱形结构时，$L \times D$，入口、出口及与试验舱连接管路的结构尺寸（mm）；

3）最小真空压力（Pa）。

（4）扩压器参数

1）直筒扩压器直径（mm）、长度（mm）；

2）二次喉道扩压器进口直径 D_1，出口直径 D_2，喉部直径 D_3，长度 L，单位：mm，收敛角和扩张角，单位：（°）；

3）扩压器长径比 L/D；

4）扩压器入口、出口截面压力（Pa）；

5）扩压器入口、出口截面温度（K）；

6）扩压器夹层冷却水流量（kg/s）。

（5）燃气降温系统参数

1）燃气总流量（kg/s）；

2）降温装置入口、出口截面燃气温度（K）；

3）降温装置入口、出口截面燃气压力（Pa）；

4）降温装置入口、出口截面燃气速度（m/s）；

5）喷水降温装置内部冷却水流量（kg/s）；

6）管束式降温内部冷却水流量（kg/s）；

7）降温装置夹层冷却水流量（kg/s）。

（6）蒸气发生器参数

1）蒸气（混合气体）流量（kg/s）；

2）发生器出口蒸气温度（K）；

3）发生器出口蒸气压力（MPa）；

4）发生器介质供应储箱容积（m^3）；

5）发生器介质供应流量（kg/s）；

6）发生器软化水流量（kg/s）；

7）发生器最长工作时间（s）。

（7）蒸气喷射泵参数

1）蒸气喷嘴出口蒸气速度（m/s），流量（kg/s），压力（MPa），温度（K）；

2）被引射燃气速度（m/s），流量（kg/s），压力（MPa），温度（K）；

3）每级喷射泵（一、二、三级等）入口、出口燃气速度（m/s），流量（kg/s），压力（MPa），温度（K）；

4）冷凝器冷却水流量（kg/s）。

（8）控制系统参数

1）真空获取系统控制对象类型、控制总通道数（CH）；

2）控制电压 U（CH1：U_1，CH2：U_2…），控制电流 I（CH1：I_1，CH2：I_2…）；

3）控制时间精度（ms）；

4）控制参数通道数（AI：CH1，AO：CH2，DI：CH3，DO：CH4）；

5）采集速率（sps/CH1，sps/CH2…）；

6）UPS电源容量（kVA）。

（9）测量系统参数

1）测量参数总数（CH），稳态参数类型，通道数（CH），动态参数类型，通道数（CH）；

2）各参数测量不确定度（%），采集速率（sps/CH）；

3）实时显示参数类型，数量，点数，更新速率（sps）；

4）故障检测与诊断所需的参数类型，数量，诊断准则，故障关机时间（ms）。

（10）试验时间

1）发动机高空模拟试验一次要求最长试验时间（s）；

2）蒸气发生器最长工作时间（s）；

3）介质、气体及冷却水、软化水最长供应时间（s）。

2.5　指标分解与气动计算

　　液体火箭发动机高空模拟试验真空获取系统是由试验舱、真空机组、燃气升压、燃气降温、蒸气发生器、蒸气喷射泵等多个分系统组成的。各分系统根据确定的技术指标独立设计，有的分系统可独立调试；各分系统之间相互关联、紧密协调，一个分系统的输出是下一个或多个分系统的输入；系统总体设计时，确定的总体技术指标经过分析、计算后分解到每一个分系统或下一级，确保全系统技术指标协调、匹配、平衡。

　　指标分解与计算的主要目的是确定全系统各环节燃气流量、压力、温度等主要技术参数符合设计要求。发动机产生的燃气，经过试验舱出口、扩压器出口、燃气降温系统出口、喷射泵系统出口排入大气中。根据燃气流通路径上各设备的气动性能和相关参数，依次计算各设备出口截面的气动参数和热力学参数，使燃气能够顺利升压、畅通排到环境大气中，同时保证发动机工作过程处于任务要求的真空模拟环境中。计算原则是试验舱内真空压力满足模拟环境高度要求，试验系统整体投资规模和能源消耗得到平衡和优化。一般将发动机外形结构尺寸和推力、流量、推力室压力等性能参数及高空模拟要求作为输入条件，确定发动机高空模拟试验真空获取系统的总体技术指标、总体结构、分系统结构与指标。

　　图 2-3 给出了一个典型的真空获取系统的全程参数平衡计算案例。在总体技术指标、总体结构、分系统结构与指标基本确定后进行计算，计算结果作为总体指标分解、分系统指标确定的重要依据。

　　1）从发动机喷管出口截面到真空舱、扩压器、喷水降温器等，直至三级喷射泵配套的冷凝器出口，进行全程压力和热平衡计算，计算涵盖了燃气流动的所有环节，图中注明了各环节中气流的静压、静温和流量变化。计算结果中，某型号发动机喷管出口燃气压力 239 Pa、静温 677.57 K、流量 0.765 kg/s，经过二次喉道扩压器后，压力升至 4.061 6 kPa、静温 2 611.792 8 K。

　　2）经过喷水降温后压力、温度和流量均有变化，其中总流量增加的量是喷水降温器喷进的水量。经过管束降温后气体一般没有冷凝现象，仅压力和温度发生变化，流量不变化。

　　3）经过第一级蒸气喷射泵，引入了蒸气发生器的高温蒸气，压力、温度、流量均发生变化，增加的流量值是进入引射的蒸气流量值。经过第一级冷凝器，压力、温度、流量均发生变化，其中，流量减小的值是蒸气和燃气的混合物通过冷凝器时产生的主要成分——水的流量值。二、三级冷凝器出口参数变化原理相同。第三级冷凝器出口截面压力为 103.67 kPa，大于当地大气压 94 kPa，燃气顺利排出。

　　全程质量守恒，发动机产生的燃气、喷水降温系统喷入的水流量及蒸气发生器产生的高温水蒸气三者质量之和等于向大气中排出的气体质量与三级喷射泵的冷凝器产生的水质量之和。发动机高模试验用真空获取系统的指标分解、全程压力平衡计算，是高空模拟试验系统设计非常重要的环节，只有通过理论计算和仿真，确定的总体技术指标和各分系统的技术指标才能合理、协调。

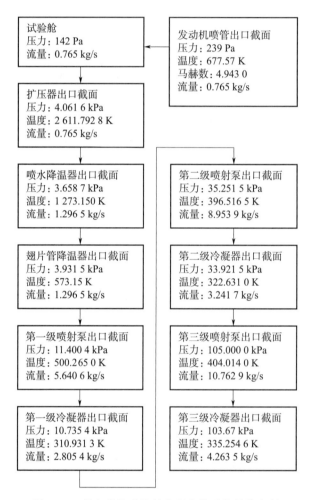

图 2-3　真空获取系统的全程参数平衡计算案例

2.6　环境条件总体设计

液体发动机高空模拟试验的目的是为发动机提供高空或空间模拟环境条件，并进行发动机的性能考核及工作参数获取。实际工作环境条件是一个由真空、温度、冷黑、空间外热流、微重力、电磁辐射等多种环境条件耦合的复杂环境条件。无论是真空环境还是复杂环境条件的建立，均在试验舱内实现。试验舱的设计结构、容积应考虑功能补充的可能性。例如，发动机穿过地球大气层时，热环境模拟不管采用石英灯阵还是红外微波加热，均需考虑功率、占用的体积、安装方式以及与真空系统相互耦合等因素。如考核电磁辐射对空间发动机的影响，在试验舱设计时，需要考虑辐射源安装位置、试验舱内壁材料对辐射波的反射作用等因素。目前二级发动机一般仅进行高空环境条件模拟试验，三级发动机、上面级发动机、空间发动机在真空环境条件基础上增加其他模拟环境试验条件。高空模拟环境条件中，冷热环境条件的模拟试验技术已经成熟，电磁辐射、微重力等环境模拟试验在空间发动机中已进行研究与探索。

2.6.1　发动机冷热环境

发动机的冷环境是指发动机工作在太空中、太阳无法照射时的环境，温度一般在 $-50 \sim -150$ ℃范围内。月球表面昼夜温度在 $-183.15 \sim 116.85$ ℃范围内变化，温差达 300 ℃[4-5]。不同用途、不同环境的发动机模拟冷环境要求有差异。热环境比冷环境更加复杂，空间发动机工作时可能受到太阳光辐射，姿轨控发动机在穿过大气层和返回大气层时受到高速摩擦，这些都会对发动机产生热环境。无论是低温环境还是高温环境，发动机或动力系统设计时已经在制造材料和防护措施方面考虑了环境温度的变化因素，但发动机在真实低温或高温环境工作时，发动机的可靠性和采取热控措施的有效性是否达到设计指标和预期目的，必须通过冷或热环境条件进行模拟试验验证。上面级发动机、姿轨控及空间发动机在实际工作中，冷环境和热环境是交替变化的，必须适应冷热两种环境条件。但一次环境条件模拟试验一般只能模拟一种情况。

（1）冷环境条件设计

冷环境条件包括试验过程供应发动机的推进剂温度满足低温要求和试验舱内整体处于冷环境条件下两个方面。

①推进剂冷环境条件

在空间环境工作的发动机长时间在低温环境下工作时，推进剂的温度可能低至冰点，推进剂供应贮箱和输送管路一般采取隔热措施或主动热控措施，验证隔热措施有效性的方法是冷环境模拟试验。常用的推进剂温度调节方法是在试验舱外设计换热装置，利用低温工质液氮将推进剂降温至要求的温度。液氮换热系统设计时，主要考虑推进剂换热温度、换热时间、推进剂通过换热器的结构形式及流速等因素。对介质进行低温换热时需注意介质的含水量和露点，防止换热过程介质中的水分结冰堵塞供应管路的过滤器，或介质整体冷凝失去流动性。

②试验舱内冷环境条件

试验舱内冷环境模拟条件设计通常采用冷黑环境的热沉设备或液氮制冷两种方式。热沉设备是一个安装于试验舱内的特殊冷套或冷屏，它的形状根据试验舱内部的结构形状设计，有立式、卧式、球形等形状，安装时与试验舱内壁保持一定距离。热沉设备设计时注意以下几点：

第一，结构可靠性。具有一定的强度和刚度，热沉结构能承受冷热和压力快速变化的应力冲击。第二，热沉温度分布均匀。制冷速率和温度在一定范围内具有可调功能。第三，热沉内壁的材料耐蚀性及导热性好。内壁表面喷涂高发射率的特制黑漆，设计的内壁结构形状尽可能减少产品试验热辐射的反射。

液氮制冷方式的原理及舱内的安装方式和热沉设备基本相同，用液氮作为制冷剂冷却试验舱内的热沉。一般通过多次循环可使试验舱内温度在发动机点火前达到 85～100 K，以模拟太空的冷环境。液氮制冷方式和整体热沉设备的不同点在于试验舱内的冷却组件不是规整的冷套或冷屏，而以简单可靠的换热管路结构形式设计。一般舱外设置液氮容器、过冷器、液氮泵等。液氮制冷系统的设计需注意以下几点：第一，通过试验舱冷却管路的结构形式实现制冷温度的均匀性，通过控制液氮流速实现温度可调功能，通过循环，舱内的温度达到 100 K 以下；第二，舱内冷却管路结构设计时，应考虑试验舱内湿度，防止管路结霜影响换热效果和产生霜融化、掉落问题。

（2）热环境条件设计

高空或空间发动机在飞行前已经采取了一定的热防护措施，但在穿过大气层时的气动加热和面向太阳直射的辐射高温情况下能否长期稳定、可靠工作，可通过热环境模拟试验来考核和验证热防护措施的有效性。热环境试验分为针对组件或局部结构的热强度试验、针对系统总体结构的传热性能试验、考核全系统热环境适应性的可靠性试验等。目前通过在试验舱内加热的方式获得发动机试验热环境条件，加热方式有电弧加热、红外辐射加热、激光加热等。在实际应用中，使用较多的是红外辐射加热，加热元件采用性能可靠的石英灯阵或红外加热笼。石英灯阵加热具有技术成熟、热功率大、加热速度快、模块化组合、分区控制、简单可靠等特点。红外加热笼通常用在试验产品外形比较规整的航天器（如整星级热平衡模拟试验）上，它的优点是研制成本低、结构不易损坏、使用简单可靠；缺点是加热速度慢、加热温度和热流密度较低。

试验舱内使用石英灯阵加热方式时应遵循以下原则：

1）根据最高加热温度、最大热流密度、试验舱体积和试验场地电力供应情况，设计加热方式、加热速率、加热功率等；

2）试验舱内的石英灯阵以温度与热流均匀的原则按温区模块化设计，各温区分级独立控制加载，温度闭环可自动调节；

3）试验舱内石英灯阵及安装结构的抗振性、耐蚀性、耐高温性、耐气流冲击性等应满足发动机试验过程恶劣的环境条件；

4）试验过程测量温度、热流密度、压力、推力、应变、位移等参数传感器在真空、高温、气流、振动等环境下具有较好的可靠性和稳定性。另外，选择温度传感器时应考虑高温环境下的抗氧化性，选择热流传感器时应选择宽量程、快响应、高灵敏度等；

5）设计热环境模拟条件时，应有一定的设计裕度，对理论计算结果进行必要仿真。

2.6.2 发动机测试设备热防护

液体火箭发动机高空模拟试验中，只要发动机热点火，试验舱内必然产生较高的温度。如 50 m³ 容积的试验舱，在试验 3 kN 双组元发动机时，舱内发动机喷管上方最高温度达到 280 ℃；某些型号热环境模拟试验，试验前试验舱局部温度可能超过 1 000 ℃。在这样的环境下，舱体总体结构、加热装置、推力架，特别是舱内用于测量和检测的设备仪器的热防护设计是高空模拟试验系统设计的重要内容之一。

（1）舱体内部结构的热防护

舱体内部结构主要针对推力架系统、舱内固定加热或制冷装置的支撑件等进行热防护设计。设计舱内结构组件时，材料和结构上应考虑温度变化的影响因素，主要防护措施如下：

1）整体降低试验舱内温度。将试验舱设计成夹层结构或用较多的相互贯通的管路隔开热区。发动机试验推力较大时，通过给夹层或管路通循环水来降低试验舱内壁与舱内整体温度。

2）推力架热防护。在不影响推力测量准确性和原位校准的前提下，设计夹层护罩将推力架整体包围。试验过程中夹层通循环水冷却，防护效果理想。一种简单的防护设计是在发动机与推力架交接面处竖立一道夹层平板，平板的大小根据试验舱的大小和是否影响人员正常操作来设计。该道夹层平板对试验过程中发动机产生的高温燃气的辐射热能起到一定的隔离效果，对推力架起到一定的防护作用。

3）对发动机推进剂供应管路、吹除管路、测控电缆及接插件等进行进舱设计时，使其从发动机后端或顶部位置（远离发动机喷管火焰）进入试验舱，降低高温对其产生的影响。如果有些管路不能完全避开高温辐射影响，应对管路采取隔热包敷。

（2）舱内设备仪器的热防护

高空模拟试验舱内安装有大量测量传感器、测控电缆，甚至将发动机控制仪、红外测温仪、摄像头等测控仪器安装在试验舱内。发动机试验过程会经历高低温、振动、腐蚀气体等恶劣的环境，因此对设备仪器的防护非常必要。否则，可能导致传感器失效、仪器损坏、电缆烧毁等严重损失，达不到试验目的。试验舱内设备仪器的热防护设计遵循以下原则：

1）测控仪器与设备尽可能通过穿舱电缆放在舱外，必须放置在舱内的仪器设备应远离辐射热源，固定牢靠，并进行防热包敷处理。

2）试验舱内测控转接电缆、接插件选用高温电缆及耐高温接插件。

3）通过一定长度的导管将压力传感器安装在温度较低的位置，对于压力测量导管长度有严格限制的发动机试验，选择高温压力传感器或水冷式压力传感器，或将压力传感器伸进环形水冷却套内安装。推力传感器体积较大，安装位置距发动机较远，可采用水冷却套/罩/屏隔离或包敷隔热的方式进行热防护。振动传感器根据安装位置的温度情况选择高温/低温/常温传感器，传感器输出引线选择直接密封的引出形式，避免舱内温度急剧变化对连接可靠性的影响。应变、位移、温度等其他参数传感器根据安装位置的温度分布情况，选择相应的耐高温传感器或对传感器采取必要的防热措施。

4）结合试验舱结构相似、容积相近，推力、流量参数也相近的发动机高空模拟试验舱内温度测量与分布情况进行仿真计算，对试验舱内设备和仪器的安装布局与防护措施要求进行校对，确保设计的热防护技术条件或措施合理、有效。

2.7　测控系统总体设计

高空模拟试验测控系统包含发动机系统测控、真空环境系统测控。发动机系统测量与控制系统和地面试验测量控制系统基本相同，控制方式、控制对象、控制程序等相对固定，测量参数类型、测量方法比较成熟，不再论述。真空环境系统的测量与控制相对复杂，真空环境系统包含分系统组件多，且部分为并联或分级结构，如一组液氧/酒精蒸气发生器的控制对象相当于一台地面发动机试验控制系统，在多个分系统同时工作时控制对象成倍增加。真空环境系统的参数测量类型和数量多，不仅包含各分系统测量参数，还叠加真空、热、冷等环境条件，测准、测全的难度较大。测控系统的总体设计主要针对真空环境系统的控制、测量设计。

2.7.1　控制系统总体设计

真空获取系统的控制设计主要有三个内容：确定控制对象，制定控制流程与时序，设计控制模式。

（1）确定控制对象

大型复杂的组合闭式真空系统由试验舱、燃气升压、燃气降温、机械泵抽空装置、蒸气发生器、蒸气喷射泵等分系统组成。梳理每一个分系统的控制对象和类型，确定控制的对象是强电还是弱电、采用手动控制还是程序控制、控制时间精度是多少毫秒等，最后准确无误汇总列出控制对象信息。

（2）制定控制流程与时序

试验舱内的真空环境或叠加其他环境是高空模拟试验发动机点火的前提条件。创造满足发动机点火的模拟环境条件，分系统达到各自的技术指标。根据调试的实际性能指标，设计各分系统工作流程、起动时序，经过调试验证，确定试验全程的工作流程、控制程序。真空获取系统的控制系统使每一个分系统的控制对象按预先设计的流程和控制时序起动与关机，满足发动机起动前真空压力及冷热条件、工作过程维持、关机后全程环境模拟条件的要求。

（3）设计控制模式

控制模式主要根据被控对象的重要程度，确定是采用单计算机控制还是双计算机控制或三级表决控制模式。重要被控对象采用双线、双通道控制；紧急关机等特别重要控制对象采用程控与手动并联模式。根据被控对象的分散位置确定采用集中控制还是分布式控制，或集中与分布相结合的控制方式；根据被控对象的时间精度、电流（电压）大小、是否隔离、长期固定不变、可靠性等因素综合确定是否采用可编程逻辑控制器（PLC）、电磁继电器、固态继电器等控制方式及控制部件。对控制和测量比较集中的分系统，如蒸气发生器系统，可采用测控一体化装置，便于自身故障诊断功能的实现。

控制系统总体设计时，除上述内容外，还应考虑不间断电源（UPS）容量、控制电压压降、控制主电缆类型、控制系统和测量设备之间的时间同步信号等。

2.7.2　测量系统总体设计

真空获取系统的分系统多，分布比较广。试验舱内真空推力、燃烧室压力等参数关系到高空模拟环境下的发动机性能参数的准确获得；试验舱内的真空压力、温度、热流等参数影响性能参数的准确获得。与真空获取系统相关的测量系统总体设计主要包含测量参数的确定、测量系统结构与布局设计、真空环境参数测量方法设计三个方面。

（1）测量参数的确定

庞大、复杂的组合闭式真空获取系统分系统多，被测位置分散。试验舱内的真空压力用来判断是否达到发动机点火的真空环境条件，蒸气发生器的燃烧室压力用来判断发生器工作是否正常等。总体设计时确定真空获取系统测量参数的类型、数量、测量不确定度，设计校准方式，明确用来判断分系统和真空获取系统工作是否正常的主要参数。

（2）测量系统结构与布局设计

根据测量参数数量、类型和分布情况，确定采集装置的配置（类型与数量），设计结构布局（集中测量、分布式测量、集中与分布式测量相结合、试验舱内与真空相关的参数是否集成在发动机参数测量系统上、蒸气发生器采用独立的采集装置还是测控一体化装置、真空获取系统是否配置故障诊断等）。

（3）真空环境参数测量方法设计

真空获取系统的测量参数类型多，影响发动机高空模拟试验性能参数准确获得的主要参数有真空推力、真空压力、试验舱温度、试验舱热流。这些参数的测量原理和舱外参数基本相同，重点是真空环境下推力架设计、传感器选择、安装工艺方法、测量方法设计、测量仪器和设备热防护等。

参 考 文 献

［1］ 小约翰 D 安德森. 空气动力原基础［M］. 杨永，宋文萍，张正科，等译. 北京：航空工业出版社，2020.

［2］ 郭宵峰. 液体火箭发动机试验［M］. 北京：宇航出版社，1990.

［3］ 龚自正，杨继运，张文兵，等. 航天器空间碎片超高速撞击防护的若干问题［J］. 航天器环境工程，2007（24）：125–128.

［4］ 冯煦，郭强. 月球表面实时温度模型［J］. 遥感学报，2017，21（6）：928–938.

［5］ 成珂，张鹤飞. 月球表面的数值模拟［J］. 宇航学报，2007，28（5）：1376–1380.

第3章 试验舱与环境条件设计

试验舱是发动机高空模拟试验系统核心部件之一，其内部安装有发动机、推力架、推进剂管路等部件。试验舱实质是一个真空容器，其截面形状多为圆形或矩形。在发动机高空模拟试验系统设计中，大多数试验舱截面形状设计为矩形，有利于在舱体侧壁上开门和设置观察窗，便于人员进出舱体，用光学仪器观察记录流场、温度场情况；矩形截面试验舱根据所采用的结构形式一般分为外加强带圆角矩形截面试验舱和外加强对称矩形截面试验舱两种，3.1节将对两种结构形式试验舱的整体强度计算流程[1-4]进行说明。

发动机高空模拟试验的环境条件主要指真空环境条件，在真空环境条件的基础上，可在试验舱内发动机附近或局部区域设计冷、热、稀薄流等特殊环境条件，用于模拟不同环境条件需求的发动机试验验证。环境条件设计通常包含：真空环境、热环境、冷环境、稀薄流吹风环境、发动机喷管局部保护环境等。

3.1 试验舱设计

试验舱的结构设计应满足如下要求：

1）试验舱尺寸选取要恰当。试验舱尺寸应综合考虑发动机推力范围、相关测试设备尺寸、人员操作空间、维修及功能扩展等因素，特别是对于吸气式发动机自由射流试验用试验舱，其尺寸选择应考虑试验系统整体气动轮廓，包括喷管出口直径、扩压器入口直径及喷管出口至扩压器入口的距离等因素。

2）试验舱在负压情况下工作，试验舱结构应具有足够的强度和稳定性。试验舱壁、观察窗等有足够的强度，保证在气动变化及热应力等条件影响状态下舱体结构稳定，不发生变形或破坏。

3）试验舱应按照试验需求设置侧门或顶门，并满足结构强度和真空密封要求，供试验人员和发动机出入。

4）试验舱观察窗设置在试验舱两侧板框架上，有效通光口径一般选择为 $\phi 500$ mm，采用 k9 光学玻璃，用于对试验舱内流场、温度场观察记录与视频监控。

5）试验舱后端设置用于连接扩压器的接口法兰、波纹管、波纹管连接法兰等部件。

6）推力测量装置设置于试验舱内，推力架基础与试验舱壳体应采用柔性连接形式，确保在试验过程中互不影响。

7）在试验舱侧壁设置预留工艺接口，用于推进剂、气体、冷却水及测控电缆等进出舱体的转接条件。

8）试验舱内设置安全低电压照明电源和照明灯，试验区域照度应不小于 200 lx，其他区域不小于 150 lx。

9）试验舱上安装外凸型爆破膜，泄放压力可按 0.30 MPa 考虑，安装位置和数量参照 HG/T 20570.3—95《爆破片的设置和选用》。

试验舱制作的质量控制要求：

1）试验舱舱体部分的制造、检测执行 GB 150—2011《压力容器》及《压力容器安全技术监察规程》中二类压力容器的相关要求。

2）所有用于制作舱体主体部件的钢板Ⅱ级合格、锻件法兰材料按Ⅱ级锻件要求，并提供材质报告。

3）主体上的焊接结构应符合真空容器的制造要求，所有 A、B 类主体结构焊缝必须进行 100％射线检测，其透照质量不低于 AB 级，合格级别为Ⅱ级；A、B 类焊缝还应进行 100％的超声波探伤Ⅰ级。所有 C 类焊接接头及对真空要求有关的焊缝必须进行 100％磁粉（或渗透）检测，合格级别为Ⅰ级。

4）舱体在焊接完成后，必须对其内壁及接管内壁焊缝进行局部打磨处理，清除多余物，对安装管口采取封堵保护措施。

5）在舱体焊接完成后，清理干净外表面，并进行相应的防腐处理。

6）舱体整体加工完成后必须进行真空检漏，满足主要技术指标的漏率要求，真空检漏报告是重要的验收文件之一。

试验舱侧壁上开孔情况见表 3-1。

表 3-1　试验舱侧壁开孔一览表

序号	标识	名称	连接形式	用途
1	A	观察窗	法兰	流场、温度场测量与视频监控
2	B	推进剂、气体接口	法兰	发动机推进剂供应、气体供应
3	C	真空压力、温度测量接口	法兰	试验舱顶部前后位置
4	D	设备管线接口	法兰	含控制气接口
5	E	测控管线接口	法兰	舱内外测控电缆转接
6	F	氮气消防、水消防接口	法兰	发动机工作异常时防护
7	G	冷却水接口	法兰	试验舱热防护
8	H	破空阀接口	法兰	调节舱内外压力平衡
9	I	爆破膜片接口	法兰	试验舱压力异常使用
10	J	低点排液接口	法兰	试验舱后端、舱内清理
11	K	预留接口	法兰	备用

3.1.1　外加强带圆角矩形截面试验舱强度计算

试验舱强度计算示意图如图 3-1 所示，加强件设置在试验舱侧板外表面宽度方向上且垂直于容器轴线的平面内，容器圆角区不设置加强件。每对侧板上的加强件对称布置且具有相同的惯性矩。下文对外加强带圆角矩形截面试验舱强度计算流程进行说明。

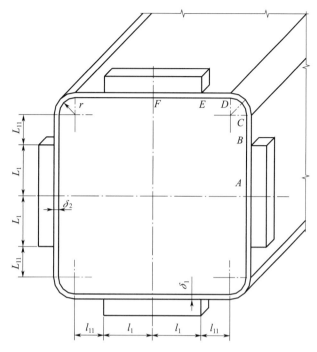

图 3-1　试验舱强度计算示意图

（1）试验舱计算条件

1）试验舱内截面尺寸：2 400 mm×2 400 mm；

2）设计压力 p =0.1 MPa，设计温度 30 ℃；

3）试验舱几何尺寸 L_1=1 000 mm，L_{11}=0 mm，l_1=1 000 mm，l_{11}=0 mm，r=200 mm；

4）试验舱材料选择为 Q345，在设计温度 30 ℃条件下，材料许用应力为 $[\sigma]^t$=209.63 MPa，屈服应力为 σ_s^t=345.00 MPa；弹性模量为 E=2.090 3×10^{11} Pa；

5）焊缝系数 φ=0.80。

（2）侧板计算厚度及加强件尺寸

取侧板计算厚度为 $\delta_1=\delta_2$=15.00 mm。

长短两侧板加强件选择工字钢"工 16♯"，材料为 Q345，加强件的尺寸及截面特性如下：

工 16♯　　A_1=2 613.1 mm^2　　　　I_{s1}=1.130×10^7 mm^4

　　　　　　Z_1=160.0 mm　　　　　　Z_{s1}=80.0 mm

工 16♯　　A_2=2 613.1 mm^2　　　　I_{s2}=1.130×10^7 mm^4

　　　　　　Z_2=160.0 mm　　　　　　Z_{s2}=80.0 mm

（3）结构参数确定与计算

①加强件间距计算

由于侧板计算厚度为 $\delta_1=\delta_2$=15.00 mm＞11.0 mm，系数 Z=2.2。

两相邻加强件之间的间距按照下式计算

$$L_s = \frac{\delta}{\sqrt{\dfrac{p}{[\sigma]^t Z}}} = \frac{15}{\sqrt{\dfrac{0.1}{209.63 \times 2.2}}} \text{ mm} = 1\,018.7 \text{ mm} \qquad (3-1)$$

根据 L_s，计算 $\beta_1 = \dfrac{2(L_1 + L_{11} + r)}{L_s} = 2.356\,0$，$\beta_2 = \dfrac{2(l_1 + l_{11} + r)}{L_s} = 2.356\,0$。

取 $\beta = 2.356\,0$，由 GB 150.3—2011《压力容器 第 3 部分：设计》表 A.3 得到应力参数

$$J_c = 2.001\,6 + 19.118\,9\exp(-1.909\,2\beta) = 2.214\,4 \qquad (3-2)$$

式中，β 取值为 $1.0 \leqslant \beta \leqslant 4.0$。

侧板长度 $H = 2(L_1 + L_{11} + r) = 2\,400 \text{ mm} > L_s = 1\,018.7 \text{ mm}$，计算 L_{s1} 和 L_{s2}，得到

$$L_{s1} = L_{s2} = \delta_1 \sqrt{\frac{[\sigma]^t J_c}{p}} = 15 \times \sqrt{\frac{209.63 \times 2.214\,4}{0.1}} \text{ mm} = 1\,022.0 \text{ mm} \qquad (3-3)$$

比较 L_s、L_{s1} 和 L_{s2}，加强件的最大间距为 $1\,018.7$ mm，取 $L_s = 500$ mm。

②组合截面中侧板的有效宽度

计算组合截面惯性矩 I_{11}、I_{21} 以及应力值时，加强件起加强作用的有效宽度按照下式计算

$$W = \frac{\delta \Delta^t}{\sqrt{\sigma_s^t}} \qquad (3-4)$$

其中

$$\Delta^t = \Delta \sqrt{\frac{E^t}{E}} = 482.734\,5 \sqrt{\text{MPa}}$$

式中 Δ^t ——有效宽度系数。

计算得到

$$W_1 = W_2 = \frac{15 \times 482.734\,5}{\sqrt{345}} \text{ mm} = 389.843\,3 \text{ mm}$$

有效宽度系数的取值见表 3-2。

表 3-2 有效宽度系数

材料	有效宽度系数/$\sqrt{\text{MPa}}$
碳素钢（$w_C \leqslant 0.30\%$）	483
碳素钢（$w_C > 0.30\%$）	500
碳锰钢	500
碳钼钢、低铬钼钢（Cr3Mo）	500
中铬钼钢（Cr5Mo～Cr9Mo）	479
奥氏体钢（至 Cr25Ni20）	487

③组合截面惯性矩

按照平衡轴原理（如图 3-2 所示），侧板组合截面惯性矩为

$$I_{11} = I_{s1} + A_1 a_{s1}^2 + I_{01} + A_{01} a_{01}^2 \qquad (3-5)$$

$$I_{21} = I_{s2} + A_2 a_{s2}^2 + I_{02} + A_{02} a_{02}^2 \qquad (3-6)$$

其中

$$A_{01} = A_{02} = W_1 \delta_1 = 389.843\,3 \times 15.000\,0\ \text{mm}^2 = 5.847\,6 \times 10^3\ \text{mm}^2$$

$$I_{01} = I_{02} = \frac{W_1 \delta_1^3}{12} = 1.096\,4 \times 10^5\ \text{mm}^4$$

$$a_{01} = a_{02} = \frac{A_1 \left(Z_{s1} + \dfrac{\delta_1}{2} \right)}{A_1 + A_{01}} = 27.024\,4\ \text{mm}$$

$$a_{s1} = a_{s2} = \left(Z_{s1} + \frac{\delta_1}{2} \right) - a_{01} = 60.475\,6\ \text{mm}$$

计算得到

$$I_{11} = I_{21} = 2.523\,7 \times 10^7\ \text{mm}^4$$

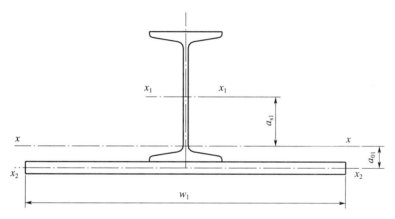

图 3 - 2　组合惯性矩计算

④其他参数计算

$$I_1 = \frac{L_s \delta_1^3}{12} = 1.406\,25 \times 10^5\ \text{mm}^4$$

$$I_2 = \frac{L_s \delta_2^3}{12} = 1.406\,25 \times 10^5\ \text{mm}^4$$

$$C_{1i} = C_{2i} = \frac{\delta_1}{2} = 7.500\,0\ \text{mm}$$

$$C_{1o} = C_{2o} = -7.500\,0\ \text{mm}$$

$$C_{11i} = C_{21i} = a_{01} + \frac{\delta_1}{2} = 34.524\,4\ \text{mm}$$

$$C_{11o} = C_{21o} = -(Z_{s1} + a_{s1}) = -140.475\,6\ \text{mm}$$

$$K_4 = [-3rL_1(4r + \pi L_1) - L_{11}(12r^2 + 3\pi r L_{11} + 2L_{11}^2) + 12rl_{11}^2 - 6L_1L_{11}(L_1 + L_{11} + \pi r + 2l_{11}) -$$

$$6Ll_{11}(2r + L) - 6L_{11}l_{11}(2r + L_{11}) + 6l_1l_{11}(2r + l_{11}) + 6r^2(\pi - 2)(l_1 + l_{11}) + 4l_{11}^3 -$$

$$2L_1^3(I_1/I_{21}) - 2(I_1/I_{11})(6L_1L_{11}l_1 + 3L_1^2l_1 + 3L_{11}^2l_1 - 6l_1^2l_{11} - 3l_1l_{11}^2 - 6rl_1^2 - 2l_1^3 +$$

$$6rL_1l_1 + 6rL_{11}l_1 - 6rl_1l_{11})] \cdot \{6[2L_{11} + 2l_{11} + \pi r + 2l_1(I_1/I_{11}) + 2L_1(I_1/I_{21})]\}^{-1}$$

$$= -5.413\ 6 \times 10^5\ \text{mm}^2$$

$$M_A = pK_4L_s = -2.706\ 8 \times 10^7\ \text{N} \cdot \text{mm}$$

$$\theta = \arctan\left(\frac{l_1 + l_{11}}{L_1 + L_{11}}\right) = 45°$$

（4）应力计算与校核

①短边组合件

• 图 3-1 中 D 点和 E 点

D 点和 E 点为同一点，取 D 点进行计算和校核。薄膜应力按下式计算

$$\sigma_m^D = \frac{p(L_1 + L_{11} + r)}{\delta_1} = 8.00\ \text{MPa} < [\sigma]^t\varphi \qquad (3-7)$$

D 点弯曲应力按下式计算

$$\sigma_{bi}^D = \frac{C_{1i}}{I_1}\left\{M_A + pL_s\left[\frac{(L_1 + L_{11})^2}{2} + r \cdot (L_1 + L_{11} - l_1 - l_{11})\right]\right\} = -110.283\ 8\ \text{MPa}$$
$$(3-8)$$

$$\sigma_{bo}^D = \frac{C_{1o}}{I_1}\left\{M_A + pL_s\left[\frac{(L_1 + L_{11})^2}{2} + r \cdot (L_1 + L_{11} - l_1 - l_{11})\right]\right\} = -110.283\ 8\ \text{MPa}$$
$$(3-9)$$

合成应力最大值出现在外壁面

$$\sigma_{To}^D = \sigma_m^D + \sigma_{bo}^D = 118.283\ 8\ \text{MPa} < 1.5[\sigma]^t \qquad (3-10)$$

• 图 3-1 中 F 点

F 点薄膜应力同 D 点。F 点弯曲应力按下式计算

$$\sigma_{bi}^F = \frac{C_{11i}}{I_{11}}\left\{M_A + \frac{pL_s}{2}[(L_1 + L_{11})^2 + 2r(L_1 + L_{11} - l_1 - l_{11}) - (l_1 + l_{11})^2]\right\}$$
$$= -37.028\ 7\ \text{MPa}$$
$$(3-11)$$

$$\sigma_{bo}^F = \frac{C_{11o}}{I_{11}}\left\{M_A + \frac{pL_s}{2}[(L_1 + L_{11})^2 + 2r(L_1 + L_{11} - l_1 - l_{11}) - (l_1 + l_{11})^2]\right\}$$
$$= 150.665\ 4\ \text{MPa}$$
$$(3-12)$$

F 点合成应力

$$\sigma_{Ti}^F = \sigma_m^F + \sigma_{bi}^F = -29.028\ 7\ \text{MPa} < 1.5[\sigma]^t \qquad (3-13)$$

$$\sigma_{To}^F = \sigma_m^F + \sigma_{bo}^F = 158.665\ 4\ \text{MPa} < \sigma_s^t/1.6 \qquad (3-14)$$

②长边组合件

• 图 3-1 中 B 点和 C 点

B 点和 C 点为同一点，取 B 点进行计算和校核。B 点薄膜应力按下式计算

$$\sigma_m^B = \frac{p(l_1 + l_{11} + r)}{\delta_2} = 8.00 \text{ MPa} < [\sigma]^t \tag{3-15}$$

B 点弯曲应力按下式计算

$$\sigma_{bi}^B = \frac{C_{2i}}{I_2}\left(M_A + \frac{pL_sL_1^2}{2}\right) = -110.283\ 8 \text{ MPa} \tag{3-16}$$

$$\sigma_{bo}^B = \frac{C_{2o}}{I_2}\left(M_A + \frac{pL_sL_1^2}{2}\right) = 110.283\ 8 \text{ MPa} \tag{3-17}$$

合成应力最大值出现在外壁面

$$\sigma_{To}^B = \sigma_m^B + \sigma_{bo}^B = 118.283\ 8 \text{ MPa} < 1.5[\sigma]^t \tag{3-18}$$

• 图 3-1 中 A 点

A 点薄膜应力同 B 点

$$\sigma_m^A = \frac{p(l_1 + l_{11} + r)}{\delta_2} = 8.00 \text{ MPa} < [\sigma]^t \tag{3-19}$$

A 点弯曲应力按下式计算

$$\sigma_{bi}^A = \frac{M_A C_{21i}}{I_{21}} = -37.028\ 7 \text{ MPa} \tag{3-20}$$

$$\sigma_{bo}^A = \frac{M_A C_{21o}}{I_{21}} = 150.665\ 4 \text{ MPa} \tag{3-21}$$

A 点合成应力

$$\sigma_{Ti}^A = \sigma_m^A + \sigma_{bi}^A = -29.028\ 7 \text{ MPa} < 1.5[\sigma]^t \tag{3-22}$$

$$\sigma_{To}^A = \sigma_m^A + \sigma_{bo}^A = 158.665\ 4 \text{ MPa} < \sigma_s^t/1.6 \tag{3-23}$$

③圆角区

图 3-1 中 CD 段薄膜应力按下式计算

$$\sigma_m^{CD} = \frac{p}{\delta_1}\left[\sqrt{(L_1+L_{11})^2 + (l_1+l_{11})^2} + r\right] = 10.761\ 4 \text{ MPa} < [\sigma]^t \tag{3-24}$$

CD 段弯曲应力按下式计算

$$\sigma_b^{CD} = \frac{M_r C}{I_1} \tag{3-25}$$

其中

$$M_r = M_A + pL_s\left\{(L_1+L_{11})\left(\frac{L_1+L_{11}}{2} + r\cos\theta\right) + (1-\sin\theta)\left[r^2 - r(l_1+l_{11}+r)\right]\right\}$$
$$= 2.074\ 3 \times 10^6 \text{ N} \cdot \text{mm}$$

$$\sigma_{bi}^{CD} = \frac{M_r C_{1i}}{I_1} = 110.630\ 1 \text{ MPa}$$

$$\sigma_{bo}^{CD} = \frac{M_r C_{1o}}{I_1} = -110.630\ 1 \text{ MPa}$$

CD 段合成应力最大值出现在内壁面 $\theta = 45°$ 位置上

$$\sigma_{To}^{CD} = \sigma_m^{CD} + \sigma_{bi}^{CD} = 121.391\,5\,\text{MPa} < 1.5[\sigma]^t \qquad (3-26)$$

计算结果见表 3 - 3。

表 3 - 3 试验舱强度计算结果（一）

序号	名称	单位	数值	准则
1	加强件间距	mm	500	—
2	D 点薄膜应力	MPa	8.000 0	$[\sigma]^t\varphi = 167.703\,7$ MPa
3	D 点最大合成应力	MPa	118.283 8	$1.5[\sigma]^t\varphi = 251.556$ MPa
4	F 点薄膜应力	MPa	8.000 0	$[\sigma]^t = 209.629\,6$ MPa
5	F 点内壁合成应力	MPa	−29.028 7	$1.5[\sigma]^t = 314.444\,5$ MPa
6	F 点外壁合成应力	MPa	158.665 4	$\sigma_s^t/1.6 = 215.625\,0$ MPa
7	B 点薄膜应力	MPa	8.000 0	$[\sigma]^t = 209.629\,6$ MPa
8	B 点最大合成应力	MPa	118.283 8	$1.5[\sigma]^t = 314.444\,5$ MPa
9	A 点薄膜应力	MPa	8.000 0	$[\sigma]^t = 209.629\,6$ MPa
10	A 点内壁合成应力	MPa	−29.028 7	$1.5[\sigma]^t = 314.444\,5$ MPa
11	A 点外壁合成应力	MPa	158.665 4	$\sigma_s^t/1.6 = 215.625\,0$ MPa
12	CD 段薄膜应力	MPa	10.761 4	$[\sigma]^t = 209.629\,6$ MPa
13	CD 段最大合成应力	MPa	121.391 5	$1.5[\sigma]^t = 314.444\,5$ MPa

由表 3 - 3 可见，试验舱侧板名义厚度取值 15.0 mm，材质：Q345R；侧板加强件规格为工 16♯，材质：Q345，加强件间距取值为 500 mm，结构中各点及圆角区应力均能够满足材料强度要求，试验舱结构设计合理。

3.1.2 外加强对称矩形截面试验舱强度计算

如图 3 - 3 所示试验舱中，加强件设置在试验舱外表面且垂直于试验舱轴线的平面内。每对侧板上的加强件对称布置且具有相同的惯性矩。

（1）试验舱设计条件

内型面尺寸为 2 400 mm × 2 400 mm，试验舱壁厚取值 15.00 mm，试验舱材料 Q235，设计温度 24 ℃，许用应力 $[\sigma]^t = 184$ MPa，屈服应力为 235 MPa，弹性模量为 $2.06 × 10^{11}$ Pa，其他与 3.1.1 节相同；加强件规格与 3.1.1 节相同，加强件间距同样取值为 500 mm。

有效宽度为 $W_1 = W_2 = 472.351\,9$ mm。

（2）组合截面惯性矩

按照式（3-5）、式（3-6），侧板组合截面惯性矩为

$$I_{11} = I_{s1} + A_1 a_{s1}^2 + I_{01} + A_{01} a_{01}^2$$

$$I_{21} = I_{s2} + A_2 a_{s2}^2 + I_{02} + A_{02} a_{02}^2$$

其中

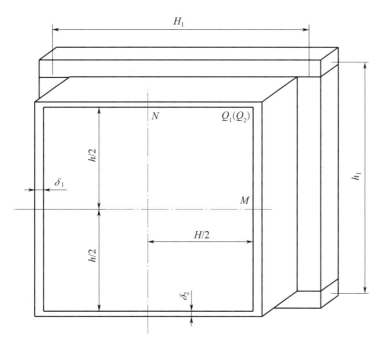

图 3 - 3　外加强对称矩形截面试验舱

H_1—矩形容器短边加强件中心线距离；h_1—矩形容器长边加强件中心线距离

$$A_{01} = A_{02} = W_1 \delta_1 = 472.351\ 9 \times 15.000\ 0\ \text{mm}^2 = 7.085\ 3 \times 10^3\ \text{mm}^2$$

$$I_{01} = I_{02} = \frac{W_1 \delta_1^3}{12} = 1.328\ 5 \times 10^5\ \text{mm}^4$$

$$a_{01} = a_{02} = \frac{A_1 \left(Z_{s1} + \dfrac{\delta_1}{2} \right)}{A_1 + A_{01}} = 23.575\ 7\ \text{mm}$$

$$a_{s1} = a_{s2} = \left(Z_{s1} + \frac{\delta_1}{2} \right) - a_{01} = 63.924\ 3\ \text{mm}$$

计算得到

$$I_{11} = I_{21} = 2.604\ 9 \times 10^7\ \text{mm}^4$$

（3）应力计算与校核

・短边加强件

① N 点

N 点薄膜应力按下式计算

$$\sigma_m^N = \frac{p_c h L_s}{2 (A_1 + \delta_1 L_s)} = 5.932\ 9\ \text{MPa} < [\sigma]^t \tag{3-27}$$

N 点弯曲应力按下式计算

$$\sigma_b^N = \frac{p_c h^2 L_s C}{24 I_{11}} \left[-3\alpha^2 + 2 \left(\frac{1 + \alpha_1^2 k}{1 + k} \right) \right] \tag{3-28}$$

对于内壁面

$$C_{1i} = C_{2i} = a_{01} + \frac{\delta_1}{2} = 31.075\ 7\ \text{mm}$$

对于外壁面

$$C_{1o} = C_{2o} = -\left[\left(Z_1 + \frac{\delta_1}{2}\right) - a_{01}\right] = -143.914\ 3\ \text{mm}$$

$$\alpha = \frac{H}{h} = 1.00$$

$$\alpha_1 = \frac{H + 2a_{01}}{h + 2a_{01}} = 1.00$$

$$k = \left(\frac{I_{21}}{I_{11}}\right)\alpha = 1.00$$

将参数代入式（3 – 28）

$$\sigma_{bi}^{N} = -14.315\ 7\ \text{MPa},\ \sigma_{bi}^{N} = 66.301\ 9\ \text{MPa}$$

N 点合成应力

$$\sigma_{Ti}^{N} = \sigma_m^{N} + \sigma_{bi}^{N} = -8.382\ 8\ \text{MPa} < 1.5[\sigma]^t \tag{3 – 29}$$

$$\sigma_{To}^{N} = \sigma_m^{N} + \sigma_{bo}^{N} = 72.234\ 8\ \text{MPa} < \sigma_s^t / 1.60 \tag{3 – 30}$$

② Q_1 点

Q_1 点薄膜应力同 N 点

$$\sigma_m^{Q_1} = 5.932\ 9\ \text{MPa} < [\sigma]^t \tag{3 – 31}$$

Q_1 点弯曲应力按下式计算

$$\sigma_{bi}^{Q_1} = \frac{p_c h^2 L_s C_{1i}}{12 I_{11}}\left(\frac{1 + \alpha_1^2 k}{1 + k}\right) = 28.631\ 4\ \text{MPa} \tag{3 – 32}$$

$$\sigma_{bo}^{Q_1} = \frac{p_c h^2 L_s C_{1o}}{12 I_{11}}\left(\frac{1 + \alpha_1^2 k}{1 + k}\right) = -132.603\ 8\ \text{MPa} \tag{3 – 33}$$

Q_1 点合成应力

$$\sigma_{Ti}^{Q_1} = \sigma_m^{Q_1} + \sigma_{bi}^{Q_1} = 34.564\ 3\ \text{MPa} < 1.5[\sigma]^t \tag{3 – 34}$$

$$\sigma_{To}^{Q_1} = \sigma_m^{Q_1} + \sigma_{bo}^{Q_1} = -126.670\ 9\ \text{MPa} < \sigma_s^t / 1.6 \tag{3 – 35}$$

• 长边加强件

③ M 点

M 点薄膜应力按下式计算

$$\sigma_m^{M} = \frac{p_c H L_s}{2(A_2 + \delta_2 L_s)} = 5.932\ 9\ \text{MPa} < [\sigma]^t \tag{3 – 36}$$

M 点弯曲应力按下式计算

$$\sigma_{bi}^{M} = \frac{p_c h^2 L_s C_{2i}}{24 I_{11}}\left[-3 + 2\left(\frac{1 + \alpha_1^2 k}{1 + k}\right)\right] = -14.315\ 7\ \text{MPa} \tag{3 – 37}$$

$$\sigma_{bo}^{M} = \frac{p_c h^2 L_s C_{2o}}{24 I_{11}}\left[-3 + 2\left(\frac{1 + \alpha_1^2 k}{1 + k}\right)\right] = 66.301\ 9\ \text{MPa} \tag{3 – 38}$$

M 点合成应力

$$\sigma_{Ti}^M = \sigma_m^M + \sigma_{bi}^M = -8.382\,8\text{ MPa} < 1.5[\sigma]^t \tag{3-39}$$

$$\sigma_{To}^M = \sigma_m^M + \sigma_{bo}^M = 72.234\,8\text{ MPa} < \sigma_s^t/1.6 \tag{3-40}$$

④ Q_2 点

Q_2 点薄膜应力同 M 点

$$\sigma_m^{Q_2} = 5.932\,9\text{ MPa} < [\sigma]^t \tag{3-41}$$

Q_2 点弯曲应力按下式计算

$$\sigma_{bi}^{Q_2} = \frac{p_c h^2 L_s C_{2i}}{12 I_{21}}\left(\frac{1+\alpha_1^2 k}{1+k}\right) = 28.631\,4\text{ MPa} \tag{3-42}$$

$$\sigma_{bo}^{Q_2} = \frac{p_c h^2 L_s C_{2o}}{12 I_{21}}\left(\frac{1+\alpha_1^2 k}{1+k}\right) = -132.603\,8\text{ MPa} \tag{3-43}$$

Q_2 点合成应力

$$\sigma_{Ti}^{Q_2} = \sigma_m^{Q_2} + \sigma_{bi}^{Q_2} = 34.564\,3\text{ MPa} < 1.5[\sigma]^t \tag{3-44}$$

$$\sigma_{To}^{Q_2} = \sigma_m^{Q_2} + \sigma_{bo}^{Q_2} = -126.670\,9\text{ MPa} < \sigma_s^t/1.6 \tag{3-45}$$

计算结果见表 3-4。

表 3-4　试验舱应力计算结果（二）

序号	名称	单位	数值	准则
1	加强件间距	mm	500	—
2	N 点薄膜应力	MPa	5.932 9	$[\sigma]^t = 184$ MPa
3	N 点内壁合成应力	MPa	$-8.382\,8$	$1.5[\sigma]^t = 276$ MPa
4	N 点外壁合成应力	MPa	72.234 8	$\sigma_s^t/1.6 = 146.875$ MPa
5	Q_1 点薄膜应力	MPa	5.932 9	$[\sigma]^t = 184$ MPa
6	Q_1 点内壁合成应力	MPa	34.564 3	$1.5[\sigma]^t = 276$ MPa
7	Q_1 点外壁合成应力	MPa	$-126.670\,9$	$\sigma_s^t/1.6 = 146.875$ MPa
8	M 点薄膜应力	MPa	5.932 9	$[\sigma]^t = 184$ MPa
9	M 点内壁合成应力	MPa	$-8.382\,8$	$1.5[\sigma]^t = 276$ MPa
10	M 点外壁合成应力	MPa	72.234 8	$\sigma_s^t/1.6 = 146.875$ MPa
11	Q_2 点薄膜应力	MPa	5.932 9	$[\sigma]^t = 184$ MPa
12	Q_2 点内壁合成应力	MPa	34.564 3	$1.5[\sigma]^t = 276$ MPa
13	Q_2 点外壁合成应力	MPa	$-126.670\,9$	$\sigma_s^t/1.6 = 146.875$ MPa

由表 3-4 可见，试验舱厚度取值 15.0 mm，材质：Q235；侧板加强件规格为工 16♯，材质：Q235，加强件间距取值为 500 mm，结构中各点应力均能够满足材料强度要求，试验舱结构设计合理。

3.2　真空环境条件设计

运载火箭上面级发动机、远地点发动机及武器型号上的姿控发动机等，在高空环境下点火起动和工作，这类发动机的结构设计采用大面积比喷管和辐射冷却方式，并需具备在高真空条件下点火起动的能力，其工作时间一般比一、二级火箭要长。例如，地球同步轨道卫星的第三级火箭，要经过第一次点火—轨道滑行—第二次点火的工作程序。火箭上面级与第三级发动机分离后，要滑行一段时间才点火起动，滑行轨道的高真空、空间冷黑、太阳辐射热等环境会改变发动机的热状态，进而影响发动机点火起动的可靠性，并影响发动机性能。除此之外，某些机载战术武器上的姿控发动机，在调整武器飞行姿态过程中需要经历低温、真空环境，某些高超声速飞行器，再入大气过程中需要姿控发动机在气动热、高空环境下可靠工作。为确定环境对发动机的影响，发现飞行历程中的不安全因素，需要对发动机（上面级或动力系统）进行热（高、低温）真空环境试验[5]。

火箭发动机（动力系统）飞行轨迹环境历程包括真空及高、低温环境，在承担飞行任务前进行环境模拟试验，是考核发动机设计可靠性、保证发动机安全满足飞行任务所必须进行的重要试验内容之一。发动机热（高、低温）真空环境试验的环境模拟系统一般由真空条件下低温环境模拟系统及高温环境模拟系统构成。

3.2.1　低温环境模拟系统

用于模拟发动机高空飞行过程中的低温环境，一般建立在试验舱内，由热沉模拟结构、液氮制冷系统和热沉复温系统三部分构成。

3.2.1.1　热沉模拟结构

热沉是模拟空间冷黑环境的设备，它设置于试验舱内，是一个与试验舱内壁保持一定距离的特殊冷套或冷屏。随着试验舱形式的不同，热沉的形状有立式、卧式、球形之分，大门或端部也起热沉的作用，是热沉的一部分。

卧式热沉安装使用方便，便于加工，但结构受力不太合理。热沉温度分布不易均匀，由于管堵与液氮自重的影响，在采用开式沸腾液氮流程时，热沉下部温度低，顶部温度高，易产生气堵，因此卧式热沉多用于直径在 3 m 以下的设备。立式热沉温度分布比较均匀，不容易产生气阻，结构受力较合理，但加工、安装比较困难，多用于大型设备。热沉与真空容器之间的支承结构，除了要有足够的强度和刚度外，还须使热沉到容器壁的冷损尽量少。热沉进口管道通过真空容器壁处的真空杜瓦管接头连接容器内热沉。除了以上考虑外，还应考虑由于温度冷热交换所带来的应力和气密性问题，例如，采用活动可调铰链将热沉悬挂于真空容器中，以减少冷损（如图 3-4 所示）；热沉进口采用外层为波纹管的真空杜瓦管接头形式，如图 3-5 所示。

为了保证热沉的性能和提高模拟精度，在热沉的设计和制造中至少应当做到以下5点：

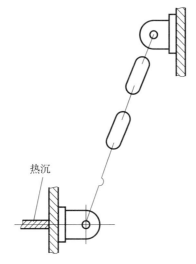

图 3-4　KM-4 空间热环境设备的热沉支承结构

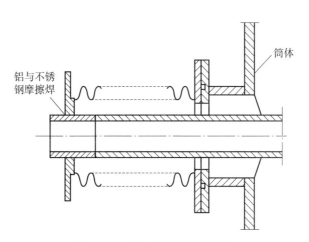

图 3-5　真空杜瓦管接头形式

1）热沉面向试验物的表面要涂上高发射率的特制黑漆（要求发射率大于 0.9），另外，热沉内表面要有一定的粗糙度，以便尽量减少试验产品辐射的二次反射，并使试验产品上发出的热辐射和气体分子尽可能不再返回到试验产品上，以保证光学密封。

2）热沉内表面温度低于 100 K，无热沉表面积（即开孔面积）不超过热沉总面积的 5%。

3）结构合理，能经受多次冷热冲击，具有一定的强度和刚度。低温管道气密性高，制造和使用方便可靠。

4）热沉面对真空模拟时，外表面要抛光，以减少辐射换热。

5）在采用低温泵冷氦壁板的环模设备中，冷氦管和冷氦壁板需与液氦热沉壁一起合理布置和支承。一方面保证必要的通道，使 20 K 气氦壁板抽气的捕获概率最大，同时又要用液氦板有效地屏蔽气氦壁板，以节省用昂贵代价获得的 20 K 制冷量。

按上述 5 个要求，有图 3-6 所示的 9 种热沉壁板供选择。其中，以凹槽形的吸收系数最高，可达 0.998，可以吸收试验产品发射和反射的绝大部分的热辐射，尤其适用于在太阳模拟器直接照射下的热沉。但由于制造困难，我国已有的大型环境模拟装置采用斜板式热沉。

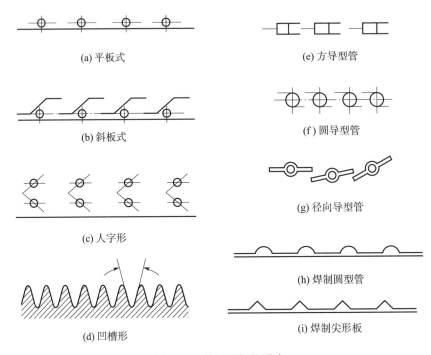

(a) 平板式   (e) 方导型管

(b) 斜板式   (f) 圆导型管

(c) 人字形   (g) 径向导型管

(d) 凹槽形   (h) 焊制圆型管

(i) 焊制尖形板

图 3-6 热沉壁板的形式

由于热沉要在低温下工作，还要求具有较好的韧性、强度和真空性能，因此，一般选用铝、不锈钢和纯铜材质。国外多采用铝或不锈钢，我国在 20 世纪 70 年代研制的热沉采用纯铜制作，其主要优点是导热性能好、温度均匀性好、耐蚀性比铝好，但是纯铜热沉质量大、比热容大、预冷时液氮耗量大、价格比铝贵，铝热沉的结构质量轻、价格较低、导热性比不锈钢好，但受冷热交变作用后，易产生裂纹，耐蚀性也较差。我国的一个铝热沉设备曾因受水银的腐蚀而报废，不锈钢热沉是这类设备的发展趋势。

为使热沉在液氮温区温度均匀、稳定地工作，必须以一定方式连续稳定地输入液氮，以带走热沉所承受的热负载，维持热沉的热平衡，因而需有与之配套的液氮供应系统和循环，有的温控设备还配有氮气加热流程，这是为了在试验结束后方便热沉温度快速升至室温并取出试件，加温吹净热沉的低温管路系统以及对热沉升温除湿，以便进行室温以上的试验。中国的大中型热沉设备大都配备了这样的流程。

20 世纪 70 年代以来，为适应新的模拟试验的需求，热沉的温度已向可调的方向发展，用氮气调温系统，可以使热沉温度在 173～373 K 之间连续可调。其中，用氮气喷射式系统对热沉直接进行调温的方法尤为先进和节能。

3.2.1.2　液氮制冷系统

液氮制冷系统的作用[6,7]是以液氮作为制冷剂去冷却真空容器内的热沉，使其温度达到 80～100 K，以模拟太空的冷黑环境。选用液氮作为制冷剂是因为其沸点为 77 K，可保证模拟的温度误差在允许的范围内；液氮化学性质不活泼，既不会爆炸也无毒性。液氮系统的设计原则是保持热沉温度在 100 K 以下，且各点温度稳定、均匀，尽量减少冷损耗，防止漏热，经济性要好，系统操作、维护、使用应方便可靠。

（1）系统形式

根据液氮的输送情况和在系统中的状态，液氮系统有如下几种循环形式。

①开式液氮蒸发系统

这种系统利用液氮潜热来冷却热沉，系统简单，因为是开式沸腾，存在两相流，故温度不均匀［如图 3 - 7（a）所示］。

②过冷液氮系统

系统利用显热来冷却热沉，由热沉出口的液氮经调压阀，在液氮储槽中膨胀，系统较简单，运行和操作较简便［如图 3 - 7（b）所示］。

③带回收饱和氮气的液氮蒸发系统

系统的优点是把放出的饱和氮气重新冷凝，以回收能量，但由于从热沉到制冷器间容易漏气，而消耗了一部分氮气，可能使热沉温度不均匀［如图 3 - 7（c）所示］。

④带回收从液氮储槽来的氮气的过冷液氮系统

该系统具有过冷液氮和回收能量的优点［如图 3 - 7（d）所示］。

⑤带液氮过冷器和氮气回收系统的过冷系统

由于这种系统在液氮槽中附加了过冷器，因此热沉较容易达到 78 K，且回收了能量［如图 3 - 7（e）所示］。

⑥带有制冷器过冷并有氮气回收系统的过冷液氮系统

该系统可使热沉降至较低温度并可回收能量，但系统复杂［如图 3 - 7（f）所示］。

⑦单相密闭循环液氮系统

系统由带压杜瓦、过冷器和液氮泵等组成，这种密闭循环系统不太复杂，可保证热沉温度的均匀性，故应用较普遍［如图 3 - 4（g）所示］。

从传热机制分析，以上几种低温循环系统，一般采用两种方法使热沉冷却。一种是利用蒸发潜热，此时制冷剂（液氮）等温沸腾，液体温度的改变靠改变蒸气压来达到，这时为单一温度两相流。当液氮的压力为 2.02×10^5 Pa 时，其沸点为 84 K，液氮流入热沉并吸热蒸发，这种蒸发系统的主要问题是热沉温度的不均匀性，要注意防止出现局部过热。另一种形式为利用显热，这种系统既可在液态下运转，也可在气态下运转。如果是液态，必须保证是过冷状态，它靠增加压力来提高沸点，增加压力最合适的方法是使用液氮泵。该系统的最大优点是热沉有均匀的温度分布，例如图 3 - 7（b），液氮在 1.212×10^5 Pa 的压力下贮存，其沸点为 79 K，而流经液氮泵后压力升高到 6.06×10^5 Pa，其沸点为 96 K，泵会使液氮温度升高 1 ℃，一般离开泵的液氮温度将比它的沸点低 16 ℃，液氮处于过冷状态，此时，即使液氮温度升高 10 ℃也不会出现局部沸腾。这种循环系统冷却的热沉温度是均匀的，过冷液体离开热沉后将膨胀，进入储槽并分离为液体和气体，液体重新进入下次循环，而蒸气被回收或放空，过冷度可通过改变系统压力来达到。

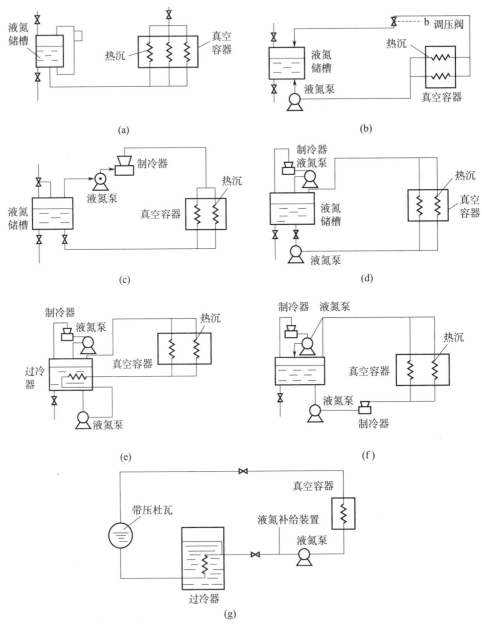

图 3-7　液氮系统的形式示意图

（2）系统组成

现在讨论图 3-7（g）所示的单相密闭循环液氮系统的组成。该系统主要由带压杜瓦、过冷器、液氮泵和管路阀门等组成，系统中还设置温度、流量、压力和液氮液面等各种测点。

液氮储槽多采用卧式,根据系统负荷不同,其容积可为 10 m³ 至数百立方米。带压杜瓦容积可以较小,它们的压力一般可达 $4.9 \times 10^5 \sim 7.8 \times 10^5$ Pa。

过冷器是过冷热交换器,管内有较高压力的液氮,管间是常压下的沸腾液氮,由沸腾液氮去冷却管内液氮,使其具有 3~10 K 过冷度。过冷器应有足够大的面积,以保证管内液氮充分过冷,达到一定的过冷度。按其结构形式一般分为管式过冷器和板翅式过冷器。液氮系统的热负荷靠过冷器承担,因此过冷器的性能直接关系到液氮系统的性能。

液氮泵是液氮系统中的关键设备,用于给液氮加压,通常采用单级离心式液氮泵。其优点是效率较高,能直接用电动机驱动。起动迅速,出液量均匀,容易调节,工作性能比较可靠,可以做成各种压力和流量的泵。

(3) 液氮系统应用

以 KM3、KM4 型空间模拟器为例,设备采用了单相密闭循环系统,它的热沉温度分布比较均匀,其系统如图 3-8 所示。其循环形式如图 3-7(g)所示。KM4 液氮系统由带压杜瓦、过冷器、液氮泵、流量计、管路和阀门等组成,还配有 2 个 18.5 m³ 的储槽。

该系统的主要设备是过冷器和液氮泵,过冷器为盘管式结构,管内有过冷的液氮,管外为沸腾液氮。其主要参数:热负荷为 70 kW,过冷度为 3.6 K,管内工作压力 29.4×10^4 Pa,管外为 15.7×10^4 Pa,沸腾液氮侧的表面积为 47 m²;过冷液氮侧的表面积为 37.5 m²。盘管为直径 10 mm、壁厚 1 mm 的纯铜管。盘管分层绕在中心管上,相邻两层管子的盘绕方向相反,当该系统在最大负荷下运转时,其过冷器液氮耗量为 1 230 kg/h。

液氮泵在起动前必须充分冷却,使泵前管路内为单相液氮,这样可以保证正常起动,液氮泵的动密封也是一个重要问题,因为它直接影响泵的密封和运行。KM4 液氮系统所选液氮的扬程为 24.5×10^4 Pa,流量为 33.5 m³/h。该液氮系统可保证 KM4 设备的热沉温度为 (100±5) K,能满足试验要求。

3.2.1.3　热沉复温系统

热沉复温系统[8]通过气氮加热系统来实现,在热沉有可调温度的气氮系统时,不需要气氮加热系统。在热沉只有液氮系统的情况下,才需要气氮加热系统,气氮加热系统可用于试验结束后的升温。为了防止低温下打开真空容器时水蒸气凝结并污染容器,将热沉加热,使容器升温。

(1) 系统形式

气氮加热系统的基本形式如图 3-8 所示,它是以有油压缩机为动力源的典型系统,由冷却器、电加热器、压缩机、油水分离器、干燥器等组成,压缩机为动力源,压缩后的气体进入油水分离器和干燥器,以除去水分和油蒸气及其他杂质,然后氮气进入电加热器,加热至 150 ℃,直接进入热沉。返回气流经过水冷却器降温至 40 ℃,再进入压缩机吸气口,压缩机前的电加热器用于升温开始阶段,热沉温度处于 100 K 以下,返回气流是冷的,必须经加热器加热后才能进压缩机吸气口。

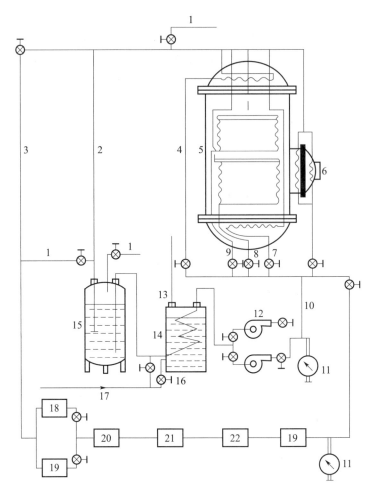

图 3 - 8　KM4 空间模拟器的单相密闭循环液氮系统流程图

1—放空阀；2—液氮回路管；3—热氮气排放管；4—至封头热沉；5—模拟室；6—侧门热沉；7—底部热沉；

8—中部热沉；9—上部热沉；10—液氮进口管；11—流量计；12—液氮泵；13—放空阀；14—过冷器；

15—杜瓦；16—补液阀；17—接储槽；18—冷却器；19—电炉；20—压气机；21—油水分离器；22—干燥器

（2）主要设备

气氮加热系统的重要设备之一是加热器，一般采用管状或裸露的电阻丝电加热器，因为电加热便于控制，操作简单，使用时应注意其绝缘性能和使用寿命。可用特制的鼓风机代替压缩机，一般采用能在−196～100 ℃温度范围内工作的单级离心式鼓风机。使用鼓风机可使系统简化，不用水冷却器和机前的加热器，还可省去干燥器和油水分离器。

在没有特制的鼓风机时，可使用压缩机。正常循环时，用水冷却器冷却热氮气，使氮气温度降到压缩机吸气口允许的温度（40 ℃）。气氮加热系统除由中央控制室远距离控制外，还在现场设有独立的操作控制台，控制台上有温度、压力、流量等记录和显示仪表，还有报警器和其他控制装置。

3.2.1.4　某推力室高空低温环境模拟试验

某型号推力室进行高空模拟试验，要求发动机工作过程中应保持试验舱内的环境压强小于 1 kPa；推力室及推进剂温度范围为 $-10 \sim -5$ ℃，需要具备低温环境 $-10 \sim -5$ ℃以及 1 kPa 高空模拟的试验能力。

（1）试验舱低温环境模拟系统

通过合理改造试验舱冷却水系统管路，建立开式沸腾液氮低温系统，试验舱低温系统原理图如图 3-9 所示。

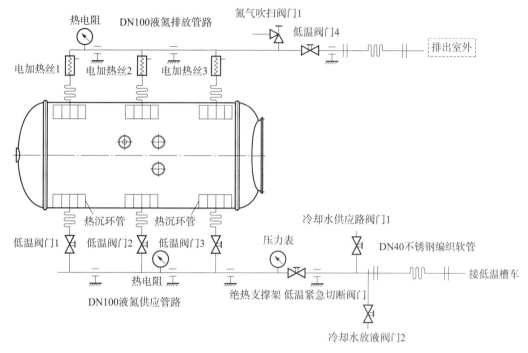

图 3-9　试验舱低温系统原理图

试验舱低温系统可实现液氮低温系统与水冷却系统的安全高效切换，试验舱液氮低温系统管路阀门布局如图 3-10 所示。采用液氮为介质时，液氮从舱底冷却水/液氮供应管左端加注口进入环管，此时工作的系统为：舱底冷却水/液氮供应管＋试验舱三组环管＋氮气排放集气管＋氮气排放管。采用水为介质时，冷却水从舱底冷却水/液氮供应管右端进入，此时工作的系统：舱底冷却水/液氮供应管＋试验舱封头冷却水管＋试验舱三组环管＋氮气排放集气管＋冷却排放汇总管。

试验舱低温环境采用液氮在试验舱热沉环管内流动换热的方式获取，依靠液氮对流换热的方式冷却环管，低温环管以辐射的方式维持试验舱内的低温环境。液氮从槽车加注到总供应管路中，液氮从舱底供应管进入环管。液氮离开舱内环管经过加热变为氮气后进入排放管路，排入大气。

通过对试验舱的低温系统液氮消耗量的估算，为低温环境模拟试验方案中所需液氮量

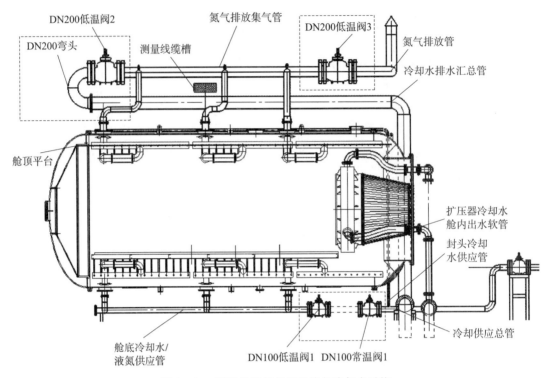

图 3 - 10　试验舱液氮低温系统与冷却水系统

提供数据指导。液氮供应管路系统主要由舱底液氮供应总管、三组液氮供应支管、低温环管、舱顶液氮排放支管和排放总管组成，系统原理如图 3 - 11 所示。

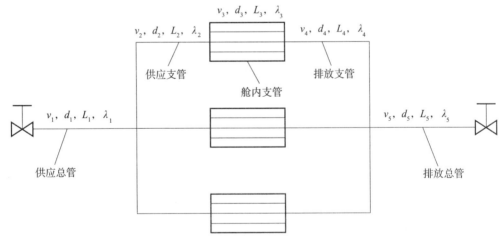

图 3 - 11　液氮供应管路系统原理图

对液氮消耗量进行预估计算，只考虑管路沿程阻力损失，建立从液氮进液口至排液口伯努利方程如下

$$h_0 = \lambda_i \frac{l_i}{d_i} \frac{v_i^2}{2g} + \frac{v_5^2}{2g} + h_5 \tag{3-46}$$

当 $10^5 < Re < 3 \times 10^6$ 时，采用尼古拉兹公式

$$\lambda = 0.003\,2 + 0.221 Re^{-0.237} \tag{3-47}$$

式中　h_0——液氮总供应水头（m）；

h_5——液氮排液水头，$h_5 = 5$ m；

λ_i——管路沿程阻力损失系数，$i = 1, 2, \cdots, 5$；

l_i——管路长度，$i = 1, 2, \cdots, 5$；

d_i——管路内径，$i = 1, 2, \cdots, 5$；

v_i——管路内液氮流速，$i = 1, 2, \cdots, 5$。

可得到液氮进液压力与舱内管路流速以及流量关系，结果见表 3-5。

表 3-5　液氮消耗量（环管流速 0.05 m/s，液氮进液压力为 0.1 MPa）

D/m	L/m	$v_1/(m/s)$	$v_2/(m/s)$	$v_3/(m/s)$	$v_4/(m/s)$	$v_5/(m/s)$	N	$q_m/(kg/s)$
0.1	7	0.2	0.07	0.05	0.047	0.05	1	1.29
0.1	2	0.1					3	1.29
0.022	10	0.1					28	1.29
0.12	2	0					3	1.29
0.2	7	0.1					1	1.29

从表 3-5 计算结果可看出，当液氮进液压力为 0.1 MPa 时，环管流速 0.05 m/s，低温系统的液氮流量约为 1.29 kg/s，即 3 小时持续降温试验就需要一台 15 m³ 槽车供应液氮一次。

（2）低温推进剂供应系统

推进剂供应系统由推进剂容器、质量流量计、过滤器、手动截止阀、Q310F-230 气动截止阀及不锈钢管等组成。

推进剂容器为夹层结构，内腔为 ϕ108 mm×4 mm 不锈钢管，内腔容积约为 8 L，上下端设置推进剂出入口；夹层外部采用 ϕ159 mm×4.5 mm 不锈钢管，并在上下端设置制冷剂（酒精）出入口，分别连接制冷机出口及回口。推进剂容器外部缠绕隔热材料，提高降温效率。低温推进剂供应管路采用 ϕ10 mm×1 mm 不锈钢管路，其外侧套装焊接 ϕ24 mm×2 mm 不锈钢管，两端封堵，内、外不锈钢管间形成封闭环腔。供应管路外壁包裹保温棉及防水胶带。由于供应系统上存在流量计、过滤器及管路折弯，因此外侧套装焊接管路需分成若干分段，并通过 DN6 焊接直通接头及不锈钢管路串联，形成制冷剂的循环流通通道。推进剂供应管路冷却结构示意图如图 3-12 所示。

容器及供应管路的制冷剂流通管路分别连接循环制冷机出口及回口，形成循环，各自回路可单独控制，实现对容器及供应管路进行降温的目的。低温推进剂供应系统原理图如图 3-13 所示。试验前使用球罐对推进剂容器加注至满液状态。通过制冷剂流通，可将容器内推进剂温度降低至目标值并维持。

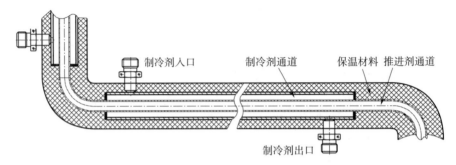

图 3-12　推进剂管路冷却降温结构示意图

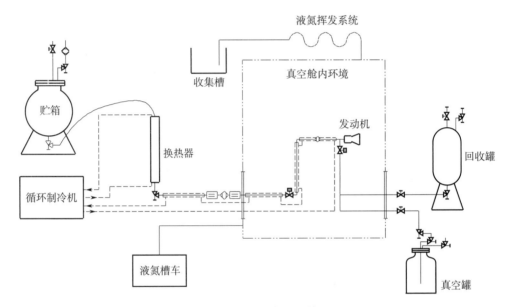

图 3-13　低温推进剂供应系统原理图

循环制冷机采取机械形式制冷（压缩机制冷）方法，具有提供低温液体、低温水浴的功能。通过机器内的电动搅拌器可将冷却液输送至需要的位置并实现循环。流通制冷剂环腔长度按照 20 m 计算，得环腔容积为 4.7 L，使用 50 L 循环制冷机能够满足管路降温需求。冷却液使用酒精，通过设置循环泵至合适温度对供应系统管路进行低温冷却。

（3）调试过程

各系统准备完毕，确认状态正常后，封闭试验舱门，连接液氮槽车软管与试验舱液氮入口管路。起动采集程序，起动真空机组，试验舱内压力达到 100 Pa 以下后，关闭真空机组，打开吹氮阀，向试验舱内充入氮气，当试验舱内压力达到 98 kPa 时，关闭吹氮阀。该流程重复三遍。

缓慢打开槽车液氮供应阀门，先保持较小阀门开度开始系统预冷，同时，起动循环制冷机（设定温度暂定 -12 ℃），对推进剂供应管路进行降温。观察和记录液氮供应管路入口压力与温度、舱内低温工装附近的温度随通入液氮时间的变化情况。

再调节槽车液氮供应阀开度，保持较大阀门开度，同时注意排放口出液状态。若排液口为满液状态，则适当调小阀门，观察和记录液氮供应管路入口压力与温度、舱内低温工装附近的温度随通入液氮时间的变化情况。

当发动机模拟件的温度接近 -10 ℃时，记录阀门开度，记录入口压力以及通液氮时间数值。保持该状态，若产品模拟件的温度 -10 ℃恒定时间超过 300 s，认为调试满足要求，关闭槽车液氮供应阀，记录系统回温过程，待舱内发动机模拟件附近的温度恢复常温后再进行重复性调试；若产品模拟件的温度低于 -12 ℃，出现低温超调，应适当调小供应手阀开度，监测产品模拟件回温状态，直至产品模拟件的温度 -10 ℃恒定时间超过 300 s，记录此时阀门开度与供液压力状态。

调试过程中检查推进剂供应管路温度，记录降低至 -10 ℃以下的时刻及此时循环制冷机设定温度，若达不到 -10 ℃的要求，则将设定温度设为 -15 ℃继续降温，达到预定温度后，将装有低温酒精的贮罐连接至推进剂管路上，进行低温充填，继续观察推进剂管路温度情况。

若模拟件身部及推进剂入口管路温度均能够达到预期要求，再次起动真空机组进行抽真空，记录抽真空过程模拟件身部及推进剂管路温升情况。若真空压力达到 100 Pa 以下，观察各温度测点的回温情况，若各温度测点满足试车要求，调试工作结束，保存采集数据，整理调试结果，编制调试总结报告。若无法满足温度要求，则需要再编制调试方案进行相应调试工作。

调试结束后，使用低压氮气对推进剂供应管路及放液管路进行吹除，并封堵严实。试验舱液氮冷却系统吹除并封堵。

3.2.2　高温环境模拟系统

真空热环境试验[9]主要用于考核在真空环境下，试验产品热防护结构承受气动加热高温的能力、传热特性以及飞行器试验产品在高温作用一定时间内系统和内部设备能够保持正常工作的能力，考核结构的热匹配和刚度匹配性、耐热性、隔热性等。

3.2.2.1　高温环境模拟系统类型

高温环境模拟的加热方式受到飞行器结构、材料以及设计验证要求的限制，主要包括辐射加热、对流加热和传导加热，另外还包括感应加热、电子束加热、激光等其他加热技术。电弧加热风洞、高温喷管等通过高温高速气流作用于结构表面，实现强迫对流换热；火箭橇等则直接利用速度气动加热，属于比较理想的热模拟方式。由于技术、资金等限制，对设计的验证更多采用辐射加热方式，加热元件主要包括石英灯、石墨加热器等。

对于飞行器发动机进气道相关结构等部分存在内外流加热的情况，可采用电加热高温空气或高温燃气的加热技术。典型的传导加热方法是在试验件表面敷设电阻片通电加热，适用范围相对较少。随着使用目的变化以及飞行速度的不断提高，高速飞行器试验要求的温度越来越高、加热功率密度越来越大，如美国为航天飞机和高超声速飞行器研制的石墨加热器最大加热能力达 5 600 kW/m²。同时为挖掘石英灯的高温、长时间加热能力，采用了模块化石英灯加热装置。目前国内在辐射加热技术在最高温度和最大热流密度等指标上均可达到相当水平。

3.2.2.2　石英灯辐射元件

在实验室中模拟气动力加热，只要求保证进入试件表面的热流密度符合飞行中的受热情况。辐射加热器作为热试验的热源，是加热系统重要的组成部分，也是保证试验质量、提高模拟品质的重要因素。高温热体辐射加热法能够真实地复现气动加热的能量交换过程；加热面积、温度范围的适应能力较强；加上加热器不与试件接触，能保证试件自由变形的特点。因此，它在结构热试验中被广泛地采用。

为了在结构热试验中实现热流大小、分布以及时间历程的真实模拟，辐射体不断地向高能量、小惯性、长寿命的方向发展，红外线石英灯（简称石英灯）是较为理想的热辐射元件。

（1）辐射定律

图 3-14 表示在真空环境中对应于一系列温度下黑体辐射的单色强度随波长的变化，这就是辐射换热基本定律之一的普朗克定律所描绘的黑体单色辐射强度随波长和温度而变化的函数关系，其表达式为

$$E_{b\lambda} = \frac{c_1 \lambda^{-5}}{\mathrm{e}^{c_2/(\lambda T)} - 1} \tag{3-48}$$

式中　$E_{b\lambda}$ ——黑体单色辐射（$\mathrm{W/m^3}$）；

　　　　λ ——波长（m）；

　　　　T ——黑体的热力学温度（K）；

　　　　c_1 ——常数，其值为 3.743×10^{-16} $\mathrm{W \cdot m^2}$；

　　　　c_2 ——常数，其值为 $1.438\ 7 \times 10^{-2}$ $\mathrm{m \cdot K}$。

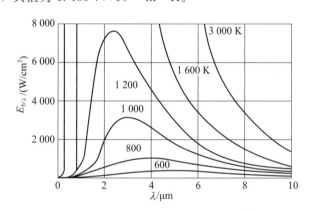

图 3-14　黑体辐射的单色强度随波长的变化

由图 3-14 可知，在一般工程所涉及的温度下，大部分辐射发生在比可见光波长更长的范围内（红外波长）。同时可以发现，曲线的峰顶即最大单色辐射力随着温度的提高而移向较短的波长，其间的关系用辐射换热的基本定律之二——维恩位移定律来描绘

$$\lambda_{max} T = c \tag{3-49}$$

式中　λ_{max} ——最大单色辐射力的波长（m）；

　　　T ——热力学温度（K）；

　　　c ——常数，近似等于 2.9×10^{-3} $m^2 \cdot K^4$。

斯忒藩-玻耳兹曼定律揭示了黑体的辐射力或辐射强度与其热力学温度的四次方成正比的关系。该定律适用于灰体即实际物体，只是在关系式中引进了数值小于 1 的黑度系数进行修正

$$E = \varepsilon \sigma_0 T^4 \tag{3-50}$$

式中　E ——物体的辐射力或热流密度（W/m^2）；

　　　ε ——物体表面的黑度；

　　　T ——物体热力学温度（K）；

　　　σ_0 ——黑体辐射常数，5.67×10^{-8} $W/(m^2 \cdot K^4)$。

从式（3-50）可知，物体温度大于热力学温度零度就有辐射能力，并且物体温度愈高，其辐射能力愈强。

（2）热辐射元件

用作辐射加热的元件有镍铬丝、硅碳棒、石墨棒、石英灯，就其特点和使用范围分别介绍如下。

① 镍铬丝

镍铬丝的熔点为 1 400 ℃，最高工作温度通常限制在 1 200 ℃。高温下不易氧化，寿命长，便于加工成型，绕制成螺旋体使用，圈内用石英管或氧化铝陶瓷棒支撑，通以大电流进行加热，用镍铬丝制成的加热器工作温度较低且热惯性较大，多用于变化过程缓慢、加热速率较低的试验中。

② 硅碳棒

硅碳棒的熔点约 2 230 ℃，最高工作温度约为 1 450 ℃，硅钼棒可达 1 700~1 800 ℃，端头有加粗和不加粗两种形式，前者接线方便，但影响密集排列，功率密度相应降低。硅碳棒和硅钼棒提高了工作温度，但由于热惯性大，多用于恒热流的高温试验中。

③ 石墨棒

最高工作温度可达 2 550 ℃。高温下易被氧化，致使横截面不断减小，电流密度增大，其电特性发生很大变化。在 2 550 ℃ 温度下，有效寿命约为 3 min。在棒体表面化学蒸镀碳化硅可防止氧化，延长使用寿命，但尺寸受到很大限制。另外，石墨棒的质量大，热惯性大，通电 10~15 s 才能达到工作温度，断电后需 3~5 min 方能降至室温。在棒体加热和冷却过程中，需用隔热挡板插于加热器与试件之间，减小对试件加热速率的影响。尽管石墨棒存在上述缺点，但由于其工作温度高，对于加热强度要求高、加热速度较低的结构高温试验仍是可供选用的辐射体。为提高对被加热对象的一次投入辐射，将棒做成扁矩形截面。

④石英灯

采用螺旋型的钨丝作为辐射体，密封在透明的石英玻璃管中。其特点是体积小、功率大、热惯性小、可控性好，可组成任意形状的加热器，适合于对大面积的结构表面进行加热，是气动加热模拟试验较为理想的辐射加热元件。根据航天器常用的加热试验类型，重点介绍红外石英灯模拟器结构、特性及使用问题。

（3）石英灯模拟器

斯忒藩-玻耳兹曼定律指出了提高物体辐射强度的主要途径是提高其工作温度。钨是作为热辐射体的理想材料。其熔点大约为 3 380 ℃，最高工作温度可达 3 200 ℃，且在高温下热性能稳定，蒸发速度较小，具有足够的强度。鉴于钨具有上述优点，用钨丝制成的各种白炽灯一直是工业和生活领域内沿用的光电器件。石英灯与普通的白炽灯相比，有以下两点不同。

①灯的外壳采用石英玻璃管

石英玻璃的热学性能明显优于诸种普通玻璃。首先，石英玻璃的工作温度高，熔化温度为 1 725 ℃，软化温度为 1 660 ℃，是各种玻璃材料中最高者；第二，石英玻璃的热膨胀系数极小，约为 5.8×10^{-7} ℃$^{-1}$，是各种玻璃材料的最低者，具有良好的抗冷热冲击性能，在炽热状态下，浸入冷却介质中不会炸裂，这种特性尤其适宜制作功率输出大且变化速度快的加热灯的外壳；第三，石英玻璃透过红外线的能力强，从图 3-15 所示的几种玻璃透射率与波长的关系曲线可以看出，在 3~4 μm 波段内透射能力更为突出，这一特点决定了石英灯具有较高的加热效率。

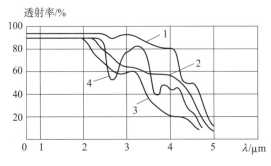

图 3-15　几种玻璃的透射率

1—石英玻璃；2—石灰玻璃；3—硼酸玻璃；4—耐热玻璃

②灯管内充入卤族元素

普通的白炽灯，尽管钨丝处于惰性气体中，但在高温作用下，钨丝仍然不断地蒸发，蒸发出的质点沉积在玻壳表面，一方面使钨丝横截面面积不断减小，另一方面造成玻壳发黑，透明度下降，玻壳急剧升温，恶性循环的结果使灯的使用寿命大大缩短。为了解决这一问题，在灯管抽空封装时充入 0.08 MPa 压力的氩气和适量的碘元素。惰性气体层起着减缓蒸发出的钨质点向灯管内壁沉积速度的作用。当温度超过 1 600 ℃时，碘元素分解为碘原子扩散到管壁上，与沉积在管壁上的钨化合生成碘化钨，向灯丝扩散。在高温下，碘化钨分解，钨附着于灯丝上，充入的碘成为运送蒸发出的钨质点返回灯丝的载体，经分解、化合、还原的循环往返过程，延长了钨丝的使用寿命，使灯管保持了良好的透射性。在结构气动加热模拟试验中，选用石英灯作为辐射加热元件，是由于它具备许多优良的性能。

1）尺寸小，功率大。在额定工作电压 220 V 条件下，单支石英灯的输出功率可达 1～3 kW，电压提高一倍，功率约增加到原来的 3 倍。从图 3-16 所示的石英灯电特性曲线可以看出，石英灯的瞬时超载能力非常强。

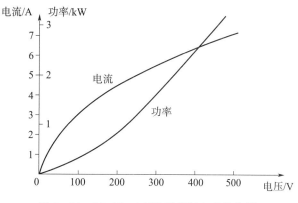

图 3-16　220 V-1 kW 石英灯电特性曲线

常用规格的石英灯，长度约为 30 cm，直径只有 1 cm，尺寸小，便于密集排列，组成热流密度极高的高功率加热器。

2）热效率高，寿命长。石英玻璃透过红外线的能力强，钨丝的热稳定性好，额定电压下约有 85% 的能量以辐射热的形式放射出来。石英灯在水平状态下点亮，可连续工作 5 000 h 以上，寿命大大高于普通白炽灯和其他类型的电热元件。

3）热惯性小。灯丝的横截面小，热惯性小，便于热量瞬时控制。石英灯的时间常数约为 0.05 s，一支长约 30 cm、规格为 220 V-1 kW 的石英灯在电压恒定的回路中，电流达到额定值只需 0.3 s，能瞬时达到满负荷输出，经实测得到的动态特性曲线如图 3-17 所示。

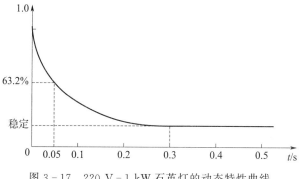

图 3-17　220 V-1 kW 石英灯的动态特性曲线

4）结构紧凑，使用安全。石英灯通常制成细直杆型，两端为非发热的灯头，起引线、封装和支撑作用，灯头的尺寸只占全灯长的 10%～17%。灯管耐冷热冲击的能力强，处于含水、气等冷却介质的环境中，仍能正常工作，甚至将冰块置于点燃的灯管上，灯管也不会炸裂，这种特性满足了加热与制冷联合试验的要求。石英灯的品种、规格齐全，还可针对结构外形和加热器的特殊要求制成异型灯，组成大面积加热用的加热器。

③结构和规格

图 3-18 是石英灯的结构示意图。

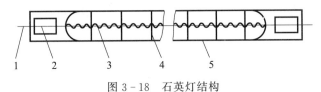

图 3-18　石英灯结构

1—外引线；2—钼箔；3—灯丝；4—丝托；5—石英管

石英灯的灯丝用钨丝绕制而成，经过酸洗和氢化定型处理，安装于灯管的中心。为保证灯丝对中，并防止通电后产生热变形下垂或卷曲，沿灯丝长度方向，用钨丝绕制成的环形丝托支撑。灯管内充入氩气（压力 0.08 MPa）和碘，灯的两端采用铝箔与石英玻璃进行密封，钼的热膨胀系数在难熔金属中除钨元素外是最低的（$5.2 \times 10^{-6} \, ℃^{-1}$），但与石英相比仍大很多，为减小由于热膨胀系数不同可能导致的灯管漏气和破裂现象，采用钼箔形式，增加接触面积，增大附着力，保证密封要求。

④热流分布和使用要求

图 3-19 和图 3-20 是单支石英灯水平状态点燃时在额定电压下测得的热流分布。图 3-19 为距灯心 100 mm 水平面上沿灯长度方向的热流分布曲线，偏离灯的长度中心 20 mm 处，热流下降 3.2%。图 3-20 为沿灯径向的热流分布。

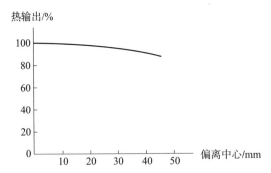

图 3-19　距灯心 100 mm 水平面沿灯长度方向热流分布曲线

用石英灯组成大面积加热器时，应满足下列使用要求：

1）尽可能水平状态使用，水平状态下点燃。由于灯丝有等间隔的环形丝托支撑，不会产生过大的热变形，而竖直状态下使用，时间过长会因自重造成灯丝下垂，形成上拉下压螺距不均现象，使单位长度上功率不一致，严重时会发生上部灯丝被拉断或下部

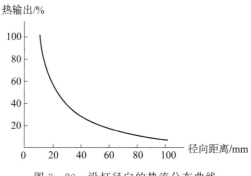

图 3 - 20 沿灯径向的热流分布曲线

灯丝变形弯曲，接触管壁烧坏灯管的情况。另外，会造成碘逐渐下沉，上部缺碘而使管壁发黑，甚至烧坏。如必须竖直使用时，用后应将灯水平放置通电或使用一段时间调转灯的方向。

2）保持灯管清洁。使用前须用酒精擦洗，除掉表面的尘土，保持灯管有良好的透明度，尽量不要在烟尘等污染环境中使用，用后应及时清洗。

3）灯的工作电压尽可能高。维恩定律指出，随着物体温度的升高，对应于最大辐射的波长（λ_{max}）向短波方向移动。从图 3 - 15 石英玻璃透射率曲线看出，对大于 5 μm 波段的红外线，石英玻璃和其他玻璃均为不透明体，能量由灯管吸收，因此要求灯丝的温度超过 700 ℃。另外考虑到二氧化碳吸收 2.65～2.8 μm，4.15～4.45 μm 的红外线，水蒸气吸收 2.55～2.84 μm、5.6～7.6 μm 的红外线以及碘的分解、还原循环要求，都需要提高灯的工作电压，提高加热效率。

4）灯头和灯管应在安全温度以下工作。灯头封口处的温度一般应低于 350 ℃，短时不得超过 450 ℃。长时间过热会使电极铂片氧化成氧化钼粉末，横截面面积减小，电流密度增大，恶性循环的结果造成灯漏气以致极片烧坏。灯在高热流密度下工作时，灯头应采用冷却措施，也有将灯制成 U 字形，使灯头处于温度低、散热条件好的环境中，同时加长了灯丝热量向灯头传递的路径。

灯管常见的破坏形式如图 3 - 21 所示，主要由于长时间过热使石英玻璃达到软化温度，在惰性气体膨胀压力作用下而产生的。为防止这种现象发生，通常用压缩空气冷却灯管。

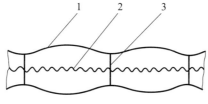

图 3 - 21 灯管破坏形式

1—石英管；2—灯丝；3—丝托

3.2.2.3　石英灯模拟器设计

火箭、导弹在飞行中受到的气动力加热是一个瞬变过程，实验室模拟这一过程的最终目的是复现结构真实的温度分布，以便考察结构的热响应特性。决定结构温度分布的外界条件是进入表面的热量大小，它不仅是时间的函数，而且是空间位置的函数。石英灯加热器能够较好地满足这一模拟要求，特别适用于不同形状的大面积结构热试验。

要在大面积上造成一个非均匀分布的热场，最有效的方法是把整个加热器进行离散化控制，即把表面接收的热流密度或温度近似均匀的相邻部位划作一个独立的区域，称之为温区。整个加热器划分成若干个温区，各个温区按照各自需要的功率密度大小进行单元灯组的设计布局。分区控制的结果是在试件表面上造成一个阶梯形分布的热场，近似地模拟真实的分布规律。

一个温区内的石英灯通过导流条并联在一起，功率输出相同，因此，整个温区的热流输出可以采取以点代面的方法进行实时控制，即在每个温区内选择一个能代表全区热流密度或温度水平的基准点，称之为控温点。加热过程中，该点的热流密度或温度实测值与程序给定值比较，二者的偏差量作为控制输出，调节石英灯的工作电压。控温点的位置最好选在能够准确地给出理论计算结果的部位，尽量远离结构热沉效应大或加热器的灯头和边界的盲区部位。当试件的外形和结构比较复杂时，应当选在能代表全区平均热流水平的位置上，每个温区内的热场看作是均匀的，也可适当调整石英灯的排列方式和排列密度，以满足预定的分布要求。

设计试验用的加热器，除了要适应试验对象外形尺寸和满足试验任务书中规定的加热技术指标，如最大热流密度、最高温度、热场分布和均匀性等之外，还应当考虑施加的载荷条件、连续工作时间、边界条件、测量传感器的安装以及试验件最大变形量等因素。加热器设计的优劣，对保证试验质量、降低试验成本、缩短试验周期以及减少安装工作量和保证试验安全都有直接的影响。

（1）设计原则

①超载能力强

气动加热模拟试验具有加热速率大、时间短的特点，而石英灯正好具备热惯性小、短时超载能力强的特性。从图 3-22、图 3-23 所示的典型加热程序曲线可以看出，热流密度的峰值段或速率最大的升温段，时间持续较短，满足这种加热要求并不困难，在设计加热器时，应当合理地选定正常的工作电压范围，在热流密度峰值和温升率最大处让石英灯超载使用。

②布局合理

所谓布局合理，一是从加热器总体设计上讲，通过合理地划分温区和选择控温点的位置，在试件表面造成一个近似真实分布情况的热场；二是指各个温区内的石英灯排列布局要合理，保证温区内的热场均匀或符合某种分布规律，温区之间变化应尽量平缓或采取减小相互干扰的屏蔽措施。

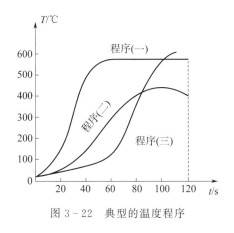

图 3-22　典型的温度程序

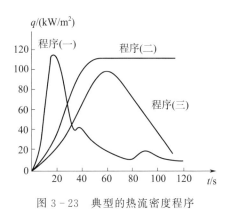

图 3-23　典型的热流密度程序

③规格化和通用化

为了减少加热器的设计、生产工作量，缩短试验周期，应尽量选用规格化和通用化的结构形式和零构件，对于面积大、外形复杂的试件，可以采用通用的单元灯组进行拼装。

④安全可靠

加热器处于高电压、大电流和高温条件下工作，要求具有良好的电绝缘性能，受热时局部和整体均不能产生明显的热变形，特别在有机械载荷和测量点多的复杂试验中，安全问题尤为突出。

（2）功率密度估算

加热器输出的功率密度是加热器设计的最基本参数，根据试验所需的功率密度可进一步选用石英灯的规格、灯的排列方式和排列的密度，以及试验中灯的最高工作电压等。估算所需功率的原始依据包括试验对象的几何尺寸与结构材料和气动力加热计算的结果，通常采用下列公式

$$W = q/\eta \tag{3-51}$$

式中　W——加热器单位面积输出功率（kW/m²）；

　　　q——结构表面吸收热流密度（kW/m²）；

　　　η——加热器热效率。

当原始目标数据为结构的升温程序时，先求出结构吸收的热流密度 q，再按上述公式求出加热器输出的功率密度

$$q = c\rho\delta(\mathrm{d}T/\mathrm{d}t) \tag{3-52}$$

式中　c——结构材料比热容 [J/(kg·℃)]；

　　　ρ——结构材料的密度（kg/m³）；

　　　δ——结构蒙皮的厚度（m）；

　　　$(\mathrm{d}T/\mathrm{d}t)$——加热程序的最大温升率（℃/s）。

加热器的热效率指的是加热器的辐射体单位面积发出的能量被试验对象接收到的部分，它受多种因素的影响，诸如石英灯本身的热效率、反射器的反射率、石英灯与试件表面之间的距离和几何参数等。当试件表面 $\varepsilon \geqslant 0.8$ 时，根据实测数据的统计结果，对平板

形加热器，一般取为 0.4～0.5，圆筒形或圆锥形加热器可取为 0.5～0.6。

在试件处于高温时，加热器输出功率密度应增加因试件辐射散失的部分，当试件处于低温时，应增加因自然对流散失的部分。

根据功率密度要求确定灯管数：选定石英灯的规格、确定灯的排列方法和估算石英灯最高工作电压，即灯的输出功率后，确定温区内石英灯的数量

$$n = WS/W' \qquad\qquad (3-53)$$

式中　W ——加热器功率密度（kW/m²）；

$\quad\;\;S$ ——温区面积（m²）；

$\quad\;\;W'$ ——每支灯的输出功率（kW）。

加热器中每个温区实际灯数尚需加上因补偿盲区和边界影响附加的灯数。根据石英灯的电特性算出该区最大电流，若总电流超出功率设备最大工作电流，则需用两台或多台功率设备工作，加热器总灯数为各区灯数之和。

（3）加热器的性能测试

加热器在生产组装完毕之后，必须通过试验进行性能测试，主要包括：

1）在真空环境下所能提供的最大热流密度及相应的工作电压；

2）热场的分布，包括各个温区内热场的均匀性，各温区交界处热场干扰的严重程度，加热器边缘及灯头搭接所形成的盲区热场状况，进而获得整个加热器热场的测试数据，经过调整达到最优状态；

3）反射器、灯头及其支撑构件的工作温度和变形量；

4）加热器的绝缘性能；

5）加热器在运动情况下的性能及动作的灵活性。

3.2.2.4　某型号 2 000 N 发动机热环境模拟装置

为考核某型号 2 000 N 推力装置（发动机）对真空、热环境的适应性，考核推力室外露壁面在气动加热环境条件下的工作性能和结构可靠性，获取真空、热环境条件下发动机稳态和脉冲工作性能，获取发动机的温度特性，根据任务要求需要开展发动机热环境及真空环境耦合条件点火试验。

推力室热环境加载装置主要用于 2 000 N 推力室产品的热流加载，其原理是通过红外灯阵热辐射实现对推力室产品表面的热流加载。推力室热环境加载装置主要由灯阵支架、红外灯管挡火装置以及氮气消防等组成，如图 3 - 24 所示。灯阵支架用于红外灯管的固定；红外灯管为热辐射源；挡火装置用于防止产品火焰冲刷到灯管，对热环境装置造成损坏；氮气消防用于产品出现故障或推进剂泄漏着火时及时进行消防。

红外灯采用 U 形弯管结构，加热段长度分别为 280 mm 和 124 mm，水平段均为有效加热段。红外灯阵由 5 种不同规格的红外灯管圆周阵列组成，每个灯管配有相应高度可调的灯管支架，如图 3 - 24 所示。

热环境加载装置采用框架结构，保证被加热体可以与外界环境进行辐射散热；热环境装置支撑结构与试验产品转接架相互独立，热环境装置通过图 3 - 25 所示的底座长条孔与

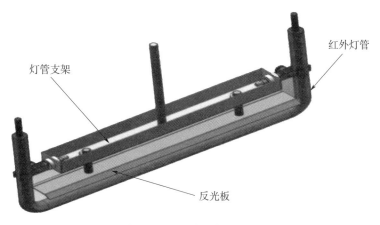

图 3 - 24   红外灯阵支架图

活动小车螺纹孔连接固定。热环境装置靠近产品安装面一端进行热防护设计，确保热壁试验过程中发动机入口处及试车架传感器都在安全温度范围内，热防护采用硅酸铝隔热板（或其他耐高温充填材料）＋隔热板的结构形式，隔热板与灯阵支架固定，并在隔热板和灯阵支架之间充填硅酸铝隔热板，隔热板和硅酸铝材料应尽量阻隔灯阵的辐射热。热环境装置的结构尺寸应尽量包络发动机产品轮廓尺寸，同时避免真空环境中发动机满喷管火焰冲刷到石英灯管，应对灯阵出口靠近发动机喷管大端处的灯管进行仿形设计或增加挡火装置，如图 3 - 26 所示，挡火装置采用不小于 5 mm 厚的耐高温金属材料，不得与火焰轨迹干涉，内壁锥度与产品轴线成 26.5°。

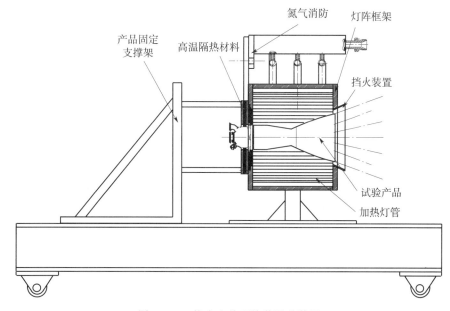

图 3 - 25   推力室热环境装置总装图

试验产品加热最大热流密度为 340 kW/ m²，产品表面积为 0.18 m²，热环境装置由

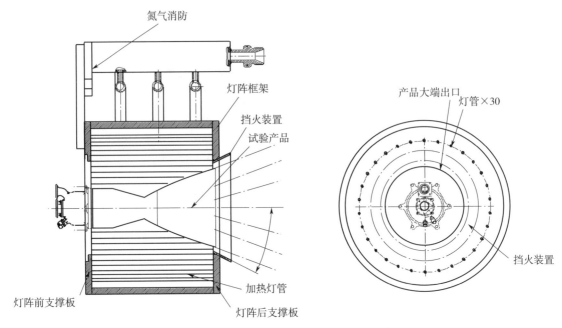

图 3 - 26　热环境装置灯阵分布结构示意图

30 只内壁沿 ϕ300 mm 水平均匀分布的石英灯管构成，石英灯管加热长度 380 mm，单只灯管功率不小于 3 kW。其装置结构示意图如图 3 - 27 所示。

图 3 - 27　加热装置示意图

热流密度控制系统组成结构如图 3 - 28 所示，由计算机、交换机、数据采集器、调功器、红外灯阵、试件、测量传感器等组成。

该热流密度控制系统可实现开环控制和闭环控制两种控制方式。

开环控制在试验前需完成以下工作：

1）根据要求的热流密度曲线，通过插值的方式，以 5 s 的时间间隔得到对应的热流密度值，并制作时间与热流密度值对应关系表。

2）完成开环标定工作，根据时间与热流密度值对应关系表，标定不同热流密度值与

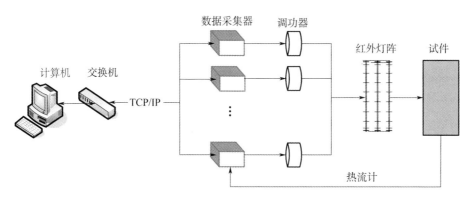

图 3 - 28　热流密度控制系统组成结构

调功器的输出电压值。标定完成后，将所得到的数据制成表格，即试验工况各分区所有热流密度值与调功器的输出电压值的对应关系表。

a) 将试验工况数据（不同分区不同时刻的热流密度值）作为输入发送给上位计算机；

b) 上位计算机通过查表（热流密度值与调功器的输出电压值对应关系表）的方式将热流密度值转换为调功器的输出电压值；

c) 上位计算机通过 LAN 总线的方式由串口服务器将数据（调功器的输出电压值）发送给控温仪（数字信号）；

开环控制流程图如图 3 - 29 所示。

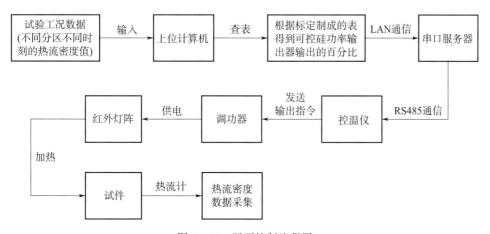

图 3 - 29　开环控制流程图

d) 控温仪通过模拟量控制方式将数据（调功器的输出电压值）发送给调功器；

e) 调功器根据指令输出对应的功率对红外灯阵进行加电；

f) 红外灯阵对试件进行加热，并由试件表面的热流计将热流值发送至数据采集器，并计算得到热流密度值。

闭环控制在试验前需完成以下工作：

1) 整定不同目标热流值下的比例、积分、微分控制参数，对应不同目标热流值建立隶属度函数对应关系与控制规则；

2）制作热流密度值与控制参数对应关系表；

3）根据要求的热流密度曲线，通过插值的方式，以 1 s 的时间间隔得到对应的热流密度值，并制作时间与热流密度值对应关系表。

试验过程中，由控温仪采集热流计的热流密度值；上位计算机以 LAN 方式读取控温仪采集的热流密度值，并按照时间序列得到该时刻对应的目标热流密度值，查表（热流密度值与控制参数对应关系表）后得到对应的控制参数，并将该控制参数以及目标热流密度值发送给控温仪；控温仪根据设定目标热流密度值以及控制参数，通过 PID 控制器进行计算得到模拟量输出值，并将该模拟量输出值发送给调功器，由调功器控制红外灯供电给试件加温；控温仪采集安装在试件表面的热流计作为反馈值输入给控温仪。闭环控制流程图如图 3 - 30 所示。

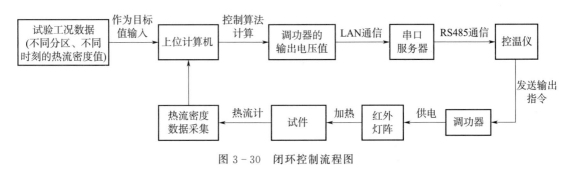

图 3 - 30　闭环控制流程图

1）将试验工况数据（不同分区不同时刻的热流密度值）作为目标值发送给上位计算机；

2）上位计算机根据目标值及热流计采集的热流值，通过控制算法计算得到调功器的输出电压值；

3）上位计算机通过 LAN 总线的方式由串口服务器将数据（调功器的输出电压值）发送给控温仪（数字信号）；

4）控温仪通过模拟量控制方式将数据（调功器的输出电压值）发送给可控硅功率输出器；

5）调功器根据指令输出对应的功率对红外灯阵进行加电；

6）红外灯阵对试件进行加热，并由试件表面的热流计将热流值发送至数据采集器；

7）计算机采集热流计热流值后，重复执行步骤 2），形成热流闭环控制。

在试验过程中，热流控制程序具备将热环境模拟系统快速从闭环控制切换至开环控制的能力，切换至开环控制时，开环控制程序的执行时刻与闭环控制程序的执行时刻保持一致，从而保证试验过程的程序完整性。

控温仪模块主要完成热流及温度采集及控制，可以通过人工定义控制参数，也可通过温控自整定功能对控制参数进行整定，控制方式可采用热流闭环控制方式，也可以在试验过程中随时切换至开环指令控制。

3.3　稀薄流环境模拟系统

3.3.1　稀薄流环境

导弹、飞船、高超声速吸气式飞行器和返回式探测器冲出和再入大气层变轨过程中，遇到稀薄流环境，在稀薄流环境下飞行器的气动特性验证是高空模拟试验的重要内容。再入初始阶段，高度 $80\sim100$ km 范围内，大气密度大约只有海平面的 $\frac{1}{10^6}\sim\frac{1}{10^5}$。返回式飞行器在回地过程中，平衡攻角由于稀薄气体效应都显著偏离地面设计值，威胁着航天器的回地安全，而高超声速吸气式变轨动力系统的发动机运动状态是大约以马赫数 20 的超高声速从 120 km 高度下压，从高真空环境进入到稀薄流气体环境，再通过滑移区域到 50 km 高度大气环境，此时飞行器的速度仍大于马赫数 10。在过渡区域内，从电离层到平流层，飞行器动力装置经历稀薄流从不连续流到连续流的过程。复杂的应用环境和长时间高速运动的特殊要求对动力系统研制设计和试验提出了高空模拟可靠性验证。本节针对某型发动机地面研制试验用稀薄流环境模拟装置设计过程进行介绍。

3.3.2　地球稀薄流环境模拟

3.3.2.1　变轨动力系统高速稀薄流环境模拟

变轨动力系统研制需要在一定空域和速度的模拟条件下进行试验考核。要完全模拟变轨动力系统的工作环境，需要建立能够长时间完全模拟速度在 $Ma=20$ 以上的稀薄气体和滑移气体环境的试验系统，这样的试验环境技术难度高、规模大。如果不进行模拟环境试验，仅靠飞行试验验证，其技术风险、研制周期和可靠性难以预计。因此，在数值仿真分析的前提下，以现有的技术基础和有限的经费建立有限模拟稀薄流环境的高空模拟试验系统，开展有限环境模拟试验，为数值仿真分析提供验证和修正依据，通过实际环境模拟飞行试验验证，是避免出现重大技术方案颠覆风险的有效手段。

目前，国内外高速来流模拟系统气流加热方式普遍采用燃烧加热和蓄热式加热两种方式。蓄热式加热装置最高温度可达 2 200 K，能够满足试验需要的来流总温 1 123 K 的要求，但是会产生杂质微粒。采用推进剂燃烧加热气流的方式，起动时间短，无杂质微粒，可以满足试验要求的时间和来流总温的要求，尤其是长程热试时间只取决于供应系统的能力。

来流模拟系统主要由加热器、掺混器、整流器和射流喷管四大部件组成，采用分级加热空气，同时解决系统补氧问题，即液氧与酒精在加热器内燃烧加热部分来流空气，混合器对加热后高温热空气与剩余冷空气进行掺混，整流器和整流装置解决空气温度、速度和压力均匀性，加热装置总体结构示意如图 3-31 所示。液氧/酒精/空气三组元在加热器中燃烧，提供来流焓值。高温燃气经过掺混器使中心区与边区流场均匀掺混，经整流器降低来流湍流度后经射流喷管加速，在喷管出口产生满足试验要求的来流参数。对于来流模拟存在的温度位移补偿问题，采用滑动密封段进行补偿。滑动密封段由内套筒和外套筒组成，内、外套筒之间是滑动密封体，采用金属密封环进行密封。密封段在力作用下能够沿轴向滑动，补偿试验系统的轴向冷缩或热胀位移。

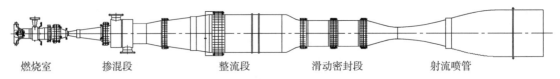

燃烧室　　　　掺混段　　　　　　整流段　　　　　滑动密封段　　　　　射流喷管

图 3 - 31　来流模拟系统加热装置结构示意图

　　加热装置是试验台关键组件之一，直接燃烧和加热来流空气，满足发动机不同飞行高度和马赫数下的来流总温模拟要求，保证燃气成分与真实空气接近。

　　气流在三维轴对称射流喷管内加速，在其出口截面获得所要求的马赫数和均匀流场，并保证喷管出口的气流方向与试车台轴线平行。射流喷管气动型面设计采用特征线加边界层修正的方法进行计算，并对得到的喷管型面的流场性能进行 CFD 校核。喷管段的结构设计包括喷管本体和喷管支架两部分。为保证喷管内壁面温度稳定，不发生过大热变形，结构方案上采用水冷设计方案，喷管使用时利用冷却水达到冷却喷管内壁面的目的（射流喷管结构如图 3 - 32 所示），对当量直径模型进行试验系统内流场仿真，由图 3 - 33 可知，试验系统可以正常起动，流场未发生堵塞。

图 3 - 32　来流模拟系统加热射流喷管结构示意

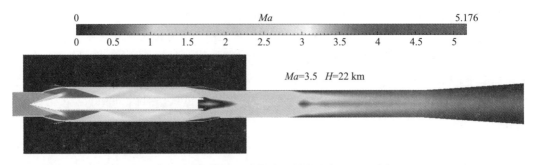

图 3 - 33　来流模拟系统仿真马赫数分布图（见彩插）

3.3.2.2　流场校测评估

　　采用流场测量排架，通过总压、总温、静压和气体成分测量，获取流场性能参数，开展流场校测数据分析，分析确定试验段核心流均匀区大小，计算核心区马赫数，为评价发动机周围环境及其环境适应性提供重要依据。系统采用如图 3 - 34 所示的组合式流场校测排架，测量耙由两个组合十字梁组成，米字形排架在试验台的物理堵塞度约为 9%。

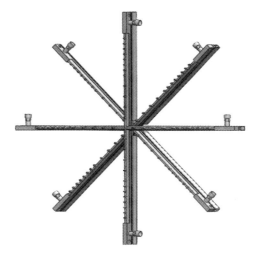

图 3 - 34　米字形组合式流场校测排架

对于流场校测排架，取其对应喷管直径的 60% 将排架的测点分为 2 个区域（如图 3 - 35 所示）：中心区域用于测量均匀区范围内的温度和速度分布，测点布置较稀；周边区域用于测量非均匀区以及均匀区和非均匀区的交界点，测点布置相对较密。利用接触式组分测量系统（原理图如图 3 - 36 所示），采集来流气体样品并进行气体样品成分分析。

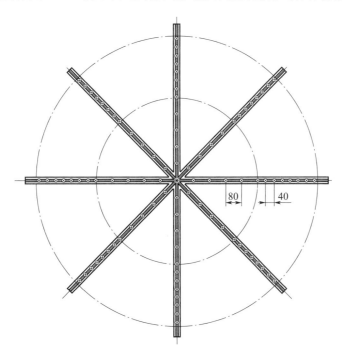

图 3 - 35　流场校测排架测点布置示意图

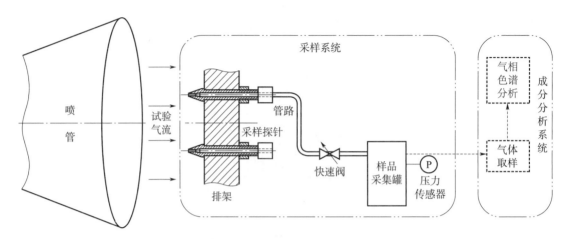

图 3 - 36　组分测量系统原理图

（1）速度场处理方法

由于喷管出口气流的总温高，气体分子的振动能被激发，气体的比热容不再是定值，计算必须从基本的正激波关系式出发并考虑高温真实气体效应反复迭代计算马赫数。设激波前马赫数为 Ma_1，压强为 p_1，温度为 T_1，总温为 T_0，总压为 p_{01}，则激波前有以下关系式

$$h(T_0) = h(T_1) + u_1^2/2 \qquad (3-54)$$

$$u_1 = Ma_1 \cdot \sqrt{k_1 R T_1} \qquad (3-55)$$

$$S(T_0) - R\ln(p_{01}) = S(T_1) - R\ln(p_1) \qquad (3-56)$$

$$p_1 = \rho_1 R T_1 \qquad (3-57)$$

$$p_{01} = \rho_{01} R T_{01} \qquad (3-58)$$

设激波后马赫数为 Ma_2，压强为 p_2，温度为 T_2，总温为 T_0，总压为 p_{02}，则激波后有以下关系式

$$h(T_0) = h(T_2) + u_2^2/2 \qquad (3-59)$$

$$u_2 = Ma_2 \cdot \sqrt{k_2 R T_2} \qquad (3-60)$$

$$S(T_0) - R\ln(p_{02}) = S(T_1) - R\ln(p_2) \qquad (3-61)$$

$$p_2 = \rho_2 R T_2 \qquad (3-62)$$

$$p_{02} = \rho_{02} R T_{02} \qquad (3-63)$$

正激波前后满足以下关系式

$$\rho_1 u_1 = \rho_2 u_2 \qquad (3-64)$$

$$p_1 + \rho_1 u_1^2 = p_2 + \rho_2 u_2^2 \qquad (3-65)$$

$$h(T_1) + u_1^2/2 = h(T_2) + u_2^2/2 \qquad (3-66)$$

进行流场调校时，根据测得的激波前后总压、总温及试验气体各组分的比例和式（3-54）～式（3-66），反复迭代计算，就可以得到激波前后的马赫数。试验气体的热力学参数根据拟合关系式给出。

高温条件下混合气体各组分的比热容、焓以及熵由 Jnaff 表的数据拟合出下列公式计算

$$\frac{c_{pi}}{R} = A_1 + A_2 T + A_3 T^2 + A_4 T^3 + A_5 T^4 \tag{3-67}$$

$$\frac{h_i}{RT} = A_1 + \frac{A_2 T}{2} + \frac{A_3 T^2}{3} + \frac{A_4 T^3}{4} + \frac{A_5 T^4}{5} + \frac{A_6}{T} \tag{3-68}$$

$$s_i(T_1) - s_i(T_2) = \int_{T_1}^{T_2} \frac{c_{pi} \mathrm{d}T}{T} \tag{3-69}$$

混合气体的焓、比定压热容、比热比和分子量可以表示为

$$h = \sum_{i=1}^{s} Y_i h_i \tag{3-70}$$

$$c_p = \sum_{i=1}^{s} Y_i h_{pi} \tag{3-71}$$

$$k = \frac{c_p}{c_p - R} \tag{3-72}$$

$$M = \sum_{i=1}^{s} N_i M_i \tag{3-73}$$

式中　Y_i ——组分的质量比例；

　　　N_i ——组分的摩尔比例。

把喷管出口不同截面上速度偏差≤5％内的区域定义为均匀区，均匀区的大小可以用于评估喷管出口流场的可用范围，而均匀区内的各个测点处的马赫数标准差则用于评估均匀区内的马赫数均匀程度。主要评估指标有：

1）截面速度场的绝对均匀区 Φ_{Ma}，速度偏差≤5％内的区域；

2）截面均匀区内的平均马赫数，给出均匀区内的马赫数统计平均值；

$$\overline{Ma} = \frac{1}{n} \sum_{i=1}^{s} Ma_i \tag{3-74}$$

3）均匀区内的马赫数标准差，用于评估均匀区内的马赫数均匀程度；

$$\sigma_{Ma} = \sqrt{\frac{1}{n-1} \cdot \sum_{i=1}^{s} (\Delta Ma_i)^2} \tag{3-75}$$

4）相对偏差。

$$\xi = \sigma_{Ma} / \overline{Ma} \tag{3-76}$$

（2）温度场处理方法

与速度场一样，把各个截面上温度偏差在指定范围内的区域定义为均匀区，均匀区的大小可以用于评估喷管出口温度场的可用范围，而均匀区内的各个测点处的温度标准差则用于评估均匀区内的温度均匀程度。主要评估指标有：

1）截面温度场的绝对均匀区 Φ_T；

2）截面均匀区内的平均总温，给出均匀区内的总温统计平均值；

$$\overline{T} = \frac{1}{n} \sum_{i=1}^{s} T_i \qquad\qquad (3-77)$$

3）均匀区内的总温标准差，用于评估均匀区内的温度均匀程度；

$$\sigma_T = \sqrt{\frac{1}{n-1} \cdot \sum_{i=1}^{s} (\Delta T_i)^2} \qquad\qquad (3-78)$$

4）相对偏差。

$$\xi = \sigma_T / \overline{T} \qquad\qquad (3-79)$$

3.3.3　火星稀薄流环境模拟

火星大气飞行器再入环境与地球大气再入环境差异较大，我们实施载人航天、月球探测等工程时所积累的工程经验方法，以及常规的大气环境风洞提供的试验验证数据，有可能在火星大气环境中不再适用。因此，为了满足火星大气环境中探测器的试验研究，必须开展理论分析和数值预测方法验证。20 世纪 80 年代以来，美国、欧洲、日本相继建设了火星风洞，开展火星风环境和风蚀过程等研究工作。

NASA 火星风洞［图 3-37（a）］是一座引射式来流风洞，试验段长 13 m。风洞有两种运行模式：一是地球风环境模式，此模式由风扇动力系统驱动，风速可达 12 m/s；二是火星低压环境模式，风洞由安装在扩散段的网管引射器系统驱动。引射器系统由 72 个均布的 ϕ 1.6 mm 喷嘴构成，根据实验需要引射高压气，可以是空气或 CO_2 气体，使用网管引射器系统驱动模式，火星风洞能在约 400 Pa 的低压环境中，达到 180 m/s（$Ma = 0.8$）的试验风速[10]。

2000 年，丹麦 Aarhus 大学火星模拟实验室建设了一个小火星风洞［图 3-37（b）］，它置于一个真空管中，风洞直径 400 mm，长 1 500 mm，用液氮冷却。小火星风洞可以模拟火星大气压力、温度、气体组分和可见光条件，模拟火星地表风速和尘埃环境[11]。

2007 年，日本 TOHOKU 大学建成了火星风洞［图 3-37（c）］[12-13]，主要构成包括：1 个真空罐，1 个吸入式风洞，1 个缓冲罐。吸入式风洞放置在可以模拟火星大气压力和温度的真空罐中，真空罐长 5 m，直径 1.8 m。火星地表漫游器是目前火星地面探测的主要移动装置。火星地表复杂凹凸不平且火星车动力推进能力有限，因此轮式火星车的有效运行时间和活动受到限制。

美国 NASA 提出了一种被动推进式新概念漫游器，它以火星风为动力，被称为风滚草[14-17]。图 3-37（d）给出了该设计的一些概念模型。其主要设计点之一就是要能被极低密度的火星大气风推动，根据火星探测的运载环境和任务需要，漫游器的直径约 4～6 m，总质量约 10～20 kg。

3.3.3.1　着陆探测器发动机火星环境稀薄来流模拟

根据我国火星着陆探测器的工作过程，探测器飞行任务共划分为六个阶段，见表 3-6。

(a) NASA火星风洞

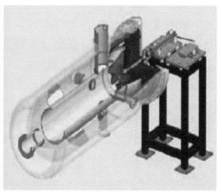
(b) 丹麦Aarhus大学火星风洞

(c) 日本TOHOKU火星风洞

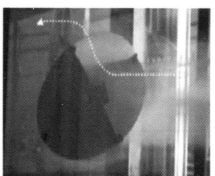
(d) NASA "风滚草" 风洞试验

图 3 - 37　国外火星风洞试验装置

表 3 - 6　探测器任务飞行阶段划分

飞行阶段		阶段定义	
		起始点	结束标志点
发射		发射	器箭分离
地火转移		器箭分离	探测器进入火星引力球范围
火星捕获		探测器进入火星引力球范围	火星捕获控制结束,进入环火捕获轨道
火星停泊		火星捕获控制结束	进入停泊轨道
离轨着陆	阶段 A	停泊轨道向使命轨道机动	两器分离
科学探测	阶段 A	着陆探测器着陆	火星车任务寿命结束
	阶段 B	火星车任务寿命结束	环绕器任务寿命结束

　　当着陆探测器距离火星表面约 2 km 时抛除减速伞和背罩,开始自主控制。火星表面存在气体环境,主要气体成分以 CO_2 为主。火星着陆探测器以一定的速度 100~200 m/s 进行近火星制动、动力下降过程。火星探测器的发动机用于实现火星着陆探测器近火星制动、动力下降等软着陆任务需求。火星表面大气条件下,100 m/s 的速度约为 $Ma=0.5$,为亚声速状态,同时迎风火星大气气流受到发动机喷管型面的约束和减速,使其在燃烧室

内流速降低、扰动减弱。燃烧室内火星大气的流速相比着陆巡视器下降速度要低得多。为了评估高速下降过程，火星表面大气来流可能对发动机工作有影响。由于安装位置不同，来流方向与发动机喷口的相对位置存在来流与喷管出口平面成 90°和 0°两个极限位置，如图 3 - 38 和图 3 - 39 所示。

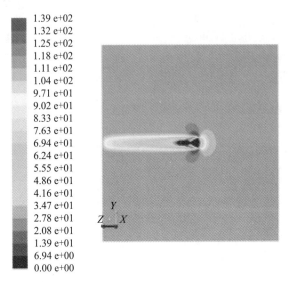

图 3 - 38　0°来流时发动机速度分布场（见彩插）

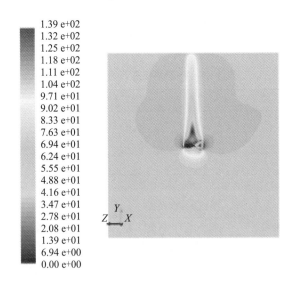

图 3 - 39　90°来流时发动机速度分布场（见彩插）

定性分析认为，燃烧室内的动态气流扰动会影响最先进入燃烧室内推进剂的喷注及撞击、初始雾化状态并影响初始燃烧组织工作特性，最终影响到发动机起动工作特性。由于燃烧室内动态气流对推进剂充填、射流撞击、雾化、燃烧的全过程影响暂无法定量分析，开展全过程仿真研究难度较大。

为保障火星探测器着陆任务成功，发动机需要在着陆过程相对火星大气高速迎风运动中确保可靠点火且开关机响应特性满足控制系统要求。由于无法通过计算和分析获得着陆过程动态流场对发动机起动过程的量化影响结果，在发动机初样研制阶段，必须要建立与火星大气环境相当的环境条件，主要包括气体成分、压力和流速等条件，用以进行发动机环境模拟试验研制，验证火星着陆环境下发动机点火的适应性并获得真实的起动响应特性。

根据火星着陆环境因素分析，火星着陆探测器发动机对着陆环境模拟试验要求主要有：

1）环境压力：发动机点火前，环境压力保持在 $900 \sim 2\,000$ Pa，发动机工作时，环境压力低于 10 kPa；

2）发动机喷管逆向来流要求：来流逆向发动机喷气方向，速度在 $100 \sim 400$ m/s；

3）来流气体成分：气体成分为火星大气（其中 CO_2 约占 95.7%，N_2 约占 2.7%，Ar 约占 1.6%）。

3.3.3.2　火星环境稀薄来流模拟装置设计

为模拟发动机在火星大气条件下的相对运动，在试验舱内推力室保持固定，前端设置环形喷气装置，该装置带夹角喷气在推力室喷管周围形成一定速度的逆向来流包络，模拟逆向来流环境原理如图 3-40 所示。在试验舱内进行来流模拟试验，逆向来流模拟装置设计需考虑推力室在试验舱内的安装位置、燃气正常导流引射、扩压器结构尺寸等问题。来流模拟系统设计结构如图 3-41 所示，主要包括来流喷气装置和导流装置两部分。来流模拟喷气装置设计为喷口带一定角度的内部连通环状集气腔，环腔出口带延伸段，略收缩延伸至发动机喷管安装截面，气流喷出交汇后产生覆盖发动机喷管区域的轴向气流。气流经过发动机截面后，由导流装置折转返回扩压器。试验用 CO_2 气体是由瓶装液态工业 CO_2 减压挥发产生的，在进入试验舱前如果温度低于 -40 ℃，气态 CO_2 会转化为干冰固体状态，因此试验项目考核温度为常温状态。

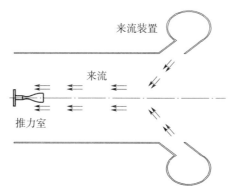

图 3-40　逆向来流形成原理图

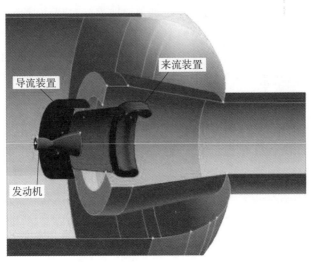

图 3-41　发动机来流模拟装置结构原理 （见彩插）

3.3.3.3　来流模拟装置数值仿真分析

　　试验舱、推力室喷管、来流模拟装置均为圆形轴对称，可采用二维轴对称模型计算分析。在划分网格时，考虑到发动机喷管外部流场流动变化的特点，外场区域网格总体上由密变疏，而对于发动机喷管内部主流区、壁面附面层、喷管出口以及可能出现激波或流动分离的区域都做了不同程度的局部网格加密 （如图 3-42 所示）。

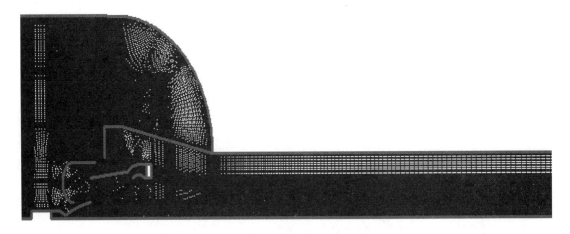

图 3-42　总体网格 （见彩插）

　　喷管入口与来流装置入口作为压力入口边界，给定总压、总温和静压，试验舱出口取压力出口边界。为求解可压缩湍流流动，湍流模型采用的是 SST $k-\omega$ 双方程模型。为来流模拟系统配置来流气体导流装置，分析计算发动机点火时整个系统流动情况，结果如图 3-43 所示。

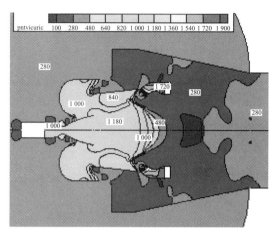
(a) 来流条件下发动机未工作时试验舱压力

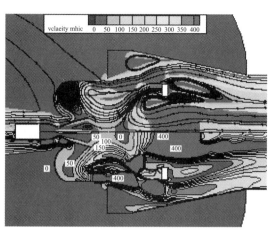
(b) 来流条件下发动机未工作时流线

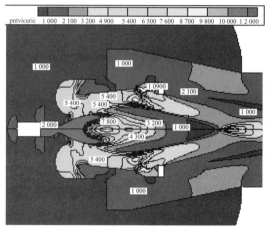
(c) 来流条件下发动机工作时试验舱压力

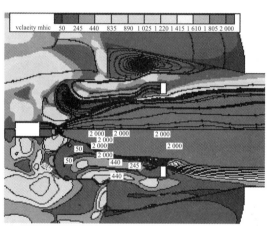
(d) 来流条件下发动机工作时流线

图 3 - 43　带导流装置仿真分析（见彩插）

从图 3 - 43（a）和（b）来看，导流装置可将流经发动机喷管的稀薄来流折转并导入扩压器中，在发动机未点火时，试验舱内压力约为 280 Pa，来流系统内压力为 1 100 Pa 左右，舱内压力几乎不受来流干扰。来流装置产生的稀薄流在喷管前能够形成有效包络范围，由于喷管的干扰来流速度从发动机喷管边缘至来流延长段存在速度升高梯度，来流速度从 100 m/s 升高至 200 m/s 左右。从图 3 - 43（c）和（d）来看，在发动机点火时，喷管喷出的燃气能够顺利通过来流装置中心区域，来流气体被燃气推挤靠近延长导流筒壁，然后经过导流折转装置后流回扩压器内，燃气与稀薄流气体都可以顺畅地排出系统，试验舱内压力约为 1 000 Pa，来流系统内压力为 5 400 Pa 左右，满足发动机试验对系统真空度的要求。

3.3.3.4　来流速度测量

根据可压缩流动总静压方程

$$p_0 - p = \frac{1}{2}\rho v^2 \left[1 + \frac{Ma^2}{4} + \frac{(2-k)}{24} Ma^4 + \cdots \right]$$

式中　ρ ——被测气体密度；

　　　p ——气体平衡静压；

　　　p_0 ——气体总压；

　　　v ——气体速度（在 CO_2 温度取 10 ℃时，当地声速 a 为约 260 m/s），在获取被测
　　　　　点附近的总压、静压后可计算出气体的流速。

　　　通过对比调研现有动压机械式、热线风速式、超声波测速、离心漂移测速、激光多谱
勒测速、粒子成像测速等多种测速方式，结合来流条件下高模环境可实现性，采用精密微
压计结合皮托管的方式进行来流速度测量。为了获取安装发动机模拟件后的来流速度，在
来流模拟装置内布置了 5 个测点，分别获取喷管边缘不同位置的来流总静压差 Δp_1 和 Δp_2、
静压 p_{a1} 和 p_{a2}、发动机喷口中心的来流静压 p_{a3}，测点的具体位置如图 3-44 所示。

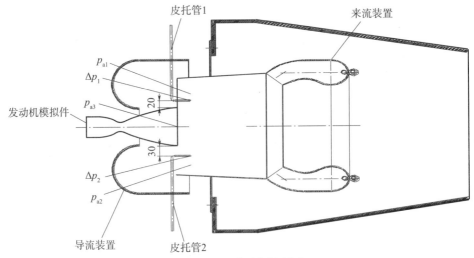

(a) 压力测点位置分布

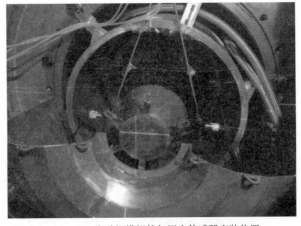

(b) 发动机模拟件与压力传感器安装位置

图 3-44　来流模拟装置速度测量调试安装

　　经过多次调试，获取了安装发动机模拟件状态下，不同贮箱压力与喷口边缘来流速度和中心区域来流压力的变化规律，调试曲线如图 3 - 45 所示，前 5 次调试结果见表 3 - 7。对比 v_1（距喷管边缘 30 mm）及 v_2（距喷管边缘 20 mm）的速度曲线可以看出，来流装置能够在喷管附近形成稳定流速的流场。在喷管边缘附近的流场，受到喷管外形的干扰，越靠近喷管边缘的位置，喷管会对流场的干扰越明显，其静压相对较高，速度相对较低，喷管附近速度约为 120 m/s，与仿真计算与试验调试结果吻合较好。

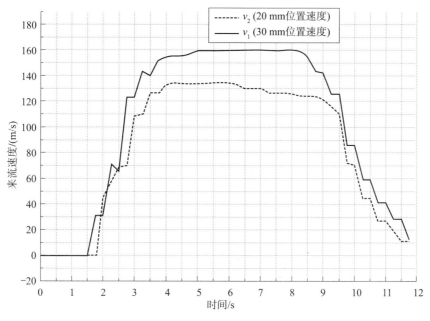

图 3 - 45   调试速度曲线

表 3 - 7   前 5 次来流装置内速度调试数据

序号	贮箱压力	喷口边缘 20 mm 处		喷口边缘 30 mm 处		喷口边缘 20 mm 处		喷口边缘 30 mm 处		舱压
		静压	密度	静压	密度	压差	速度	压差	速度	
	p_t	p_{a1}	ρ_1	p_{a2}	ρ_2	Δp_1	v_1	Δp_2	v_2	p_{z1}
	MPa	kPa	kg/m³	kPa	kg/m³	Pa	m/s	Pa	m/s	kPa
1	1.91	2.90	0.060	3.25	0.067	540	130.15	778	146.67	1.90
2	1.76	2.62	0.054	2.93	0.060	472	128.36	773	153.92	1.95
3	1.59	2.25	0.046	2.68	0.055	410	129.55	702	153.26	1.90
4	1.46	2.22	0.046	2.54	0.052	336	117.88	665	153.39	1.88
5	1.32	2.10	0.043	2.41	0.049	278	111.19	601	150.45	1.80

　　从调试数据可以看出，来流速度随着贮箱供应压力的降低逐渐减小，喷管附近速度从 130 m/s 降低至 110 m/s，试验舱压力也逐渐降低，试验舱压力从 1.9 kPa 降低到 1.8 kPa。

测试表明，在确保贮箱供应压力稳定的条件下，来流模拟系统能够形成 $100\sim200$ m/s 速度的稀薄来流，同时保证试验舱压力满足试验要求。

3.3.3.5　探测器发动机火星稀薄来流模拟环境试验

为考核火星着陆环境下的发动机起动响应特性和环境适应性，在试验舱内发动机安装保持固定，前端设置环形喷气装置，该装置带夹角喷气在发动机喷管周围形成一定速度的逆向来流包络，发动机喷管与来流模拟装置试验安装状态如图 3-46 所示。

图 3-46　发动机喷管与来流模拟装置试验安装状态

由于喷管工作高速气流引射的作用，试验舱压在点火过程中略有下降，喷管与来流装置停止工作瞬间，舱压因扩压器内气体的回火短暂阶跃上升，随后逐步降低。4 次点火过程二氧化碳来流速度，测试结果见表 3-8。

表 3-8　点火过程中来流速度

点火序号	速度 v_1/(m/s)	速度 v_2/(m/s)	平均速度/(m/s)	导流装置静压/kPa	试验舱压/kPa
1	235.9	226.6	231.3	5.38	1.6
2	255.9	239.8	247.9	4.718	1.5
3	204.7	189.4	197.1	5.20	1.6
4	189.0	165.0	177.1	4.72	1.5

测试数据表明，在确保贮箱供应压力稳定的条件下，来流模拟系统能够形成 $100\sim200$ m/s 速度的稀薄来流，试验舱压力基本维持在 1.6 kPa 左右。在来流条件下，四次起动工作推力曲线如图 3-47 所示，在来流速度 200 m/s 条件下，发动机均能正常起动，相同起动工况的重复性良好，来流条件下发动机起动性能稳定。

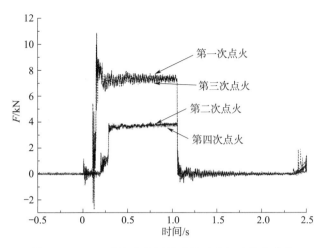

图 3 - 47 CO_2 来流条件下发动机四次起动推力曲线

3.4 真空环境大喷管保护条件设计

利用发动机自身燃气高速排气能量，在发动机喷管出口处获得真空环境条件，保证发动机喷管处于满流条件下持续工作的被动引射中。真空获取系统的结构分为扩压器开式系统和扩压器闭式系统两种形式，其中扩压器闭式真空获取系统主要装置有试验舱、二次喉道扩压器、抽真空设备等。本节论述扩压器闭式真空获取系统结构的大喷管发动机在真空条件下的起动和关机保护条件设计。相关试验设备的设计可参考本书的试验舱设计和燃气升压系统设计相关内容。

3.4.1 系统设计

某型发动机需要扩压器闭式真空获取系统进行高空模拟试验，典型试验结构如图 3 - 48 所示。

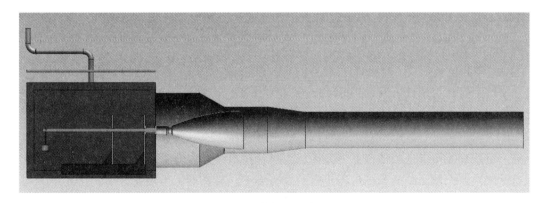

图 3 - 48 扩压器闭式高模试验典型结构（见彩插）

根据发动机结构参数和试车架结构参数确定试验舱结构，根据发动机出口燃气参数进行气动计算后确定二次喉道扩压器内型面，之后再根据相关要求确定整体二次喉道扩压器结构。试验舱和二次喉道扩压器通过对接构成高空模拟试验装置。通过发动机喷管出口高速燃气的引射作用对试验舱抽真空，使发动机喷管出口处产生并维持低于大气压的低压（真空）环境。与其他高空模拟试验模式相比，在该模式下发动机起动和关机两个非稳态阶段舱内外较大的压力差，对发动机喷管的作用可能导致喷管损坏[18]。针对这种情况进行真空环境下大喷管保护装置设计，是高空模拟试验系统设计的一项重要内容。

（1）发动机起动

为了考核发动机起动状态，高空模拟试验装置可提供两种试验条件：一种是大气环境起动；另一种是预抽真空状态起动，即发动机起动前，整个高空模拟试验装置为密封状态，依靠外部真空泵或引射器等装置进行抽真空，达到要求的真空值时发动机进行高空模拟试验。

在预抽真空模式下，需先将扩压器出口用堵盖封堵，如图 3-49 所示。发动机在真空条件下起动前，扩压器出口堵盖受到大气压和高模装置内真空环境共同作用，该作用下使扩压器出口堵盖紧密压紧，保证高模装置内处于真空环境。发动机点火后，由于燃气的作用，起动瞬间（小于 1 s）堵盖被打开，发动机快速进入一个稳定的高空模拟试验状态。

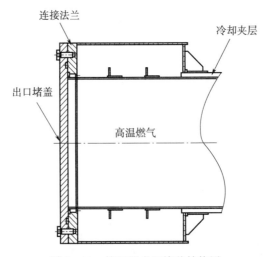

图 3-49　扩压器出口堵盖结构图

通过某次真空条件下发动机起动过程发现，预抽真空（约 3 kPa）后发动机起动，喷管附近压力在扩压器出口堵盖打开时峰值较高，在停车后对喷管进行检查时发现喷管最大截面处有缺损情况，扩压器及试验舱内找到少量残片。同时喷管出口截面处存在多处弯折痕迹，但残片断面未见烧蚀迹象。分析认为喷管在起动过程发生破坏的原因是，发动机起动后燃气快速充填试验舱和扩压器组成的高模装置，装置内压力快速升高，在该压力还不足以将扩压器出口的堵盖打开之前，发动机喷管承受一定的外压作用，发生了失稳破坏。

为降低堵盖打开时发动机喷管处的压力峰值，通过分析，采取预先在堵盖上施加一定范围内可调节作用力（以下均称之为预置力）的措施。预置力的大小主要考虑两个因素：一是发动机起动前高模装置保持密封状态，二是保证发动机起动过程达到额定工况。

将堵盖设计成图 3-50 所示形状，保证预置力有着力点。力源可借助气动阀门的气缸或其他形式，如图 3-51 所示。堵盖受力分析：扩压器出口堵盖直径为 D，大气压有效作用面积为 A，当地大气压为 p，起动时舱内压力为 p_z，因此大气压作用在堵盖上的压紧力为

$$F_{压} = (p - p_z)A \qquad (3-80)$$

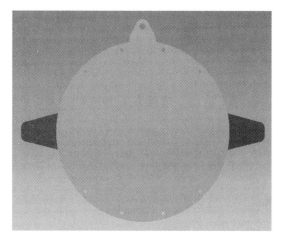

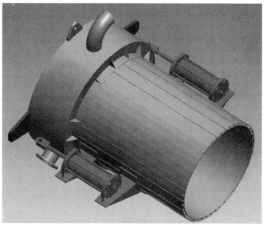

图 3-50　堵盖形状　　　　　　　　　　图 3-51　堵盖预置力实施示意图

扩压器出口高温燃气作用面积仍为 A，查得第一次起动时扩压器出口压力最高时为 p_g，时刻为 t，之后迅速降低并保持基本稳定，因此可以认为 t 为扩压器出口堵盖打开的时刻点。此时作用在堵盖内侧（真空侧）上的力为

$$F_{开} = p_g A \qquad (3-81)$$

根据上述基本分析，由计算结果可知，预抽真空 3 kPa 后，大气压作用在堵盖上的压紧力为 57.59 kN，而打开堵盖时，扩压器内高温燃气作用在堵盖内侧的力达到了 86.22 kN。

为保持扩压器的密封状态，首先确定密封力的大小。密封力的计算与 O 形圈的压缩比有极大的关系，通常把压缩比 15% 定义为真空橡胶密封的最小压缩比。通常情况下，圆形截面采用 20% 的压缩比，作为真空橡胶密封的条件。

堵盖上密封槽宽为 B，高为 h，用截面直径为 d 的 O 形硅橡胶圈。理论上最大压缩比为 30%，计算时仍采用 20% 的压缩比。

密封力的计算公式为

$$F_m = f d \pi D E g \qquad (3-82)$$

式中　d ——O 形圈截面直径（cm）；

　　　D ——O 形圈内径（圈径）（cm）；

　　　E ——材料弹性模量，与橡胶硬度有关（Pa）；

f ——压力系数，是高度系数的函数。

高度系数

$$\beta = \frac{H}{d}$$

式中　　H ——密封圈压缩后的高度。

计算中压缩比取了 20%，所以高度系数就为 0.8。查《真空设计手册》图表可以得到压力系数 f。其次，硅橡胶邵氏硬度（HA）约为 60，查表得到对应的弹性模量 E。易求得密封力 F_m。

密封比压力

$$\sigma_s = \frac{F}{BL} \times 10^5 (\text{Pa}) \tag{3-83}$$

定义相对比压力 $\sigma_x = \dfrac{\sigma_s}{E}$，相对比压力 σ_x 与高度系数 β 之间存在相应的关系，当 $0.7 < \beta < 0.95$ 时，$\sigma_x = 1.1(1.02 - \beta)$。

由上述公式易计算得到理论上预置力应小于 $F_{开} - F_m$。

（2）发动机关机

发动机停车前需进行氮气破空，氮气破空环管位置示意图如图 3-52 所示，氮气破空主要有 3 个作用：

1）达到破坏试验舱内的真空度（提高真空压力值），保护发动机喷管；

2）可以对发动机停车后的回火或局部起火快速扑灭，保护发动机和试验舱内的传感器、控制和测量电缆；

3）利用吹氮气可置换试车后试验舱内发动机燃气，之后和空气相通，有利于试验舱内发动机及高模装置的拆卸工作。

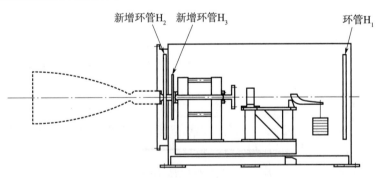

图 3-52　氮气破空环管位置示意图

关机时，氮气流量可按 1 s 时间内须充满整个高空模拟装置（试验舱与扩压器等）来进行设计。扩压器闭式结构形式的高空模拟试验系统发动机关机前，多数试验舱真空压力小于 1 000 Pa，与试验现场环境大气压力相差较大，充填气体结构、速度设计等要经过计算和调试验证。氮气质量流量可以通过下式计算

$$\dot{m} = K \frac{p^*}{\sqrt{T^*}} A \qquad (3-84)$$

$$K = \sqrt{\frac{k}{R}\left(\frac{2}{k+1}\right)^{\frac{k+1}{k-1}}} \qquad (3-85)$$

式中　$\dot{m}$ ——氮气质量流量；

　　　p^* ——氮气进口压力；

　　　T^* ——氮气进口温度；

　　　A ——扩压器内壁与喷管间隙面积；

　　　k ——气体比热比；

　　　K ——流量系数；

　　　R ——气体常数。

根据上面计算公式，可以求得充填氮气量，设计合理的氮气破空装置。

3.4.2　仿真计算

为了分析起动过程对发动机喷管外压失稳的影响，采用数值方法计算发动机非稳态起动过程。仿真模型如图 3-53 所示，局部网格如图 3-54 所示。根据几何结构特点，采用二维轴对称模型，边界条件：入口采用总压入口条件；以 x 轴为对称轴条件；出口给定扩压器出口压力，为环境压力；壁面采用绝热壁条件。求解的是非定常 N-S 方程，在计算时，空间离散采用 TVD 格式，湍流模型采用两方程 SST k-ω 模型。

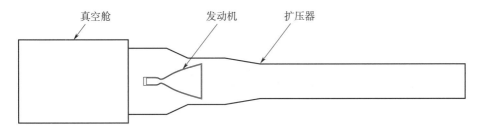

图 3-53　仿真模型示意图

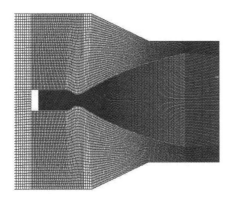

图 3-54　喷管附近局部计算网格示意图

　　从图 3 - 55 的计算结果，发动机在起动过程中，依次经历了自由激波分离（0.01 s）—受限激波分离（0.1 s）—自由激波分离（0.2 s）—满流状态（0.4 s）。从 0.4 s 开始，喷管基本处于满流状态，此时，试验舱的压力还在 40 kPa 左右，因此，从 0.4 s 开始，喷管一直承受外压条件直至试验舱的压力降至比喷管出口压力低，因此认为，喷管的外压失稳与喷管起动状态是有关联的。起动过程喷管的工作环境比较恶劣，可能存在外压失稳风险。

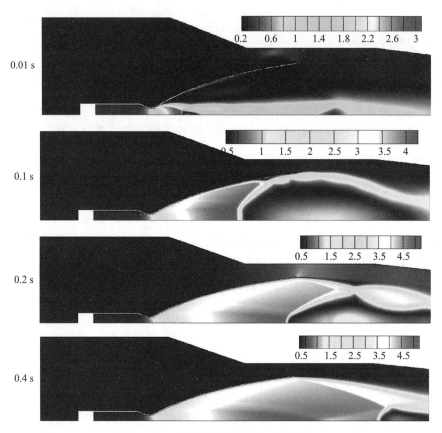

图 3 - 55　马赫数分布云图（见彩插）

3.4.3　调试及结果评估

　　针对发动机起动过程，采用气缸方式作用。当气源压力在 0~5 MPa 时，气缸的推力在 0~39.25 kN 范围内可调。充分调试后，根据调试结果进行计算，得到不同送气压力下的打开堵盖合力。计算结果见表 3 - 9。

表 3 - 9　不同气缸压力下打开堵盖合力

气缸压力/MPa	1.10	1.545	1.91	2.577	2.88
打开压力/kPa	60.22	47.376	38.873	17.841	不密封
合力/N	53 339	50 369	49 297	45 254	37 530

　　计算结果表明，当气缸压力调整至 2.88 MPa 时堵盖发生了泄漏，若再升高，则堵盖可能提前打开，分析认为因理论计算力为均匀加载，而实际仅有两点加载，力分布不均匀导致局部受力过大不密封。综合考虑，在 2 MPa 以下相对平衡。采用气缸送气压力为 1.1 MPa，较不施加预置力相比，喷管附近最大压力减小了 2 kPa 左右，与预测结果一致，此时发动机刚好形成引射效果，避免了发动机起动过程中，承受较大外压而造成喷管失稳破坏的风险。

　　针对发动机关机过程，在试验舱后端和发动机后端共设置 3 个氮气主动破空环管。沿环管周向在环管径向方向均匀开孔，以利于氮气在高空模拟试验装置内的扩散。发动机停车前打开破空环管的控制阀门，氮气进入试验舱内，通过扩散达到目的。

　　采用这种氮气主动破空技术（仅采用破空管 H_1）进行了发动机第一次高模试车，从残片断裂情形分析，停车时喷管损坏的另一个主要原因是停车后空气从扩压器出口进入扩压器及试验舱，气流对喷管的冲击及喷管内壁与外壁的瞬间压差导致了喷管结构破坏。

　　停车瞬间虽然氮气主动破空阀提前打开，但舱内压力升高不明显，导致停车后空气瞬间进入扩压器形成压差及冲击，破坏了喷管。

　　改进后设置两个氮气环管，新增环管 H_2 和新增环管 H_3，如图 3 - 52 所示。环管 H_2 与原先环管 H_1 规格一致，环管 H_3 直径较小且基本与发动机喷管出口直径一致，环管 H_2 和环管 H_3 位置位于试验舱前端，即靠近发动机位置处。同时环管 H_2 和环管 H_3 氮气小孔方向为轴向，即指向发动机方向，同时适量地提高了氮气的流量。为确保破空时喷管不失稳及防止回火，采用 $H_1 + H_2$ 同时进气，提前 1 s 进入。这样既可以防止提前破空喷管失稳，又可抑制回火。

　　实施效果：经热试车考核，氮气作用效果显著。试后检查发现发动机大喷管基本完整无损，测控电缆和舱内传感器等也没有出现烧蚀痕迹。可以证明该技术有效地进行了破空，保护了发动机喷管，有效地抑制了回火，保证了发动机的安全关机。后续可进一步研究氮气破空流场与空气泄入流场交汇对发动机大喷管的作用和影响。

参 考 文 献

［1］ 全国锅炉压力容器标准化技术委员会．压力容器：GB 150—2011 ［S］．北京：中国标准出版社，2011.

［2］ 田立丰．一座大型脉冲风洞的气动及结构设计研究 ［D］．长沙：国防科技大学，2005.

［3］ 达道安．真空设计手册 ［M］．3 版．北京：国防工业出版社，2004.

［4］ 张黎源．特种成膜设备真空容器设计及有限元分析 ［D］．天津：天津大学，2007.

［5］ 柯受全，等．卫星环境工程和模拟试验 ［M］．北京：中国宇航出版社，2005.

［6］ 徐烈，等．低温容器——设计、制造与使用 ［M］．北京：机械工业出版社，1987.

［7］ R A 黑菲尔．低温真空技术 ［M］．李旺奎，等译．北京：电子工业出版社，1985.

［8］ 化学工业第四设计院．深冷手册 ［M］．北京：化学工业出版社，1973.

［9］ 张钰，等．结构热试验技术 ［M］．北京：宇航出版社，1993.

［10］ GUYNN M D，CROOM M A，SMITH S C，et al. Evolution of a Mars airplane concept for the ARES Mars scout mission ［C］. AIAA Paper，2003 - 6578，2003.

［11］ ROBERT D BRAUN，DAVID A SPENCER. Design of the ARES Mars airplane and mission architecture ［J］. Journal of Space craft and Rockets，2006，43（5）：1026 - 1034.

［12］ P NORNBERG，et al. The new danish/esa Mars simulation wind tunnel at arhus university ［M］. 41st Lunar and Planetary Science Conference，2010.

［13］ TANAKE Y，OKABE Y，SUZUKI H，et al. Conceptual design of Mars airplane for geographical exploration ［C］. Proceedings of the 36th JSASS Annual Meeting，JSASS，Tokyo，2005，pp. 61 - 64 (in Japanese).

［14］ AKIRA OYAMA，KOZO FUJII. A study on airfoil design for future Mars airplane ［C］. 44th AIAA Aerospace Sciences Meeting and Exhibit 9 - 12 January 2006，Reno，Nevada，AIAA 2006 - 1484，2006.

［15］ M ANYOJI，et al. Development of low density wind tunnel to simulate atmospheric flight on Mars ［R］. AIAA，2009 - 1517，2009.

［16］ CHRISTOPHER V S. Wind tunnel tests to determine drag coefficientsfor the Mars tumbleweed ［R］. AIAA 2005 - 248，2005.

［17］ MERRISON J P. Latest results from the European mars simulation wind tunnel facility ［Z］. 2011.

［18］ 杨建文，刘计武，石晓波，等．启动过程对大膨胀比喷管外压失稳的影响研究 ［J］．推进技术，2016，37（6）：1182 - 1188.

第 4 章　燃气升压系统设计

燃气升压系统是将发动机试验过程喷管喷出的高焓高速燃气升压减速的试验装备，一般分为主动升压设备和被动升压设备，前者包括空气喷射泵、蒸气喷射泵以及机械真空泵等，后者指利用发动机喷管出口高速燃气动能进行升压的扩压装置，包括圆柱形超声速扩压器、二次喉道超声速扩压器和空气泄入式扩压器等。本章的燃气升压系统特指超声速扩压器。

超声速扩压器是发动机高空模拟试验系统中的关键设备，将发动机喷管出口高速气流通过激波系进行降速，同时提高气流静压，使气流能够顺利排入大气或压力升高后进入试验排气系统的后端设备。由于火箭发动机的类型和试验目的的不同，在试验系统设计中需要采用不同类型的扩压器，在姿轨控发动机及末修发动机的高空模拟试验系统设计中，真空度要求较高，通常采用二次喉道超声速扩压器、圆柱形超声速扩压器，其前端与试验舱连接，后端连接降温器及其他设备。在大推力发动机的高空模拟试验系统设计中，通常采用空气泄入式扩压器，利用发动机喷管出口高速燃气的自引射能力在喷管出口截面创造真空环境。本章将对上述几种扩压器的气动计算、结构设计及热防护进行介绍。

4.1　发动机-扩压器系统流动模型

超声速扩压器与发动机组合工作的原理相当于超声速气体引射器，发动机喷管相当于引射器的喷嘴，扩压器相当于引射器的扩压段，如图 4-1 所示[1]。超声速扩压器与发动机组合工作时所产生的低压应满足一定的要求，即试验舱内压力应等于发动机实际飞行高度对应的压力，最低限度应保证发动机喷管内的流动处于满流状态，这样发动机的高空模拟试验才能够达到所希望的效果。

在扩压器内部出现三种流动状态：1）状态Ⅰ。当发动机燃烧室点火后，随着燃烧室压力的逐渐升高，燃气首先在喷管喉部达到声速，随即在喷管内形成激波，激波由喉部向喷管出口截面移动。如果喷管出口环境压力过高，激波驻留在喉部和喷管出口截面之间任何位置，即喷管内气流在喉部和喷管出口截面之间产生分离，状态Ⅰ称为喷管中流动分离。2）状态Ⅱ。当发动机燃烧室的总压升高，激波离开喷管出口截面，喷管达到满流状态，在喷管紧下游的流动是不对称的，喷管燃气的自由喷射边界未达到扩压器壁面，气体流动状态不稳定，状态Ⅱ称为喷管满流。3）状态Ⅲ。当发动机燃烧室总压持续升高，喷管燃气的自由喷射边界达到扩压器壁面，并在扩压器内形成封闭的正激波系，喷管周围的气体受到超声速气流的引射而排到扩压器出口截面以外，在喷管周围产生并保持低压环境，状态Ⅲ称为普朗特-迈耶尔膨胀流区。状态Ⅲ的流动状态可采用纹影仪进行观察。

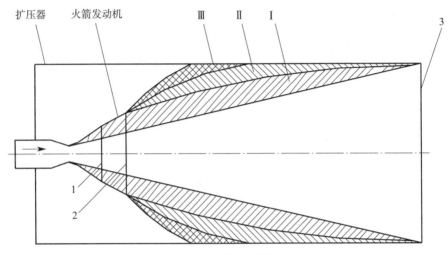

图 4-1　引射流动模型

1—喷管内部分离截面；2—喷管出口截面；3—扩压器出口截面；

Ⅰ—状态Ⅰ，喷管中流动分离；Ⅱ—状态Ⅱ，喷管满流；Ⅲ—状态Ⅲ，普朗特-迈耶尔膨胀流

在发动机-扩压器组合工作时，当燃烧室燃气压力与出口环境压力之比 p_c/p_a 的值上升到激波在扩压器出口处出现时，经过激波的气流压力就等于或接近于出口环境压力 p_a，此时的 p_c/p_a 值为扩压器能够起动的最小燃烧室压力比 $(p_c/p_a)_{min}$，即状态Ⅱ和状态Ⅲ的交点，称为最小起动压力点。在设计超声速扩压器时，要找出最小起动压力点，使扩压器内气流处于普朗特-迈耶尔膨胀流态下工作。

最小起动压力比无疑是扩压器设计中最重要的参数，燃烧室压力 p_c 必须大于为保证喷管满流稳定工作所需的最小起动压力 $p_{c,min}$。通常情况下，发动机喷管面积比越大，扩压器正常起动所需的最小起动压力也就越高。在扩压器设计中，需要计算发动机-扩压器系统工作时的普朗特-迈耶尔膨胀流曲线及最小起动压力特性，使超声速扩压器能够满足发动机高空模拟试验的要求。

4.2　圆柱形超声速扩压器设计

圆柱形超声速扩压器设计的主要内容[1,2]包括：计算并绘制普朗特-迈耶尔膨胀流曲线，根据要求的试验舱内气体压力，确定扩压器的内径；确定扩压器的最小起动压力比及出口极限压力，保证扩压器能够正常起动和运行；确定扩压器的长径比，以开展传热计算和结构设计。

在圆柱形扩压器的理论计算中，相关假设条件如下：气体为理想气体；气体流动为绝热、一维稳态冻结流，不考虑化学反应的影响；不考虑试验舱内的气流流动；采用一道正激波代替扩压器内一系列斜激波组成的复杂激波系；忽略气流流动的摩擦损失。

4.2.1　圆柱形扩压器设计计算流程

（1）计算扩压器内正激波前的气流马赫数

根据发动机喷管的几何尺寸，设定一组扩压器横截面积与发动机喷管喉部面积之比值（$\overline{A_3}$），按照一维等熵关系求出扩压器内正激波前的气流马赫数（Ma_2），以下式计算

$$\frac{A_3}{A^*} = \frac{1}{Ma_2}\left[\left(1 + \frac{\kappa-1}{2}Ma_2^2\right)\frac{2}{\kappa+1}\right]^{\frac{\kappa+1}{2(\kappa-1)}} \tag{4-1}$$

式中　A_3——扩压器横截面积；

　　　A^*——发动机喷管喉部面积。

（2）计算扩压器的最小起动压力比

根据一维等熵关系求出扩压器内正激波前后的气流总静压比计算式

$$\frac{p_c}{p_e} = \cfrac{1}{\cfrac{2\kappa Ma_2^2 - (\kappa-1)}{\kappa+1}\left[\cfrac{2}{(\kappa-1)Ma_2^2 + 2}\right]^{\frac{\kappa}{\kappa-1}}} \tag{4-2}$$

正激波前气流总压为发动机燃烧室压力 p_c，经过激波后的压力为扩压器出口压力 p_e，式（4-2）计算的压力比为扩压器的最小起动压力比，此时产生的正激波位于扩压器的出口位置。

扩压器的最小起动压力比、扩压器出口压力随面积比变化的曲线如图 4-2 所示。

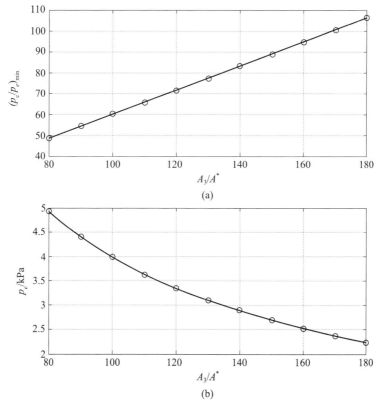

图 4-2　随面积比变化的最小起动压力比和出口压力

（3）计算试验舱内气体压力与扩压器出口气体压力比值 p_o/p_e

根据普朗特-迈耶尔膨胀流区的假设，试验舱内气体压力 p_o 等于气流自由膨胀到扩压器截面面积 A_3 时的静压值，对于一个固定的 A_3 而言，试验舱内压力 p_o 为定值。根据一维正激波理论，p_o/p_e 由正激波前后静压比求出，由下式计算

$$\frac{p_o}{p_e} = \frac{\kappa + 1}{2\kappa Ma_2^2 - (\kappa - 1)} \tag{4-3}$$

试验舱内气体压力与扩压器出口气体压力比值随面积比变化的曲线如图 4-3 所示。

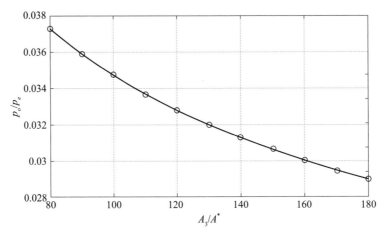

图 4 - 3　试验舱内气体压力与扩压器出口压力之比变化曲线

（4）绘制对应不同 $\overline{A}_3$ 值的普朗特-迈耶尔膨胀流区性能曲线

由式（4-2）计算得到普朗特-迈耶尔膨胀流区性能曲线的起始点，并由下式计算性能曲线的斜率

$$\frac{p_o}{p_c} = \frac{p_o}{p_e} \cdot \frac{1}{p_c/p_e} \tag{4-4}$$

在式（4-4）中，右端因子分别由式（4-3）和式（4-2）进行计算，由此能够绘制对应不同面积比 $\overline{A}_3$ 值的普朗特-迈耶尔膨胀流区性能曲线，如图 4-4 所示。

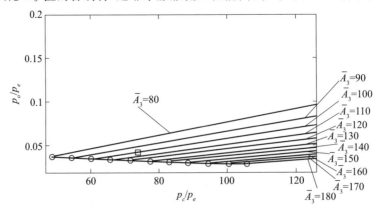

图 4 - 4　扩压器性能曲线和工作点

（5）圆柱形扩压器内径的确定

根据要求的发动机燃烧室设计压力 p_c 与扩压器出口压力 p_e 之比和试验舱内气体压力与扩压器出口气体压力之比，由（4）中普朗特-迈耶尔膨胀流区性能曲线得出 A_3/A^* 值，从而确定圆柱形扩压器的截面尺寸。

如果给定的 p_c/p_e 小于由式（4-2）计算得到的最小起动压力比 $(p_c/p_e)_{min}$ 值，则圆柱形扩压器不能起动，可以考虑采用二次喉道扩压器或提高试验舱内的气体压力 p_o，满足最小起动压力比 $(p_c/p_e)_{min}$ 的要求。

4.2.2　圆柱形扩压器设计计算结果

某型号液体推进剂火箭发动机的相关参数如下：

1）发动机推力：2.250 0 kN。

2）燃烧室压力：240.000 kPa。

3）燃气总温：2 648.67 K。

4）喷管喉部直径：80.30 mm。

5）喷管出口直径：622.00 mm。

6）喷管面积比：60.00。

7）喷管出口马赫数：4.943 0。

8）喷管出口静压：239.00 Pa。

9）喷管出口角：9.735°。

10）喷管出口燃气等熵指数：1.227 2。

11）喷管出口燃气静温：677.57 K。

12）燃气气体参数：441.576 4 J/（kg·K）。

13）燃气流量：0.765 kg/s。

要求高空模拟试验在海拔 45.0 km 条件下进行，相应的真空压力为 $p_0=149.101$ Pa。

按照 4.2.1 所示流程进行相关计算，扩压器的内径计算值为 795.8 mm，圆整为 800.0 mm，扩压器长度取值为 6 400.0 mm。扩压器出口气流参数见表 4-1。

表 4-1　圆柱形扩压器出口气流参数

序号	参数	符号	单位	数值
1	发动机推力	F	kN	2.25
2	燃烧室压力	p_c	kPa	240.000
3	扩压器最小起动压力比	p_{41}	—	59.083 6
4	试验舱压力	p_o	Pa	141.988
5	扩压器出口截面静压	p_k	kPa	4.061
6	扩压器出口截面总压	p_k^*	kPa	4.381
7	扩压器出口燃气静温	T_k	K	2 611.8

续表

序号	参数	符号	单位	数值
8	扩压器出口燃气总温	T_k^*	K	2 648.7
9	扩压器出口气流马赫数	Ma	—	0.352 5
10	扩压器出口气流速度	v	m/s	419.42

圆柱形扩压器选定的工作点如图 4 - 4 所示，为保证圆柱形扩压器能够顺利起动，在发动机点火工作前，扩压器出口截面气体压力取值为计算值的 80%。

4.3　二次喉道超声速扩压器气动计算

在发动机高空模拟试验系统设计中，由于二次喉道超声速扩压器具有优异的气动性能，从而得到广泛采用。

由于二次喉道扩压器的气动轮廓和气流附面层的影响，在扩压器内部存在一系列正激波和斜激波构成的复杂激波系，可以利用数值计算方法（CFD方法）对其进行流场细节分析和计算[3-7]，然而在确定试验系统的极限能力和参数配置时，往往采用能量守恒方程确定扩压器出口截面的极限排气压力。

4.3.1　二次喉道超声速扩压器设计理论

在二次喉道超声速扩压器的气动计算中[1]，相关假设条件同 4.2 节。二次喉道扩压器的结构示意图如图 4 - 5 所示。

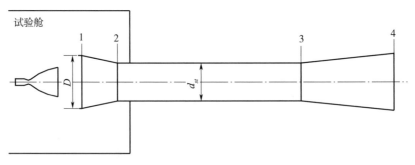

图 4 - 5　二次喉道扩压器结构示意图

在图 4 - 5 中，截面 1、2 之间为扩压器的收缩段，截面 2、3 之间为扩压器的二次喉部段，截面 3、4 之间为扩压器的亚声速扩散段。

超声速二次喉道扩压器气动计算的主要内容为：计算试验舱内气体压力，满足一定的真空条件；确定最小起动压力比及出口极限压力，计算并绘制普朗特-迈耶尔膨胀流曲线，保证扩压器能够正常起动和运行；确定扩压器的气动轮廓，以开展传热计算和结构设计。

扩压器 1、2 截面间的动量方程为

$$A_e p_e (1 + \kappa Ma_e^2) + p_o (A_d - A_e) - \int_{r_{st}}^{r_d} p_R \cdot 2\pi r \cdot \mathrm{d}r = A_{st} p_2 (1 + \kappa Ma_2^2) \quad (4-5)$$

式中　A ——气流流通截面面积；

　　　p ——气流静压；

　　　κ ——气体等熵指数；

　　　Ma ——气流马赫数；

　　　r ——半径；

　　　p_R ——扩压器收敛段斜面上的压力。

下标 e ——发动机喷管出口截面；

　　　o ——试验舱；

　　　d ——扩压器进口截面；

　　　st ——扩压器第二喉道。

用马赫数表示的发动机燃气质量流量公式为

$$\dot{m}\sqrt{RT_c} = p_c A Ma \sqrt{\kappa} \left(1 + \frac{\kappa - 1}{2} Ma^2\right)^{\frac{-(\kappa+1)}{2(\kappa-1)}} \quad (4-6)$$

气流的总压和静压具有以下关系

$$\frac{p_c}{p} = \left(1 + \frac{\kappa - 1}{2} Ma^2\right)^{\frac{\kappa}{\kappa-1}}$$

代入式（4-6）并化简得到

$$\dot{m}\sqrt{RT_c} = p A Ma \sqrt{\kappa\left(1 + \frac{\kappa - 1}{2} Ma^2\right)} \quad (4-7)$$

式中　$\dot{m}$ ——气流质量流量；

　　　R ——气流气体常数；

　　　T ——气流温度。

下标 c ——发动机燃烧室。

当 $Ma = 1$ 时，由式（4-7）得到临界截面燃气质量流量为

$$\dot{m}^*\sqrt{RT_c} = p_c A^* \sqrt{\kappa\left(\frac{2}{\kappa+1}\right)^{\frac{\kappa+1}{\kappa-1}}} \quad (4-8)$$

由式（4-7），对于 2 截面可得燃气的质量流量为

$$\dot{m}_2\sqrt{RT_c} = p_2 A_2 Ma_2 \sqrt{\kappa\left(1 + \frac{\kappa - 1}{2} Ma_2^2\right)} \quad (4-9)$$

由式（4-7），对于 3 截面可得燃气的质量流量为

$$\dot{m}_3\sqrt{RT_c} = p_3 A_3 Ma_3 \sqrt{\kappa\left(1 + \frac{\kappa - 1}{2} Ma_3^2\right)} \quad (4-10)$$

由连续性定律可知 $\dot{m}^* = \dot{m}_2 = \dot{m}_3$，所以上述三个截面公式左端相等，因此可得下式

$$p_c A^* \sqrt{\kappa\left(\frac{2}{\kappa+1}\right)^{\frac{\kappa+1}{\kappa-1}}} = p_2 A_{st} Ma_2 \sqrt{\kappa\left(1 + \frac{\kappa - 1}{2} Ma_2^2\right)} \quad (4-11)$$

$$p_c A^* \sqrt{\kappa \left(\frac{2}{\kappa+1}\right)^{\frac{\kappa+1}{\kappa-1}}} = p_3 A_{ex} Ma_3 \sqrt{\kappa \left(1 + \frac{\kappa-1}{2} Ma_3^2\right)} \tag{4-12}$$

令

$$\gamma = \sqrt{\kappa \left(\frac{2}{\kappa+1}\right)^{\frac{\kappa+1}{\kappa-1}}}$$

$$Z = \frac{1 + \kappa Ma_2^2}{Ma_2 \sqrt{\kappa \left(1 + \frac{\kappa-1}{2} Ma_2^2\right)}}$$

由式（4-5）、式（4-11）可得

$$Z = \frac{1}{\gamma}\left[\overline{A}_e\, \overline{p}_e (1 + \kappa Ma_e^2) + \overline{p}_o (\overline{A}_d - \overline{A}_e) - \int_{r_{st}}^{r_d} \overline{p}_R \frac{2\pi r}{A^*} \mathrm{d}r\right]$$

$$= \frac{1 + \kappa Ma_2^2}{Ma_2 \sqrt{\kappa \left(1 + \frac{\kappa-1}{2} Ma_2^2\right)}} \tag{4-13}$$

式中　$\overline{A}$ ——气流流通截面面积与发动机喷管喉部面积之比；

$\overline{p}$ ——气流静压与发动机燃烧室压力之比。

在方程（4-13）中，给定等熵指数 κ 的值，并在确定方程（4-13）左边的值以后，即可确定出 Ma_2 的值。

假设二次喉道扩压器不设置亚声速扩散段，在二次喉道出口处产生正激波，由正激波前后静压比公式

$$\frac{p_3}{p_2} = \frac{2\kappa}{\kappa-1} Ma_2^2 - \frac{\kappa-1}{\kappa+1} \tag{4-14}$$

由式（4-11）、式（4-14），即可得到扩压器的最小起动压力比为

$$\frac{p_c}{p_3} = \frac{p_c}{p_{ex}} = \frac{p_c}{p_2} \cdot \frac{p_2}{p_3} \tag{4-15}$$

由式（4-5）、式（4-12）可得

$$\frac{1}{\gamma}\left[\overline{A}_e\, \overline{p}_e (1 + \kappa Ma_e^2) + \overline{p}_o (\overline{A}_d - \overline{A}_e) - \int_{r_{st}}^{r_d} \overline{p}_R \frac{2\pi r}{A^*} \mathrm{d}r\right] = \frac{1 + \kappa Ma_3^2}{Ma_3 \sqrt{\kappa \left(1 + \frac{\kappa-1}{2} Ma_3^2\right)}}$$

$$\tag{4-16}$$

在确定方程（4-16）左边的值以后，即可求得 Ma_3 的值，代入方程（4-12），即可确定扩压器的最小起动压力比为

$$\frac{p_c}{p_3} = \frac{\overline{A}_{ex} Ma_3 \sqrt{\kappa \left(1 + \frac{\kappa-1}{2} Ma_3^2\right)}}{\gamma} \tag{4-17}$$

在扩压器的气动计算中应确定最小起动压力比，以保证扩压器内的气流流动处于普朗特-迈耶尔膨胀流态下。此时正激波出现在扩压器出口截面，激波后气流压力为扩压器的极限工作压力，p_c / p_3 值即为扩压器能够正常起动的最小起动压力比。

如果二次喉道扩压器设置亚声速扩散段，则正激波后气流马赫数由下式确定

$$Ma_3^2 = \frac{Ma_2^2 + \dfrac{2}{\kappa - 1}}{\dfrac{2\kappa}{\kappa - 1} Ma_2^2 - 1} \tag{4-18}$$

由 Ma_3 可计算 p_3/p_{3o} 以及 A_{st}/A_{st}^*

$$\frac{p_3}{p_{3o}} = \frac{1}{\left(1 + \dfrac{\kappa - 1}{2} Ma_3^2\right)^{\frac{\kappa}{\kappa - 1}}} \tag{4-19}$$

$$\frac{A_{st}}{A_{st}^*} = \frac{1}{Ma_3 \left[\dfrac{2}{\kappa + 1}\left(1 + \dfrac{\kappa - 1}{2} Ma_3^2\right)\right]^{-\frac{\kappa+1}{2(\kappa-1)}}} \tag{4-20}$$

式中　　p_3——3 截面气流静压；

　　　　p_{3o}——3 截面气流总压；

　　　　A_{st}^*——使气流马赫数为 1.0 的二次喉道虚拟面积。

设定扩压器的出口截面面积为 A_4，计算扩压器出口截面面积 A_4 与虚拟面积 A_{st}^* 之比

$$\frac{A_4}{A_4^*} = \frac{A_4}{A_{st}^*} = \frac{A_4}{A_{st}} \frac{A_{st}}{A_{st}^*} \tag{4-21}$$

根据 $\dfrac{A_4}{A_{st}^*}$ 计算扩压器出口气流速度系数和马赫数

$$\frac{A_{at}^*}{A_4} = \left(\frac{\kappa + 1}{2}\right)^{\frac{1}{\kappa - 1}} \lambda_4 \left(1 - \frac{k - 1}{k + 1} \lambda_4^2\right)^{\frac{1}{\kappa - 1}} \tag{4-22}$$

$$Ma_4^2 = \frac{\dfrac{2}{\kappa + 1} \lambda_4^2}{1 - \dfrac{\kappa - 1}{\kappa + 1} \lambda_4^2} \tag{4-23}$$

进而计算出口截面气流压比

$$\frac{p_{4o}}{p_4} = \left(1 + \frac{\kappa - 1}{2} Ma_4^2\right)^{\frac{\kappa}{\kappa - 1}} \tag{4-24}$$

此时扩压器最小起动压力比为

$$\frac{p_c}{p_4} = \frac{p_c}{p_{ex}} = \frac{p_c}{p_3} \cdot \frac{p_3}{p_{3o}} \cdot \frac{p_{4o}}{p_4} \tag{4-25}$$

计算二次喉道收敛斜面上的压力 p_R 时，可认为气流经过二次喉道前收敛处的流动与绕钝角产生斜激波的流动相仿，且激波前气流马赫数 Ma_d 由 A_d/A^* 按照一维等熵关系确定，气流转折角 θ_t 为喷管出口气流角和收敛段斜角之和。由下式计算收敛段斜面上的压力比 p_R 值

$$\frac{p_R}{p_d} = \frac{2\kappa}{\kappa + 1} Ma_d^2 \sin^2\beta - \frac{\kappa - 1}{\kappa + 1} \tag{4-26}$$

式中　　β——马赫数为 Ma_d 的气流与斜激波面夹角。

可由下式迭代计算 β 角

$$\tan\theta_t = \frac{Ma_d^2 \sin^2\beta - 1}{\left[Ma_d^2\left(\dfrac{\kappa+1}{2} - \sin^2\beta\right) + 1\right]\tan\beta} \tag{4-27}$$

假定在收敛段沿斜面的压力 p_R 不变，则可计算出压力积分项

$$\int_{r_{st}}^{r_d} \overline{p}_R \cdot \frac{2\pi r}{A^*} \cdot \mathrm{d}r = \overline{p}_R(\overline{A}_d - \overline{A}_{st}) = \overline{p}_R\left(\overline{A}_d - \frac{A_{st}}{A_d}\frac{A_d}{A^*}\right) = \overline{p}_R\left(\overline{A}_d - \frac{A_{st}}{A_d}\overline{A}_d\right) \tag{4-28}$$

在扩压器的气动计算中除了确定最小起动压力比外，还需要确定试验舱的压力 p_o，即发动机高空模拟试验所对应的实际高度，试验舱内的压力为气流完全膨胀至扩压器进口截面面积 A_d 时对应的压力。

发动机喷管出口至扩压器进口截面间气流的动量方程为

$$\overline{A}_e\overline{p}_e(1 + \kappa Ma_e^2) + \overline{p}_o(\overline{A}_d - \overline{A}_e) = \overline{A}_d\overline{p}_d(1 + \kappa Ma_d^2) \tag{4-29}$$

由此得到

$$\overline{p}_o = \frac{\overline{A}_d\overline{p}_d(1 + \kappa Ma_d^2) - \overline{A}_e\overline{p}_e(1 + \kappa Ma_e^2)}{\overline{A}_d - \overline{A}_e} \tag{4-30}$$

4.3.2　计算流程

按照前文所述设计理论，对扩压器进行气动设计计算，依次得到图 4-7～图 4-10 和以下计算结果。

1）计算试验舱气体压力曲线。扩压器的气动计算首先应保证试验舱内的气体压力（即对应的海拔）满足试验任务书要求。

由式（4-30）计算试验舱内气体压力，并计算扩压器进口截面气流马赫数，压力和马赫数变化曲线如图 4-6 所示，由图可见，随着扩压器进口截面面积和发动机喉部面积比增加，试验舱压力单调下降，而扩压器进口截面处气流马赫数则逐步上升。

2）二次喉道收敛段沿斜面的压力比 $\overline{p}_R$ 值的计算。根据给定的喷管出口角和收敛段斜角，由扩压器进口截面气流马赫数按照式（4-27）计算激波角 β 以及斜激波后压力与燃烧室压力之比 $\overline{p}_R$ 的值，进而按照式（4-26）计算斜激波后的压力值。

3）计算二次喉道扩压器 $Ma-Z$ 关系曲线。对于特定的 Z 值，当然可由式（4-13）迭代计算出马赫数 Ma，本文中将马赫数 Ma 和 Z 值拟合为以下曲线

$$Ma = a + be^z + cZe^z \tag{4-31}$$

式中，a、b、c 为拟合常数，得到 Z 值后，由上式直接计算马赫数，可避免大量的迭代计算。

$Ma-Z$ 关系曲线如图 4-7 所示。

计算得到 Z 值，可根据式（4-31）计算马赫数的数值。

4）在不同收缩比 A_{st}/A_d 的条件下，计算 Z、Ma_2 随 $\overline{A}_d$ 的变化关系。取一组扩压器喉部面积与进口截面面积之比 $A_{st}/A_d = 0.50$、0.55、0.60，由 1、2 截面间的动量方程计

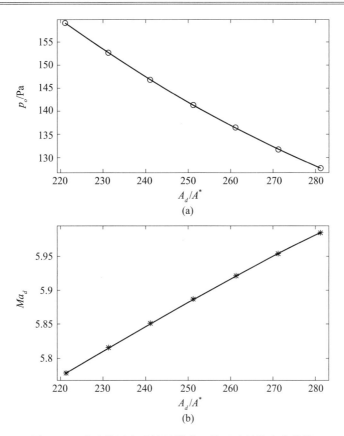

图 4 - 6　试验舱压力及扩压器进口截面马赫数变化曲线

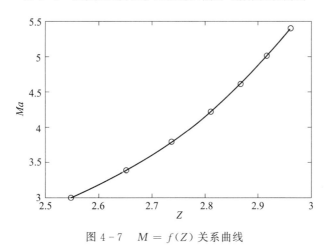

图 4 - 7　$M = f(Z)$ 关系曲线

算 Z 值，由式（4 - 31）直接计算正激波前气流马赫数 Ma_2。正激波前气流马赫数 Ma_2 随 $\overline{A_d}$ 的变化关系如图 4 - 8 所示。

由图 4 - 8 可见，随着扩压器喉部面积与进口截面面积之比的增大，正激波前的马赫数增大，相应地，扩压器内部气流激波损失增大，最小起动压力比将会增大。

5）在不设置亚声速扩散段的情况下，二次喉道扩压器最小起动压力比曲线表示式为

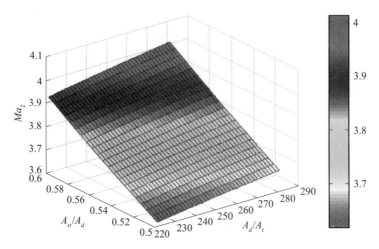

图 4 - 8　正激波前马赫数随面积比变化曲面（见彩插）

$$p_{c,\min}/p_{ex} = f(\overline{A}_d)$$

在不同收缩比 A_{st}/A_d 的条件下，计算扩压器出口面积（即喉部面积）与发动机喷管喉部面积之比为

$$\overline{A}_{ex} = \frac{A_{st}}{A_d} \frac{A_d}{A^*} = \frac{A_{st}}{A_d} \overline{A}_d \qquad (4-32)$$

根据不同的收缩比 A_{st}/A_d，可计算二次喉道扩压器不设置亚声速扩散段的最小起动压力比曲线 $p_{c,\min}/p_{ex} = f(\overline{A}_d)$ 以及扩压器出口极限压力。

6）在设置亚声速扩散段的情况下，作二次喉道扩压器最小起动压力比曲线 $p_{c,\min}/p_{ex} = f(\overline{A}_d)$。

根据不同的收缩比 $A_{st}/A_d = 0.50$、0.55、0.60，可计算二次喉道扩压器设置亚声速扩散段的最小起动压力比曲线 $p_{c,\min}/p_{ex} = f(\overline{A}_d)$ 以及扩压器出口极限压力。

在不设置亚声速扩散段和设置亚声速扩散段两种条件下，二次喉道扩压器最小起动压力比曲面如图 4 - 9 所示。在图 4 - 9 中，下方曲面为设置亚声速扩散段的情况，上方曲面为不设置亚声速扩散段的情况。

由图 4 - 9 可见，对于同一面积比 $\overline{A}_d$，随着扩压器喉部与进口截面面积比的增大，最小起动压力比逐渐增大，扩压器的起动变得更加困难，在扩压器喉部与进口截面面积比为 0.50 的条件下，扩压器最容易起动。当扩压器喉部与进口截面面积比相同时，随着面积比 $\overline{A}_d$ 的增大，最小起动压力比同样增大，扩压器起动随之困难，当面积比 $\overline{A}_d$ 达到一定值时，或者说面积比 $\overline{A}_d$ 达到极限时，扩压器不再能够起动和正常工作。

在扩压器出口截面压力低于大气压力时，在扩压器出口管道上需要设置主动气流引射装置或真空机组，对扩压器出口气流进一步降速升压，并有利于后继试验设备的配置。

7）临界收缩比 $(A_{st}/A_d)_{Lim}$ 确定。二次喉道扩压器喉部面积与进口截面面积之比 A_{st}/A_d 具有一临界值，低于此值时，正激波将产生于扩压器的最大直径处，扩压器不能正常工作。

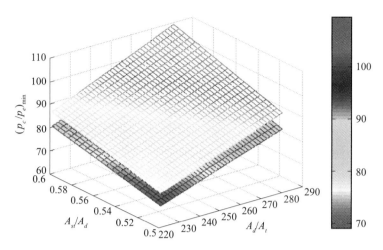

图 4 - 9　扩压器的最小起动压力比曲面（见彩插）

可按照以下方式计算理论临界值 $(A_{st}/A_d)_{Lim}$：以 Ma_d 为中间数选择一定马赫数范围，计算正激波后气流马赫数 Ma_5 和流函数 $q(Ma_5)$，由 $(A_{st}/A_d)_{Lim} = q(Ma_5)$ 计算出临界收缩比，如图 4 - 10 所示，曲线 1 中气体等熵指数为 1.400 0，曲线 2 中气体等熵指数为 1.227 2，曲线下方的 A_{st}/A_d 值表示扩压器不能起动。

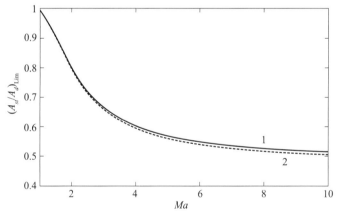

图 4 - 10　扩压器的临界缩比曲线

通常情况下，由理论计算得到的临界收缩比高于用空气作介质试验时得到的临界收缩比，因此，在扩压器设计中收缩比一般取值为 0.500。

8）二次喉道扩压器气动轮廓确定。在满足试验舱内气体压力的前提下，选定扩压器的进口截面面积，收缩比取值为 0.500，以确定喉部面积和直径。根据 3 截面气流参数和试验系统的总体设计要求，决定是否设置亚声速扩散段，在设置亚声速扩散段的情况下，其出口尺寸按照试验系统设计要求进行匹配。

扩压器气动轮廓参数包括：进口截面直径；收缩段斜角，其取值范围为 6°～12°，斜角确定后，收缩段的长度即可确定；喉部直径；喉部长度，其取值范围通常为 5～10 倍喉部直径，以容纳扩压器内部一系列激波串，保持扩压器内部流场的稳定，当该参数取值为 8.0 时，具有较好的流动效果；出口截面直径；扩散段斜角，其取值范围一般为 5°～10°，要求保持气流稳定流动，不出现气流分离等现象。扩散段斜角确定后，扩散段长度即可确定。

4.3.3　二次喉道扩压器计算结果

发动机推力室工况见 4.2.2 节，二次喉道扩压器计算结果见表 4-2。

表 4-2　扩压器出口截面气流参数

序号	参数	符号	单位	数值
1	发动机推力	F	kN	2.250
2	燃烧室压力	p_c	kPa	240.00
3	喷管出口燃气马赫数	Ma_e	—	4.943 0
4	喷管出口燃气等熵指数	κ	—	1.227 2
5	扩压器最小起动压力比	p_{41}	—	78.071 5
6	试验舱压力	p_o	Pa	141.420
7	扩压器出口截面静压	p_k	kPa	3.074
8	扩压器出口截面总压	p_k^*	kPa	3.120
9	扩压器出口燃气静温	T_k	K	2 640.7
10	扩压器出口燃气总温	T_k^*	K	2 648.6
11	扩压器出口气流马赫数	Ma	—	0.162 8
12	扩压器出口气流速度	v	m/s	194.76

计算得到的二次喉道扩压器气动轮廓如图 4-11 所示。扩压器出口截面与喉部面积比为 2.25。扩压器的气动轮廓尺寸见表 4-3。扩压器喉部长度与直径之比取值为 6.40。

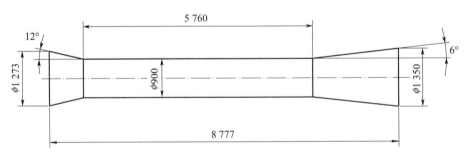

图 4-11　二次喉道扩压器气动轮廓尺寸

表 4-3　二次喉道扩压器的气动轮廓尺寸

参数	符号	单位	数值
进口截面直径	D_d	mm	1 273

续表

参数	符号	单位	数值
收缩段斜角	δ_1	(°)	12.0
收缩段长度	L_1	mm	876
喉部直径	d_{st}	mm	900
喉部长度	l_{st}	mm	5 760
出口截面直径	D_2	mm	1 350
扩散段斜角	δ_2	(°)	6.0
扩散段长度	L_2	mm	2 141
扩压器长度	L	mm	8 777

在发动机试验过程中，应合理调整主动气流引射装置的设计参数，使扩压器起动压力比的安全系数适当增大，扩压器能够可靠地起动，通常在试验过程发动机点火前，扩压器出口截面压力设置为计算值的 80%～85%。实践表明，当扩压器出口截面的压力高于计算值时，扩压器仍具有一定的升压作用，但是试验舱内气体压力会高于理论计算值。

发动机喷管出口截面与扩压器进口截面之间的距离不宜过大，一般要求在发动机喷管出口直径的 1.5 倍范围以内，距离过大将导致扩压器出口压力的降低，甚至导致扩压器无法正常起动和工作。

选择扩压器出口截面与喉道面积之比时，应注意扩压器出口气流马赫数在 0.18～0.20 之间为宜，马赫数过高则意味着扩压器出口截面气流具有进一步升压降速的可能性。

4.4　空气泄入式扩压器设计

与圆柱形超声速扩压器和二次喉道超声速扩压器不同，空气泄入式扩压器采用开式结构[8]，扩压器直接套装在发动机喷管外侧，前端与试验舱不连接，在喷管外侧和扩压器内筒之间存在间隙，外界空气可由该间隙进入扩压器内部，并在间隙处形成节流条件，保证发动机的喷管达到满流状态。

空气泄入式扩压器的特点是：

1）在喷管出口处与发动机相配，安装方便。

2）由于它与发动机无任何机械连接，因而无须任何补偿修正。

3）除了给喷管造成充满流动的条件外，不影响发动机任何地方外界气流的变化，因而可消除闭式试验舱内舱压沿轴向变化和舱压测不准的问题。

4）由于喷管在试车中有一定的振动，为了防止喷管与扩压器之间的碰撞，需要留有一定的间隙。可以使用柔性好的金属膜或非金属膜进行间隙封堵。若为了简化结构不进行封堵，则有一定流量的外界空气泄入扩压器中。

空气泄入式扩压器设计的主要内容包括：由动量方程计算发动机喷管出口截面附近以及扩压器出口截面的马赫数和气流静压；根据要求的发动机喷管出口截面附近压力和扩压

器出口截面气体压力，确定扩压器的内径和长度，以开展传热计算和结构设计。

4.4.1 计算模型

为了简化计算，对计算模型做如下假设：

1）发动机喷管出口燃气和泄入的空气在扩压器内形成的混合气体为定常流。

2）混合气体为理想气体。

3）混合气体在扩压器内的流动为绝热流。

4）在截面 2 和 3 处是一维流动，如图 4－12 所示。

5）空气在扩压器内壁与喷管外壁之间的缝隙处满足节流条件。

6）在扩压器内的流动为冻结流。

7）喷管内气流未分离，气流在 3 截面处充满。

泄入式扩压器理论计算简图如图 4－12 所示。

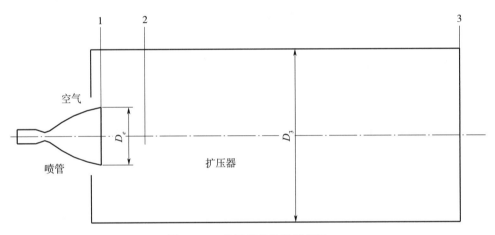

图 4－12　扩压器理论计算简图

4.4.2 计算流程

（1）喷管出口滞止温度计算

此处假设气流在扩压器内的流动为冻结流，因此喷管出口的气流滞止温度不是平衡流的燃烧室温度，它按下面的关系求出

$$T_g^* = T_e\left(1 + \frac{\kappa - 1}{2}Ma_e^2\right) \tag{4-33}$$

式中　T_g^* ——喷管出口滞止温度；

　　　T_e ——喷管出口温度；

　　　κ ——燃气的等熵指数；

　　　Ma_e ——喷管出口燃气马赫数。

（2）泄入空气流量计算

泄入扩压器的空气流量利用节流条件求出

$$q_{ma} = A_a \frac{p_a}{\sqrt{T_a}} \sqrt{\frac{\kappa_a}{R_a}} \left(\frac{2}{\kappa_a + 1}\right)^{\frac{\kappa_a + 1}{2(\kappa_a - 1)}} \qquad (4-34)$$

式中　A_a——扩压器与喷管之间的间隙面积；

　　　p_a——外界大气压力；

　　　R_a——空气的气体常数；

　　　T_a——外界大气温度；

　　　κ_a——空气等熵指数。

（3）基本公式推导

在截面 1 和截面 3 之间的力平衡方程

$$F_N + F_a + F_b - f_{1-3} = \frac{\pi D_3^2}{4} p_3 (1 + \kappa Ma_3^2) \qquad (4-35)$$

式中　F_N——发动机推力室真空推力；

　　　F_a——空气产生的冲量；

　　　F_b——喷管出口壁面与扩压器之间的固壁上的压力面积项；

　　　f_{1-3}——截面 1 到截面 3 之间壁摩擦力；

　　　D_3——扩压器内壁直径；

　　　p_3——扩压器出口压力；

　　　κ——混合气体等熵指数；

　　　M_3——扩压器出口燃气马赫数。

截面 3 的连续方程

$$q_m = \rho_3 v_3 A_3 = \frac{p_3}{\sqrt{RT^*}} A_3 Ma_3 \sqrt{\kappa \left(1 + \frac{\kappa - 1}{2} Ma_3^2\right)} \qquad (4-36)$$

将式（4-36）除式（4-35）并经整理得

$$\frac{F_N + F_a + F_b - f_{1-3}}{q_m \sqrt{RT^*}} = \frac{1 + \kappa Ma_3^2}{Ma_3 \sqrt{\kappa \left(1 + \frac{\kappa - 1}{2} Ma_3^2\right)}} \qquad (4-37)$$

各种力的计算式如下：

空气的冲量

$$F_a = p_a A_a \left(\frac{2}{\kappa_a + 1}\right)^{\frac{\kappa_a}{\kappa_a - 1}} (1 + \kappa_a) \qquad (4-38)$$

底部压力面积项

$$F_b = p_2 \left[\frac{\pi (D_3^2 - D_e^2)}{4} - A_a\right] \qquad (4-39)$$

式中　p_2——喷管出口紧下游截面 2 的压力；

　　　D_e——喷管出口内径。

摩擦力

$$f_{1-3} = \int_1^3 C_f \pi D_3 \frac{\rho v^2}{2} \mathrm{d}x \qquad (4-40)$$

（4）喷管出口的环境压力计算

在发动机喷管出口截面附近的环境压力直接影响到喷管内是否满流，因此它是扩压器设计的一个重要参数。在主气流与空气流（或与扩压器壁面）相交的位置取截面2，在此处有同式（4-36）和式（4-37）相似的连续方程和力平衡方程。此时的壁面摩擦力可以忽略，于是式（4-37）变为

$$\frac{F_N + F_a + F_b}{q_m \sqrt{RT^*}} = \frac{1 + \kappa Ma_2^2}{Ma_2 \sqrt{\kappa \left(1 + \dfrac{\kappa - 1}{2} Ma_2^2\right)}} \qquad (4-41)$$

而式（4-36）变为

$$p_2 = \frac{q_m \sqrt{RT^*}}{A_3 Ma_2 \sqrt{\kappa \left(1 + \dfrac{\kappa - 1}{2} Ma_2^2\right)}} \qquad (4-42)$$

将式（4-38）、式（4-39）代入式（4-41），再与式（4-42）联立，可求出截面2的马赫数 Ma_2 和压力 p_2。压力 p_2 就是喷管出口截面附近的环境压力。注意取 $Ma_2 > 1$ 的值。

（5）扩压器出口压力计算

假定扩压器内混合气体的马赫数沿轴向呈线性分布，则截面1~3间的壁面摩擦力可按对式（4-42）积分进行计算，得到

$$f_{1-3} = q_m \sqrt{RT^*} C_f \frac{2L}{D_3} \frac{\sqrt{\dfrac{2\kappa}{\kappa - 1}}}{Ma_3 - Ma_2} \left(\sqrt{\frac{2}{\kappa - 1} + Ma_3^2} - \sqrt{\frac{2}{\kappa - 1} + Ma_2^2}\right) \qquad (4-43)$$

式中　C_f——截面1~3之间的壁面摩擦系数；

L——扩压器长度。

将式（4-43）代入式（4-37）得

$$\frac{F_N + F_a + F_b}{q_m \sqrt{RT^*}} = \frac{1 + \kappa Ma_3^2}{Ma_3 \sqrt{\kappa \left(1 + \dfrac{\kappa - 1}{2} Ma_3^2\right)}} + C_f \frac{2L}{D_3} \frac{\sqrt{\dfrac{2\kappa}{\kappa - 1}}}{Ma_3 - Ma_2} \left(\sqrt{\frac{2}{\kappa - 1} + Ma_3^2} - \sqrt{\frac{2}{\kappa - 1} + Ma_2^2}\right)$$

$$(4-44)$$

式（4-44）左边的各量由前面计算出，因此是已知的，右边除 Ma_3 外其他各量也都由前面计算出。由式（4-44）解出马赫数 Ma_3，取 $Ma_3 < 1$ 的值。再由

$$p_3 = \frac{q_m \sqrt{RT^*}}{A_3 Ma_3 \sqrt{\kappa \left(1 + \dfrac{\kappa - 1}{2} Ma_3^2\right)}} \qquad (4-45)$$

求出扩压器出口压力 p_3。

4.4.3　空气间隙对气流参数的影响

保持扩压器的内筒直径不变，改变空气间隙的尺寸，发动机喷管紧下游截面和扩压器出口截面压力及马赫数计算结果如图 4 - 13 所示。

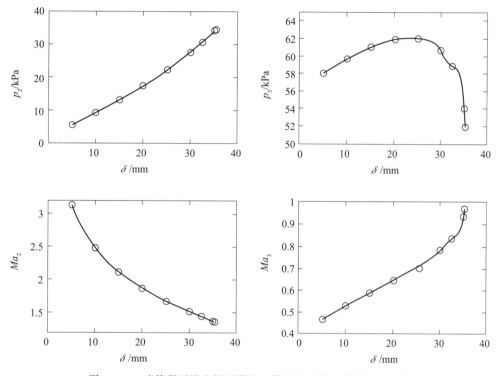

图 4 - 13　喷管紧下游和扩压器出口截面压力及马赫数变化曲线

由图 4 - 13 可见，随着空气间隙的增加，喷管紧下游截面的压力呈现单调上升的趋势；喷管紧下游截面气流马赫数逐渐降低；随着间隙的增加，扩压器出口截面的压力出现峰值，当间隙继续增加时，出口截面压力则持续下降，而扩压器出口马赫数则单调上升，趋于临界状态。

由以上分析可见，在扩压器的内筒直径保持不变的条件下，应综合以上的参数选择空气间隙的大小，既确保喷管内部的满流状态，又能够保证气流顺利排入大气。

4.5　扩压器结构设计计算

由于扩压器需要在高温条件下长时间工作，所以对扩压器与高温燃气接触的壁面必须进行冷却。扩压器的冷却方式通常选用内冷式结构方案，即在扩压器筒体的内外夹层之间形成冷却水通道，采用强迫冷却的方式。内冷通道选用纵向直通式，冷却通道一个进口和一个出口，冷却水流程与扩压器等长，流阻小、温升低、工艺管道少，是一种经济合理的方案。

圆筒形扩压器的典型结构形式如图 4 - 14 所示。

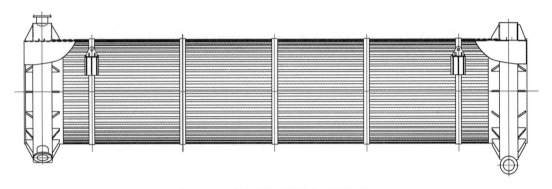

图 4 - 14　圆筒形扩压器的典型结构形式

纵向冷却通道结构有两种不同的形式：

1）内外壁面之间不连接，结构形式如图 4 - 15 所示。内外壁面之间由直径 8 mm 的钢筋隔开。经过发动机热试车的实践证明，采用该种结构形式，扩压器冷却效果能够满足试验要求。

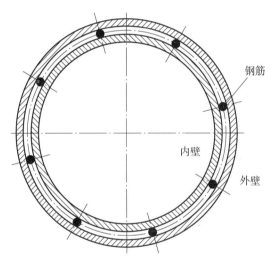

图 4 - 15　扩压器冷却通道结构形式 1

2）内外壁面采用刚性连接的方式稠密连接，结构形式如图 4 - 16 所示。它是用不锈钢板条滚压成 U 形槽，分别焊接在扩压器内筒体的外表面上，每两个槽形条用板条连接，形成完整的纵向冷却通道。经过发动机热试车的实践证明，扩压器冷却效果满足要求，结构合理、制造工艺简便。

4.5.1　内外壁不连接条件下壁面强度计算

GB 150—2011 中外压容器直筒的计算方法，主要来源于米赛斯公式[9-11]，其考虑的失效主要有长圆筒失效和短圆筒失效。长圆筒即刚性圆筒，此类圆筒的失效是由于筒壁上的

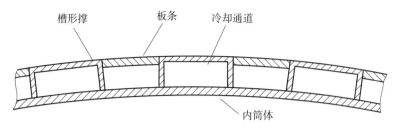

图 4 - 16　扩压器冷却通道结构形式 2

压应力超过材料的屈服极限而造成的塑性屈服失效，这类问题工程上较少出现。短圆筒失效即在屈服极限足够的情况下出现的弹性失稳。

长、短圆筒的判断依据是，计算长度 L 大于临界长度 L_{cr} 的圆筒称为长圆筒，计算长度 L 小于临界长度 L_{cr} 的圆筒称为短圆筒。临界长度 L_{cr} 定义为

$$L_{cr} = 1.17 D_0 \sqrt{D_0 / \delta_e} \tag{4-46}$$

式中　D_0——筒体外径；

　　　δ_e——筒体有效厚度。

根据理论分析，长、短圆筒的临界压力可分别用以下公式表示：

长圆筒

$$p_{cr} = 2.19 E (\delta_e / D_0)^3 \tag{4-47}$$

短圆筒

$$p_{cr} = \frac{2.59 E (\delta_e / D_0)^{2.5}}{L / D_0 - 0.45 (\delta_e / D_0)^{0.5}} \tag{4-48}$$

式中　E——筒体材料在设计温度下的弹性模量。

受外压薄壁圆筒的稳定条件是：$[p] \geqslant p$ 而 $[p] = p_{cr} / m$，通常稳定系数取 $m = 3$。由上式得到长、短圆筒的临界应力和应变。

长圆筒的临界应力和应变为

$$\sigma_{cr} = 1.1 E (\delta_e / D_0)^2 \tag{4-49}$$

$$\varepsilon_{cr} = 1.1 (\delta_e / D_0)^2 \tag{4-50}$$

短圆筒的临界应力和应变为

$$\sigma_{cr} = \frac{1.30 E (\delta_e / D_0)^{1.5}}{L / D_0 - 0.45 (\delta_e / D_0)^{0.5}} \tag{4-51}$$

$$\varepsilon_{cr} = \frac{1.30 (\delta_e / D_0)^{1.5}}{L / D_0 - 0.45 (\delta_e / D_0)^{0.5}} \tag{4-52}$$

引入稳定安全系数 $m = 3$ 后，长、短圆筒的许用外压 $[p]$ 分别如下。

对于长圆筒

$$[p] \frac{D_0}{\delta_e} = 0.733 E (\delta_e / D_0)^2 \tag{4-53}$$

对于短圆筒

$$\left[p\right]\frac{D_0}{\delta_e}=\frac{0.863\ 3E(\delta_e/D_0)^{1.5}}{L/D_0-0.45(\delta_e/D_0)^{0.5}} \tag{4-54}$$

定义 $A=\varepsilon_{cr}$，$B=\left[p\right]\dfrac{D_0}{\delta_e}$，并由 $\sigma_{cr}=E\varepsilon_{cr}$，得到 $B=\dfrac{2}{3}EA$。根据材料在一定温度下的拉伸试验数据，可获得 B 与 A 的关系图，即 $B-A$ 图，也即材料的厚度计算图，可由 GB 150 查询相关的图表以进行计算。计算流程：根据事先假设的有效厚度 δ_e，容器的几何参数 L/D_0、D_0/δ_e，选定的壁面材料，工作温度下材料的弹性模量等一系列参数计算得到 A 值和 B 值，再由式（4-53）、式（4-54）可求得许用外压 $\left[p\right]$。

4.5.2 内外壁稠密连接条件下应力及承载能力计算

（1）考虑内外壁材料在弹性范围内工作

选定扩压器内外壁厚度，设定内外壁材料在弹性范围内工作，由此计算内外壁的应力。

由图 4-17 可见

$$\sigma'h'+\sigma''h''=p_gR+p_h\delta \tag{4-55}$$

式中 h'、h''——内壁和外壁的厚度；

σ'、σ''——内壁和外壁的环向应力；

R——内壁和外壁的平均半径；

δ——内壁和外壁的间距。

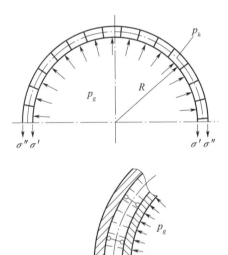

图 4-17 内外壁应力计算图

由于求解 σ'、σ'' 是静不定问题，除上述方程外，还需要附加位移（变形）方程。内壁和外壁的环向拉伸应变 $\varepsilon'_{\mathrm{II}}$ 和 $\varepsilon''_{\mathrm{II}}$ 等于力和温度的应变之和，即

$$\varepsilon'_{\mathrm{II}}=\varepsilon'+\varepsilon'_T$$

$$\varepsilon''_{II} = \varepsilon'' + \varepsilon''_T$$

式中　ε'_T、ε''_T——由内壁和外壁的相应平均温度所引起的应变。

由力引起的应变 ε'、ε'' 是与拉伸图中的应力 σ'、σ'' 有关的。由于两壁间的连接件设定为刚体，则

$$\varepsilon' + \varepsilon'_T = \varepsilon'' + \varepsilon''_T \tag{4-56}$$

内外壁材料在弹性范围内工作的情况下，根据给定的内壁和外壁在相应温度下的弹性模量 E'、E''，并且假定在弹性变形范围内

$$\sigma' = E'\varepsilon'$$
$$\sigma'' = E''\varepsilon''$$

可以得到

$$\sigma' h' = \frac{p_g R + p_h \delta}{1 + \dfrac{E'' h''}{E' h'}} - \frac{\varepsilon'_T - \varepsilon''_T}{\dfrac{1}{E' h'} + \dfrac{1}{E'' h''}} \tag{4-57}$$

$$\sigma'' h'' = \frac{p_g R + p_h \delta}{1 + \dfrac{E' h'}{E'' h''}} + \frac{\varepsilon'_T - \varepsilon''_T}{\dfrac{1}{E' h'} + \dfrac{1}{E'' h''}} \tag{4-58}$$

因为 $\varepsilon'_T > \varepsilon''_T$，所以根据以上公式可知，外壁总是受拉的；而内壁受力状态比较复杂，取决于压力 p_g 和 p_h、温度应变的差值 $(\varepsilon'_T - \varepsilon''_T)$、壳体刚度以及 $E' h'$ 和 $E'' h''$ 的比值。

（2）考虑内外壁材料在塑性范围内工作

考虑内外壁材料处于塑性变形的条件下时，应计算扩压器的总承载能力，即扩压器在高温条件下内外壁共同承受载荷的能力，表征了扩压器总体的安全裕度。这里所谓载荷是指温度应力、内腔压力、夹层冷却水压力以及大气压力等。计算假设如下：内外壁连接是刚性的，两壁之间无相对位移；壁温沿壁厚的变化是线性的。

研究一个单独壳体，引入一个坐标系，其原点在壳体中面上。x 轴为子午弧切线方向，而 y 轴为圆弧切线方向。计算原点取在两相邻的焊缝中间，如图 4-18 所示。

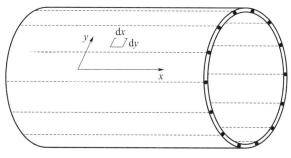

图 4-18　引入的坐标系

考虑内外壁材料在塑性范围之内工作的情况，应根据拉伸图 $\sigma' = \sigma'(\varepsilon')$ 和 $\sigma'' = \sigma''(\varepsilon'')$ 画出曲线 $\sigma' h' = f'(\varepsilon_{II})$ 和 $\sigma'' h'' = f''(\varepsilon_{II})$。为此，拉伸图的纵坐标为内壁、外壁材料的应力与壁面厚度 h' 和 h'' 的乘积，横坐标为应变 ε，其初始位置用应变 ε'_T 和 ε''_T 进行截

取，如图 4-19 所示。利用两条拉伸曲线，就可以根据总应变 $\varepsilon_{\mathrm{II}}$ 作出 $(\sigma'h' + \sigma''h') - \varepsilon$ 的曲线。该曲线表示扩压器内外壁单位长度上的承载能力，满足轴向和周向力的平衡方程和变形条件。

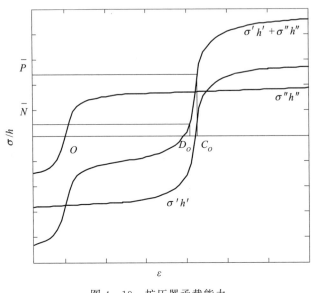

图 4-19　扩压器承载能力

在发动机起动后，扩压器进口段静压很低，入口段的承载能力可按照真空容器计算，单位长度的周向力按照下式计算

$$\overline{P} = \sigma'h' + \sigma''h' \tag{4-59}$$

并由图 4-19 得到在周向力 $\overline{P}$ 作用下，单位拉伸的周向应变 $\varepsilon_{y1} = OC_O$；同时能够得到内外壁对应的周向应力 σ'_y 和 σ''_y。

单位长度下的轴向力按照下式计算

$$\overline{N} = p_d \frac{R}{2} \left[1 - \left(\frac{R_{st}}{R} \right)^2 \right] \tag{4-60}$$

并由图 4-19 得到在轴向力 $\overline{N}$ 作用下，单位拉伸的轴向应变 $\varepsilon_{x\mathrm{I}} = OD_O$；同时能够得到内外壁对应的轴向应力 σ'_x 和 σ''_x。

扩压器外壁的周向总应变按照下式计算

$$\varepsilon_{y\mathrm{II}} = \varepsilon_{y\mathrm{I}} - \mu \varepsilon_{x\mathrm{I}} + \alpha''T'' \tag{4-61}$$

扩压器内壁的径向位移为

$$\Delta R = R\varepsilon_{y\mathrm{II}} \tag{4-62}$$

选择扩压器内压力 p_d 为一系列值，作出 $p_d = f(\Delta R)$ 曲线，如图 4-20 所示。由 O 点作 $p_d = f(\Delta R)$ 曲线的切线，切点 C 即为极限点，该点对应压力为扩压器的极限压力，即为扩压器的总承载能力。当扩压器工作压力超过 C 点时，器壁变形会大大增加，易发生扩压器外壁变形撕裂的风险。

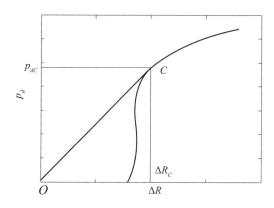

图 4 - 20　扩压器的最大总承载能力

4.5.3　内外壁稠密连接条件下局部挠度计算

扩压器的内外壁是用纵向板条连接的，在冷却通道中，由于冷却水压的作用，使内外壁产生弯曲变形，称为局部挠度。局部挠度计算的目的是验算工作状态下的变形大小，确定内外壁之间连接的稠密程度。局部挠度的允许值以不显著破坏正常的挠曲状态为准，一般与壁厚公差的数量级相同。

建立图 4 - 21 所示的坐标系，以内壁中点为原点，内壁厚度方向为 z 坐标，向外为正，并设定温度沿壁厚为线性分布。

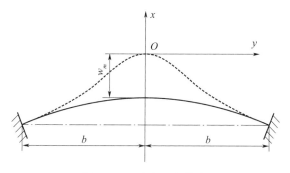

图 4 - 21　内部局部挠度

首先给出弹性表面形状，跨度的长度以 $2b$ 表示，取挠度为下列形式

$$w = \frac{w_m}{2}\left(1 + \cos\frac{\pi y}{b}\right) \qquad (4-63)$$

当 $y=0$ 时，$w=w_m$。当 $y=b$ 时，函数 w 及其导数都趋于零。

计算内壁各点的轴向应变 ε_x 和周向应变 ε_y，公式如下

$$\left.\begin{array}{l} \varepsilon_x = \varepsilon_{xn} - \varepsilon_t' \\[2mm] \varepsilon_y = \left(\varepsilon_{yn} - \varepsilon_t' + \dfrac{w_m}{2R} + \dfrac{w_m^2}{16}\dfrac{\pi^2}{b^2}\right) + z\dfrac{w_m}{2}\dfrac{\pi^2}{b^2}\cos\dfrac{\pi y}{b} \end{array}\right\} \qquad (4-64)$$

公式中 $w_m = -0.2$ mm，为最大允许挠度，负号表示其挠度方向指向轴心。

计算应变强度 ε_i，公式为

$$\varepsilon_i = \frac{2}{\sqrt{3}} \sqrt{\varepsilon_x^2 + \varepsilon_x \varepsilon_y + \varepsilon_y^2} \qquad (4-65)$$

由于温度的分布规律是给定的，可以认为每一层的温度是已知的。因此，根据温度对每个对应的 z 值由拉伸图 $\sigma_i = f(\varepsilon_i)$，得到相应点的应力强度 σ_i。

按下式计算周向应力 σ_y

$$\sigma_y = \frac{4}{3} \frac{\sigma_i}{\varepsilon_i} \left(\varepsilon_y + \frac{\varepsilon_x}{2} \right) \qquad (4-66)$$

并按照计算结果可作出 $\sigma_y = f(z)$ 曲线，如图 4-22 所示。该组曲线由下至上分别为 $\dfrac{y}{b} = 0$，0.2，0.4，0.6，0.8，1.0。

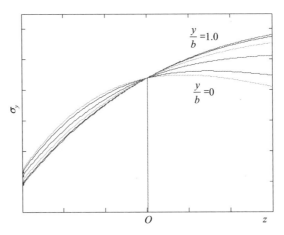

图 4-22　内壁各点单位长的周向应力

按照下式计算最大允许挠度下的工作压力

$$p = \frac{\displaystyle\int_0^b T_y \left(\frac{1}{R} - \frac{\mathrm{d}^2 w}{\mathrm{d} y^2} \right) w \, \mathrm{d} y + \int_0^b M_y \frac{\mathrm{d}^2 w}{\mathrm{d} y^2} \mathrm{d} y}{\displaystyle\int_0^b w \, \mathrm{d} y} \qquad (4-67)$$

式中　T_y——周向应力，$T_y = \displaystyle\int_{-\frac{\delta}{2}}^{\frac{\delta}{2}} \sigma_y \mathrm{d} z$；

　　　M_y——力矩，$M_y = \displaystyle\int_{-\frac{\delta}{2}}^{\frac{\delta}{2}} \sigma_y z \, \mathrm{d} z$。

当 $p > p_h$ 时，扩压器能够可靠工作。

4.6　扩压器传热计算

当液体火箭发动机试验时，其喷管出口高温、高速燃气在扩压器内流动的情况极为复杂，传热设计主要包括扩压器内燃气热流密度计算、冷却水流量计算、冷却水流阻计

算等。

高温燃气与扩压器内壁面之间的对流热流密度按照下式计算

$$q_1 = \alpha_g (T_k - T_{bg}) \tag{4-68}$$

$$\alpha_g = 0.026 \frac{c_p \mu^{0.2}}{d_\varepsilon^{0.2} Pr^{0.6}} \left(\frac{4G}{\pi d_\varepsilon^2}\right)^{0.8} \left(\frac{T_k}{T_f}\right)^{0.68} \tag{4-69}$$

式中　q_1 ——对流热流密度;

　　　α_g ——燃气对气壁表面传热系数;

　　　T_k ——燃气的滞止温度;

　　　T_{bg} ——扩压器内壁气壁温度;

　　　c_p ——燃气比定压热容;

　　　μ ——动力黏度;

　　　G ——燃气流量;

　　　d_ε ——扩压器内圆筒水力直径;

　　　T_f ——定性温度;

　　　Pr ——普朗特数。

扩压器出口截面燃气静温与总温接近,辐射热交换强烈。燃气中主要辐射气体是水蒸气和二氧化碳,辐射热流密度按下式计算

$$q_2 = q_{CO_2} + q_{H_2O} \tag{4-70}$$

$$q_{CO_2} = 3.5 \sqrt[3]{L p_{CO_2}} \left[\left(\frac{T_k}{100}\right)^{3.5} - \left(\frac{T_{bg}}{100}\right)^{3.5}\right] \tag{4-71}$$

$$q_{H_2O} = 3.5 p_{H_2O}^{0.8} L^{0.6} \left[\left(\frac{T_k}{100}\right)^{3} - \left(\frac{T_{bg}}{100}\right)^{3}\right] \tag{4-72}$$

式中　q_2 ——辐射热流密度;

　　　q_{CO_2} ——二氧化碳辐射热流密度;

　　　q_{H_2O} ——水蒸气辐射热流密度;

　　　p_{CO_2} ——二氧化碳分压;

　　　p_{H_2O} ——水蒸气分压;

　　　L ——假定的辐射线平均射程。

总平均热流密度为对流热流密度和辐射热流密度之和

$$q_0 = q_1 + q_2 \tag{4-73}$$

根据美国大力神火箭发动机试验用扩压器的实测热流密度数据,在设计中 q_0 可取值为上述计算热流密度值的 2 倍。

在稳定传热过程中,燃气传给扩压器器壁的热量被冷却水全部吸收。冷却水流量可用公式计算

$$G_{H_2O} = \frac{q_0 A}{(L_h/v_h) c_p \Delta t} \tag{4-74}$$

式中　G_{H_2O} ——所需的冷却水流量;

A —— 扩压器内筒气壁面积；

c_p —— 冷却水平均温度下的比热容；

Δt —— 冷却水允许温升；

q_0 —— 总的平均热流密度；

L_h —— 扩压器内冷却通道长度；

v_h —— 冷却通道内冷却水流速。

计算液壁温度的近似值

$$T'_{bl} = T'_{bg} - \frac{\delta}{\lambda} q \qquad\qquad (4-75)$$

式中　T'_{bg} —— 假定的气壁温度；

δ —— 扩压器内壁厚度；

λ —— 扩压器内壁在平均温度下的导热系数。

扩压器器壁和冷却水之间的传热系数

$$\alpha_{bl} = 75.6 Z \frac{1}{d^{0.2}} \left(\frac{G_{H_2O}}{A_t} \right)^{0.8} \beta \qquad\qquad (4-76)$$

式中　Z —— 冷却水随温度变化的系数；

d —— 冷却通道的水力直径；

A_t —— 冷却通道的横截面面积。

$$\beta = \left(\frac{g \mu_l c_{pl}}{\lambda_l} \bigg/ \frac{g \mu_{bl} c_{pbl}}{\lambda_{bl}} \right)^{0.25}$$

式中　μ_l —— 冷却水在平均温度下的动力黏度；

c_{pl} —— 冷却水在平均温度下的比热容；

λ_l —— 冷却水在平均温度下的导热系数；

μ_{bl} —— 冷却水在液壁温度下的动力黏度；

c_{pbl} —— 冷却水在液壁温度下的比热容；

λ_{bl} —— 冷却水在液壁温度下的导热系数。

计算液壁温度

$$T_{bl} = \frac{q}{\alpha_{bl}} + T_l \qquad\qquad (4-77)$$

计算气壁温度

$$T_{bg} = T_{bl} + \frac{\delta}{\lambda} q \qquad\qquad (4-78)$$

将 T_{bg} 与式（4-75）中的假设值进行比较，在误差允许的范围内，计算终止；否则将 T_{bg} 代入式（4-75）中继续计算，直至满足计算精度要求为止。有关温度分布的详细计算见 4.7 节。

扩压器夹层通道内冷却水的流阻损失按下列公式进行计算

$$H_0 = \frac{v^2}{2g} (1 + \xi) \qquad\qquad (4-79)$$

$$\xi = \lambda \frac{L}{d_{\varepsilon}} + \xi_1 + \xi_2 + \xi_3 + \xi_4$$

式中　H_0——总的水头损失；

　　　ξ——阻力系数总和，包括沿程和局部阻力系数；

　　　λ——沿程阻力系数；

　　　L——冷却通道长度；

　　　d_{ε}——冷却通道的水力直径；

　　　ξ_1——进入进口集流环的局部阻力系数；

　　　ξ_2——进口集流环进入冷却通道的局部阻力系数；

　　　ξ_3——冷却通道进入出口集流环的局部阻力系数；

　　　ξ_4——出口集流环流出的局部阻力系数。

　　具体参数选择和计算过程可参照相关专业资料，此处不赘述。

4.7　扩压器壁温数值计算

4.7.1　相关公式推导

　　扩压器的冷却方式通常选用内冷式结构方案，即在扩压器筒体的内外夹层之间形成冷却水通道，采用强迫冷却的方式。内冷通道选用纵向直通式，其结构形式示意图如图 4 - 23 所示。它是用不锈钢板条滚压成 U 形槽，分别焊接在扩压器内筒体的外表面上，每两个槽形条用板条连接，形成完整的纵向冷却通道。

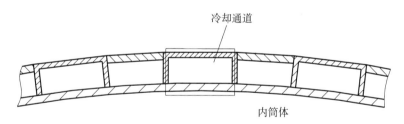

冷却通道

内筒体

图 4 - 23　扩压器的壁面冷却结构

　　取图中央矩形框中部分为控制体，开展壁面传热数值计算，图中左右边界为肋板的对称面，由于内筒体半径较大，控制体的下边界可视为平面，可建立二维传热方程进行计算。控制体分别在内部、冷却通道和外部与高温燃气、冷却水和空气产生强迫对流换热，如图 4 - 24 所示，由于控制体为左右对称结构，取控制体左半部分划分网格进行计算。

　　计算中假设材料在温度上升过程中，其密度、比热容和导热系数保持不变；扩压器内筒体和 U 形槽、板条是同一种材料。

　　二维、非稳态、第三类边界条件的传热差分方程推导[12-14]如下：

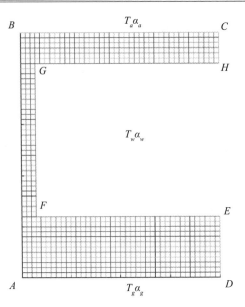

图 4 - 24　计算网格及边界条件

（1）材料内部节点

对图 4 - 25 所示的单元体，建立能量平衡方程如下

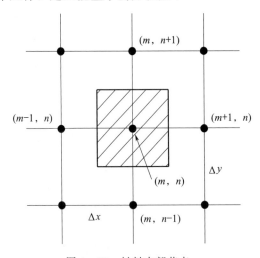

图 4 - 25　材料内部节点

$$\lambda \Delta y \frac{T_{m-1,n} - T_{m,n}}{\Delta x} + \lambda \Delta y \frac{T_{m+1,n} - T_{m,n}}{\Delta x} + \lambda \Delta x \frac{T_{m,n+1} - T_{m,n}}{\Delta y} + \lambda \Delta x \frac{T_{m,n-1} - T_{m,n}}{\Delta y}$$

$$= \Delta x \Delta y \rho c \frac{T'_{m,n} - T_{m,n}}{\Delta t}$$

$$(4 - 80)$$

式（4 - 80）中令 $\Delta y = \Delta x$, $T'_{m,n} = T_{m,n}(t + \Delta t)$, $T_{m,n} = T_{m,n}(t)$ ，沿厚度方向为单位长度，并引入傅里叶准则：$Fo = \dfrac{\lambda \Delta t}{\rho c (\Delta x)^2}$ ，得到

$$T'_{m,n} = (1 - 4Fo)T_{m,n} + Fo(T_{m-1,n} + T_{m+1,n} + T_{m,n-1} + T_{m,n+1}) \tag{4-81}$$

（2）左下凸点

左下凸点（见图 4-26）与扩压器内部高温燃气接触，燃气与壁面间表面传热系数为 α_g，燃气温度为 T_g，建立能量平衡方程如下

$$\lambda \frac{\Delta y}{2} \frac{T_{2,1} - T_{1,1}}{\Delta x} + \lambda \frac{\Delta x}{2} \frac{T_{1,2} - T_{1,1}}{\Delta y} + \frac{\Delta x}{2} \alpha_g(T_g - T_{1,1}) = \frac{1}{4} \Delta x \Delta y \rho c \frac{T'_{1,1} - T_{1,1}}{\Delta t}$$

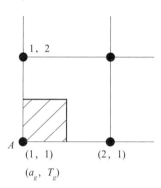

图 4-26　左下凸点 A 点

引入毕渥准则：$Bi_1 = \dfrac{\alpha_g \Delta x}{\lambda}$，上式变为

$$T'_{1,1} = (1 - 2FoBi_1 - 4Fo)T_{1,1} + 2Fo(T_{2,1} + T_{1,2}) + 2FoBi_1 T_g \tag{4-82}$$

其他部位温度计算公式见表 4-4。

表 4-4　其他部位温度计算公式

标志	计算节点示意图	计算公式
D	右下外凸点	$(1 - 2FoBi_1 - 4Fo)T_{m,1} + 2Fo(T_{m-1,1} + T_{m,2}) + 2FoBi_1 T_g$
AD	控制体下边缘节点	$(1 - 2FoBi_1 - 4Fo)T_{m,1} + Fo(T_{m-1,1} + T_{m+1,1} + 2T_{m,2}) + 2FoBi_1 T_g$

续表

标志	计算节点示意图	计算公式
AB	控制体左边缘节点	$(1-4Fo)T_{1,n}+Fo(T_{1,n+1}+T_{1,n-1}+2T_{2,n})$
B	左上凸点	$(1-2FoBi_2-4Fo)T_{1,n}+2Fo(T_{1,n-1}+T_{2,n})+2FoBi_2T_a$
BC	控制体上边缘节点	$(1-2FoBi_3-4Fo)T_{m,n}+Fo(2T_{m,n-1}+T_{m-1,n}+T_{m+1,n})+2FoBi_3T_a$
C	右上外凸点	$(1-2FoBi_3-4Fo)T_{m,n}+2Fo(T_{m,n-1}+T_{m-1,n})+2FoBi_3T_a$

续表

标志	计算节点示意图	计算公式
DE	控制体右边缘节点	$(1-4Fo)T_{m,n}+Fo(T_{m,n-1}+T_{m,n+1}+2T_{m-1,n})$
H	右上内凸点	$(1-2FoBi_2-4Fo)T_{m,n}+2Fo(T_{m-1,n}+T_{m,n+1})+2FoBi_2T_w$
GH	冷却通道上边缘节点	$(1-2FoBi_2-4Fo)T_{m,n}+F_o(T_{m-1,n}+2T_{m,n+1}+T_{m+1,n})+$ $2FoBi_2T_w$
G	冷却通道左上凹点	$\left(1-\dfrac{4}{3}FoBi_2-4Fo\right)T_{m,n}+\dfrac{2}{3}Fo(T_{m+1,n}+2T_{m,n+1}+$ $2T_{m-1,n}+T_{m,n-1})+\dfrac{4}{3}FoBi_2T_w$

续表

标志	计算节点示意图	计算公式
FG	冷却通道左边缘节点 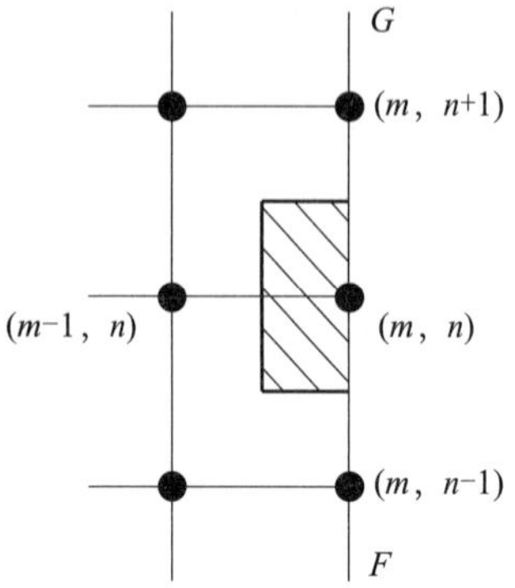 （示意图）	$(1-2FoBi_2-4Fo)T_{m,n}+F_o(T_{m,n-1}+2T_{m-1,n}+T_{m,n+1})+2FoBi_2T_w$
F	冷却通道左下凹点 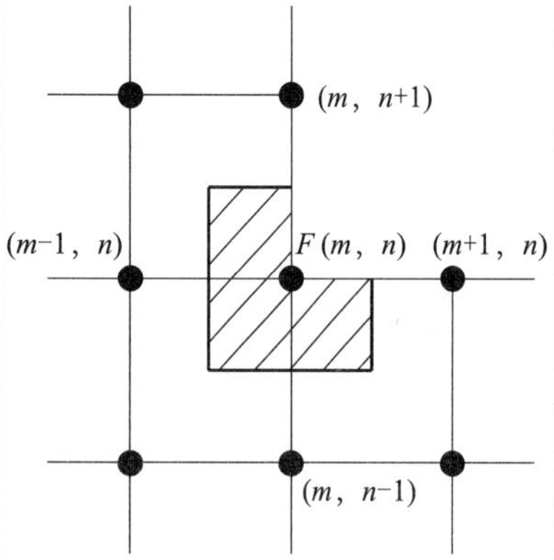 （示意图）	$\left(1-\dfrac{4}{3}FoBi_2-4Fo\right)T_{m,n}+\dfrac{2}{3}Fo(T_{m+1,n}+T_{m,n+1}+2T_{m-1,n}+2T_{m,n-1})+\dfrac{4}{3}FoBi_2T_w$
EF	冷却通道下边缘节点 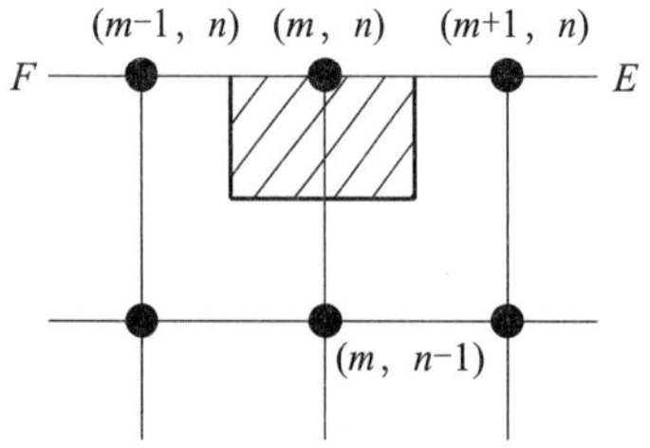 （示意图）	$(1-2FoBi_2-4Fo)T_{m,n}+Fo(T_{m+1,n}+T_{m-1,n}+2T_{m,n-1})+2FoBi_2T_w$
E	右下内凸点 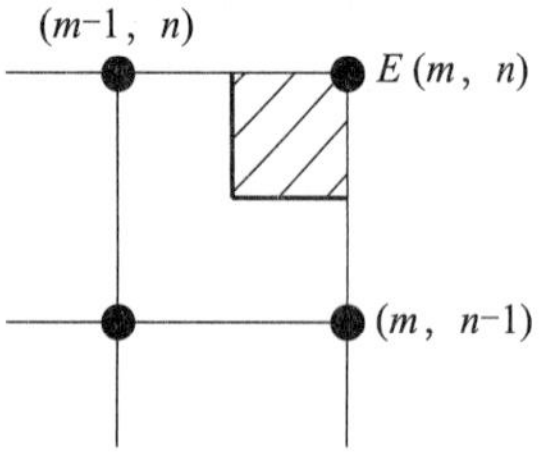 （示意图）	$(1-2FoBi_2-4Fo)T_{m,n}+2Fo(T_{m-1,n}+T_{m,n-1})+2FoBi_2T_w$

注：表中 $Bi_2=\dfrac{\alpha_w\Delta x}{\lambda}$ ，$Bi_3=\dfrac{\alpha_a\Delta x}{\lambda}$ ；T_w 为冷却水温度，T_a 为空气温度。

（3）计算时间步长

当方程组按照表 4-4 的公式采用高斯-赛德尔迭代时，为保持计算过程稳定，对时间步长具有一定要求：

1）计算内部节点要求的时间步长

$$\Delta t_1 \leqslant \frac{\frac{1}{4}\rho C\,(\Delta x)^2}{\lambda} \qquad (4-83)$$

2）计算边界节点要求的时间步长

$$\Delta t_2 \leqslant \frac{\rho C\,(\Delta x)^2}{2\lambda(2+Bi)} \qquad (4-84)$$

3）计算角点要求的时间步长

$$\Delta t_3 \leqslant \frac{\rho C\,(\Delta x)^2}{4\lambda(1+Bi)} \qquad (4-85)$$

计算中时间步长取以上三个时间步长中的最小值。

本节将以上方程的形式进行改写使其适合 ADI 求解方法，然后用直接法进行线性方程组的求解，则时间步长不受限制。

4.7.2 数值计算结果

根据上述方法，对某次试验过程中扩压器壁面温度进行数值计算，壁面材料为 304 钢，壁厚 12 mm，侧板厚度为 6.0 mm，壁面温度分布等值线图和分布云图分别如图 4 - 27 和图 4 - 28 所示。

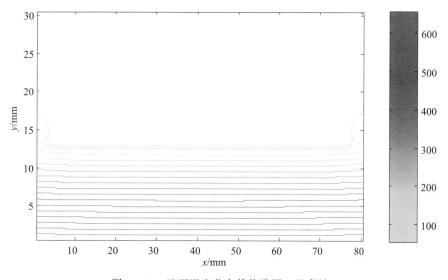

图 4 - 27 壁面温度分布等值线图（见彩插）

在图 4 - 27 中，扩压器液壁温度为 52.02 ℃，气壁温度为 660.53 ℃，相邻曲线温度间隔为 35.40 ℃。壁面平均温度为 306.275 ℃，壁面材料为 304 钢，其性能能够满足使用要求，壁面冷却效果良好。

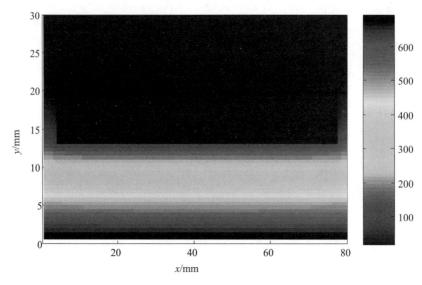

图 4-28 壁面温度分布云图（见彩插）

参 考 文 献

［ 1 ］ 郭宵峰 . 液体火箭发动机试验［M］. 北京：宇航出版社，1990.

［ 2 ］ 蔡湘芬，陈寿吉 . 大面积超音速扩压器的工程设计方法［J］. 推进技术，1995（5）：28 - 33.

［ 3 ］ 徐万武，谭建国，王振国 . 高空模拟试车台超声速引射器数值研究［J］. 固体火箭技术，2003，(2)：71 - 74.

［ 4 ］ J J WANG，F CHEN. On the Start Condition of a Second - Throat Ejector - Diffuser［J］. Aeronautics Journal，1996.

［ 5 ］ 朱子勇，李培昌，瞿蹇 . 某型号液体火箭发动机高空模拟试验中扩压器的数值计算与试验比较［J］. 航天器环境工程，2010，27（2）：231 - 237.

［ 6 ］ 陈吉明，任玉新 . 超音速风洞扩压器激波串现象的数值模拟［J］. 清华大学学报（自然科学版）2007，47（2）：264 - 267.

［ 7 ］ Q XIAO，H M TSAI，F LIU. Computation of Transonic Diffuser Flows by a Lagged $k - \omega$ Turbulence Model［J］. Journal of Propulsion and Power，2003，19（3）：473 - 483.

［ 8 ］ 王广飚 . 某型号液体火箭发动机高空模拟试验技术［D］. 西安：西安电子科技大学，2007.

［ 9 ］ 全国锅炉压力容器标准化技术委员会 . 压力容器：GB 150—2011［S］. 北京：中国标准出版社，2012.

［10］ 陈盛秒 . 薄壁外压容器设计的图算法与解析公式法［J］. 石油化工设备，2009，38（1）：37 - 41.

［11］ 秦琳 . 钢制带水冷夹套容器失去稳定性的原因分析［J］. 铜业工程，2013（1）：67 - 70.

［12］ 克罗夫特，利利 . 传热的有限差分方程计算［M］. 张凤禄，等译 . 北京：冶金工业出版社，1982.

［13］ 杨泽茂 . 一种二维非稳态导热问题的数值解法［J］. 石油化工高等学校学报，1996，9（2）：78 - 81.

［14］ 陶文铨 . 数值传热学［M］. 西安：西安交通大学出版社，2001.

第 5 章　燃气降温系统设计

发动机高空模拟试验过程扩压器出口气流的总温最高达 2 800～3 000 K，高温气流对试验系统后继设备造成较大的热冲击，可能损坏设备。同时，过高的燃气温度会使主动式气流引射装置的抽吸性能下降，扩压器出口截面压力超过理论计算值，导致试验舱内气体压力升高，达不到高空模拟试验的目的。因此，需要采用必要的措施对高温气流进行冷却处理[1-5]。

目前，在工业领域中对高温气流的降温通常采用间接降温的手段，如采用紧凑式换热器，可将气流温度由 2 200 K 降低至 1 300 K 以下，再采用其他形式的间接式换热器，使气流温度进一步降低。这种形式的气流冷却方案中，换热器的换热元件和高温气流直接接触，使换热元件受到高温、高速气流的直接冲刷，结构复杂，设计难度大，制造成本高，与高温气流接触的部件易出现局部过热区，甚至产生烧蚀的现象。

在发动机高空模拟试验系统的设计中，可采用两种方式对高温燃气进行降温[1,2,4,6,7]：

1）采用直接接触换热方式对扩压器出口的高温气流进行冷却。在气流通道内高温燃气与雾化的冷却水进行直接接触换热，冷却水雾化蒸发，以降低高温燃气的温度，使其达到试验系统后继设备适宜工作的范围内。根据降温器出口的气流参数可设置冷凝器，使混合气流中部分水蒸气产生冷凝，混合气流的质量流量和体积流量减少，混合气流的温度降低，使后继的气流喷射泵的工作负荷降低，有利于试验系统的整体设计。

2）采用直接接触换热和间接换热相结合的方式。在直接接触换热降温的基础上，燃气和水蒸气混合气流进入间接式换热器，使气流温度进一步降低。这种降温方式的优点是：可减少间接换热器的热交换面积，简化间接换热器的结构设计；使间接换热器的换热元件避免高温燃气冲刷，减少换热元件的温度应力和振动，有利于结构设计和选材；具有一定的阻燃阻爆作用。

本章针对直接接触换热和间接换热相结合的方式，就喷水降温器和翅片管换热器的换热计算和结构设计进行介绍。

5.1　气体热力性质计算

通常发动机出口燃气流是由几种气体混合而成的，气体成分主要包括：一氧化碳、二氧化碳、氢气、水蒸气及氮气等，进行降温器设计时需要先对气体的热力性质进行查表和计算。

对单纯气体的热力学参数多数采用多项式方程的形式进行计算[8-12]，文献［9］介绍了 Lee - Kesler 法，采用多项式方程对真实气体的热力学性质进行计算。计算公式如下：

气体焓值

$$h = h(T) + h_0 = R\sum_{i=1}^{5} a_i T^i + h_0 \tag{5-1}$$

气体内能

$$u = h - RT = R\sum_{i=1}^{5} a_i T^i + h_0 - RT \tag{5-2}$$

气体比定压热容

$$c_p = R\sum_{i=1}^{5} i a_i T^{i-1} \tag{5-3}$$

式中 R ——气体常数；

a_i ——热力学系数，见表 5-1；

T ——温度；

h_0 ——0 K 时的气体焓值，计算气体焓值差时可不予考虑。

按照式（5-1）、式（5-2）分别计算了 0～2 000 ℃温度范围内水蒸气焓值和内能，与同温度范围内按照《工业用途水和蒸汽热力学性质的 IAPWS 公式 1997》[13] 的计算结果进行比较，如图 5-1 所示：下方曲线 1 为按照以上公式计算的结果，上方曲线 2 为按照《工业用途水和蒸汽热力学性质的 IAPWS 公式 1997》计算的结果，焓值和内能的相对偏差分别在 1% 和 1.1% 以内，能够满足工程计算的需要。

式（5-1）～式（5-3）中的系数见表 5-1。

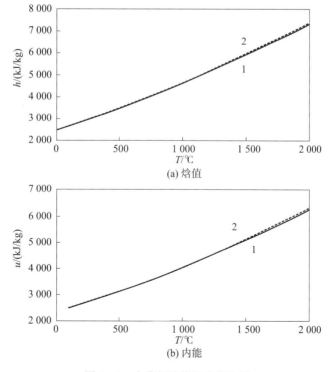

图 5-1 水蒸气焓值和内能比较

表 5 - 1　相关公式的系数

序号	气体名称	a_1	a_2	a_3	a_4	a_5	a_6	h_0/R_0	相对分子质量
1	氢气	3.433 28	$-8.181\,00\times10^{-6}$	$9.669\,90\times10^{-8}$	$-1.443\,92\times10^{-11}$	0	$-3.844\,70$	0	2.016
2	一氧化碳	3.317 00	$3.769\,70\times10^{-4}$	$-3.220\,80\times10^{-8}$	$-2.194\,50\times10^{-12}$	0	4.632 84	-113.882	28.010
3	氮气	3.344 35	$2.942\,60\times10^{-4}$	$1.953\,00\times10^{-9}$	$-6.574\,7\times10^{-12}$	0	3.758 63	0	28.016
4	一氧化氮	3.501 74	$2.993\,80\times10^{-4}$	$-9.588\,00\times10^{-9}$	$-4.903\,60\times10^{-12}$	0	5.113 46	89.914 7	30.008
5	二氧化碳	3.095 90	$2.731\,14\times10^{-3}$	$-7.885\,42\times10^{-7}$	$8.660\,02\times10^{-11}$	0	6.583 93	-393.405	44.010
6	氧气	3.253 04	$6.523\,50\times10^{-4}$	$-1.495\,24\times10^{-7}$	$1.538\,97\times10^{-11}$	0	5.712 43	0	32.000
7	水蒸气	3.742 92	$5.655\,90\times10^{-4}$	$4.952\,40\times10^{-8}$	$-1.818\,02\times10^{-11}$	0	0.965 14	-239.082	18.016
8	甲烷	1.935 29	$4.964\,62\times10^{-3}$	$-1.244\,02\times10^{-6}$	$1.624\,97\times10^{-10}$	$-8.586\,11\times10^{-15}$	8.153 00	-66.930	16.040
9	氧原子	2.764 03	$-2.514\,27\times10^{-4}$	$1.001\,87\times10^{-7}$	$-1.386\,70\times10^{-11}$	0	3.733 09	246.923	16.000

注：表中 R_0 为通用气体参数。

5.2 直接接触式燃气降温器设计计算

5.2.1 设计理论

在直接接触式燃气降温器中，通过伸入气流通道的等截面输水管道上的直流式或离心式喷嘴，将冷却水沿气流流动方向喷入并雾化，雾化的冷却水与高温燃气直接接触、混合并蒸发，从而对高温燃气进行直接冷却降温。

针对燃气冷却过程，建立燃气和蒸气混合过程的热力学和动力学模型，通过迭代求解由能量方程、质量方程和动量方程联立的方程组，在已知进口处不可凝气体质量流量、可凝气体质量流量、气流速度、温度和压力的条件下，计算相应的冷却水流量以及装置出口截面的气流参数。在降温器设计中主要依据以下假设[4,14]：

1) 以燃气和水蒸气作为理想气体。

2) 所有冷却水沿着轴向喷射。

3) 流动是一维的，降温器气流通道面积不变。

4) 降温器出口燃气、水蒸气和液态水之间存在热力学和动力学的平衡。

降温器原理图如图 5-2 所示。

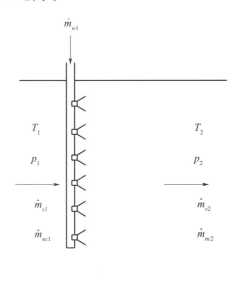

图 5-2 降温器原理图

根据质量守恒

$$\dot{m}_{nc1} + \dot{m}_{w1} + \dot{m}_{v1} = \dot{m}_{nc2} + \dot{m}_{v2} \tag{5-4}$$

$$\dot{m}_{nc1} = \dot{m}_{nc2} = \dot{m}_{nc} = \rho_{nc} A v_{nc} \tag{5-5}$$

$$\dot{m}_{w1} + \dot{m}_{v1} = \dot{m}_{v2} \tag{5-6}$$

式中 $\dot{m}$ ——质量流量。

下标　nc ——不可凝气体；

　　　　w ——冷却水；

　　　　v ——水蒸气；

　　　　1——设备进口；

　　　　2——设备出口。

由能量守恒方程得到

$$\dot{m}_{nc}\left(h_{nc1}+\frac{v_{nc1}^2}{2}\right)+\dot{m}_{w1}\left(h_{w1}+\frac{v_{w1}^2}{2}\right)+\dot{m}_{v1}\left(h_{v1}+\frac{v_{nc1}^2}{2}\right)$$
$$=\dot{m}_{nc}\left(h_{nc2}+\frac{v_{nc2}^2}{2}\right)+\dot{m}_{v2}\left(h_{v2}+\frac{v_{nc2}^2}{2}\right) \tag{5-7}$$

由式（5-4）～式（5-6），能量方程（5-7）可写成

$$\frac{\dot{m}_{v2}}{\dot{m}_{nc}}=\frac{(h_{nc1}-h_{nc2})+\dfrac{v_{nc1}^2-v_{nc2}^2}{2}+\dfrac{\dot{m}_{v1}}{\dot{m}_{nc}}\left(h_{v1}-h_{w1}+\dfrac{v_{nc1}^2-v_{w1}^2}{2}\right)}{(h_{v2}-h_{w1})+\dfrac{v_{nc2}^2-v_{w1}^2}{2}} \tag{5-8}$$

式中　h ——焓值；

　　　v ——速度。

由此计算出降温器出口截面的水蒸气流量，进而确定加入的冷却水流量，并计算出降温器的其他出口气流参数。

5.2.2　冷却水雾化和蒸发

为达到降低扩压器出口高温燃气温度的目的，进入燃气通道的冷却水必须雾化，与高温燃气均匀混合，吸收热量，使雾化的冷却水能够蒸发。如果进入燃气通道的冷却水雾化状况不佳，在气流中将形成体积小的液滴，在冷却通道的内壁面上积聚，而不能达到有效降低高温燃气温度的目的。

冷却水在进入燃气冷却通道后，其雾化情况取决于冷却水的流量、冷却水压力、冷却水在燃气通道内的分布情况以及冷却水的喷射速度等因素。

为详细了解冷却水在燃气冷却通道中雾化、蒸发的情况，采用计算流体力学（CFD）的方法对冷却水喷射到燃气流中的雾化情况进行了数值仿真，此处喷嘴为直流式喷嘴，计算结果如图 5-3～图 5-6 所示。

取第一喷水截面和第二喷水截面之间的 1/8 流场空间建立模型，如图 5-3 所示，共有 15 376 个节点，14 209 个六面体单元。雾化水进口边界条件：Velocity-Inlet；燃气进口边界条件：Mass-Flow-Inlet。

图 5-4 为液态水在冷却通道中的质量分布状况。由图 5-4 可见，冷却水在第一截面喷入后，发生雾化，到达第二截面前，靠近降温器内壁面的单股射流中液态水的最大质量分数不超过 15%，其他已经汽化蒸发。在降温器的实际设计中，相邻的液柱将发生两两对撞的情况，则总体雾化蒸发效果更佳。

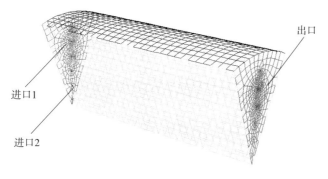

图 5-3　CFD 模型的网格

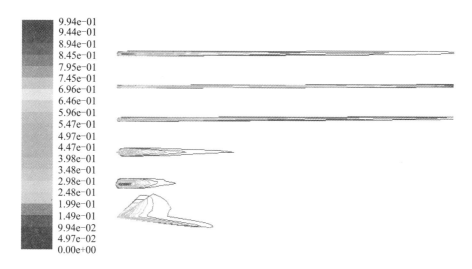

图 5-4　液态水的质量分布（见彩插）

　　图 5-5 为气流通道中喷入冷却水后的速度矢量分布情况，冷却通道中心处雾化的冷却水与燃气混合均匀，靠近壁面处混合流速由初始的不均匀分布到基本均匀分布的距离为 1 500 mm。以上计算结果可以作为直接接触式降温器喷水截面间距设置的基本数据。

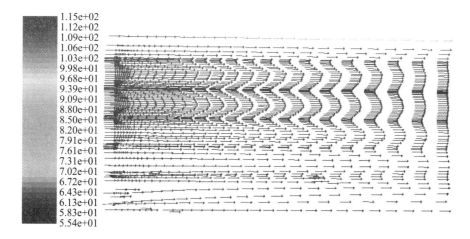

图 5-5　气流通道内气流速度分布（见彩插）

图 5-6 为某试验系统喷水降温装置单体设备在流量调试过程中的照片，由照片能够看出，该设备布置了两个喷水截面，冷却水自喷嘴喷出进入气流通道后，液柱两两进行撞击，雾化效果良好。

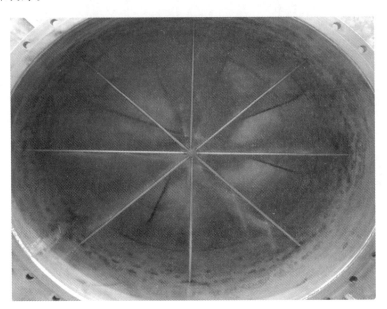

图 5-6　喷水降温装置流量调试图像

5.2.3　影响因素分析

对降温器出口气流压力、温度产生影响的因素包括：进口气流的温度、压力及速度，冷却水进口温度及喷射速度，进口气流和冷却水流量等参数[2,4,14]。在以上诸多影响因素中，主要的影响因素包括：冷却水流量与温度、降温器进口压力和温度。以下分别进行必要的相关分析。

（1）冷却水进口温度影响

图 5-7 表征了冷却水进口温度、冷却水与不可凝气体的流量之比对降温器出口气流压力及温度的影响，图中横坐标分别为冷却水进口温度、冷却水与不可凝气体的流量之比，纵坐标分别为降温器出口混合气流压力和温度。由图 5-7（a）中曲面可见，冷却水与不可凝气体的流量之比增加，降温器出口压力逐渐上升；当冷却水与不可凝气体的流量之比一定、冷却水温度增加时，降温器出口气流压力则逐渐下降。由图 5-7（b）中曲面可见，冷却水与不可凝气体的流量之比增加，降温器出口温度逐渐降低；当冷却水与不可凝气体的流量之比一定、冷却水温度增加时，降温器出口气流温度则逐渐上升。

（2）进口气流温度影响

图 5-8 表征了高温燃气进口温度、冷却水与不可凝气体的流量之比对降温器出口气流压力及温度的影响，图中横坐标分别为燃气进口温度、冷却水与不可凝气体的流量之比，纵坐标分别为降温器出口混合气流压力和温度。

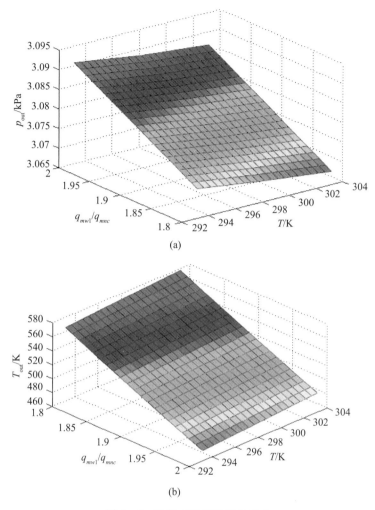

图 5 - 7　冷却水进口温度的影响

由图 5 - 8（a）中曲面可见，冷却水与不可凝气体的流量之比增加，降温器出口压力逐渐上升；当冷却水与不可凝气体的流量之比一定、燃气温度增加时，降温器出口气流压力则逐渐下降。

由图 5 - 8（b）中曲面可见，冷却水与不可凝气体的流量之比增加，降温器出口温度逐渐降低；当冷却水与不可凝气体的流量之比一定、燃气温度增加时，降温器出口气流温度则逐渐上升。

（3）进口气流压力影响

图 5 - 9 表征了高温燃气进口压力、冷却水与不可凝气体的流量之比对降温器出口气流压力及温度的影响，图中横坐标分别为燃气进口压力、冷却水与不可凝气体的流量之比，纵坐标分别为降温器出口混合气流压力和温度。

由图 5 - 9（a）中曲面可见，冷却水与不可凝气体的流量之比增加，降温器出口压力逐渐上升；当冷却水与不可凝气体的流量之比一定、燃气压力增加时，降温器出口气流压

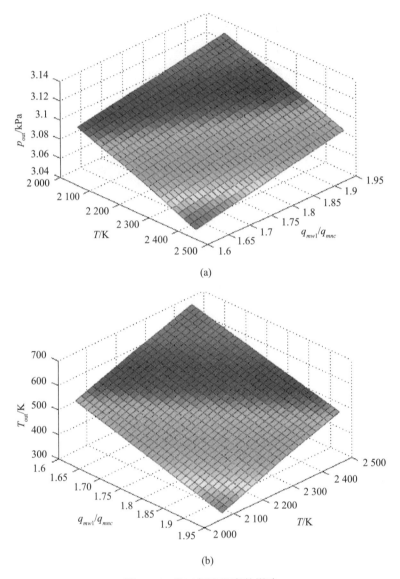

(a)

(b)

图 5-8　进口气流温度的影响

力逐渐上升，呈强正相关关系。

　　由图 5-9（b）中曲面可见，冷却水与不可凝气体的流量之比增加，降温器出口温度逐渐降低；当冷却水与不可凝气体的流量之比一定、燃气压力增加时，降温器出口气流温度有所增加，但影响不显著。

5.2.4　降温器计算结果

　　以 5.2.2 节中扩压器出口截面气流参数作为降温器入口参数，计算降温器需要加入的冷却水流量及出口截面相关参数。计算时确定降温器出口气流温度为 1 273.15 K，冷却水进口温度为 30 ℃，气流通道直径选择为 1 350.0 mm。

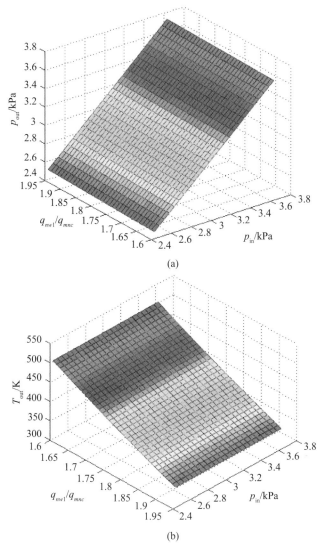

(a)

(b)

图 5 - 9　进口气流压力的影响

　　根据以上参数计算出降温器需要加入的冷却水流量，同时计算出降温器出口的其他气流参数。计算结果见表 5 - 2。

表 5 - 2　降温器出口气流参数

序号	参数	符号	单位	数值
1	加入的冷却水流量	$\dot{m}_{w1}$	kg/s	0.532
2	混合气流流量	$\dot{m}$	kg/s	1.297
3	气流静压	p_{out}	kPa	3.659
4	气流总压	p_{23}	kPa	4.253
5	气流静温	T_{out}	K	1 273.2

续表

序号	参数	符号	单位	数值
6	气流总温	T_{2s}	K	1 309.2
7	气流马赫数	Ma_e	—	0.498 7
8	气流速度	v_{nc2}	m/s	418.23
9	燃气比热比	k	—	1.227 9
10	混合气流气体常数	R	J/(kg·K)	449.73

以上计算是指定降温器出口气流温度后，计算所需要加入的冷却水流量，进而计算出降温器出口的其他气流参数。在降温器设计和实际工程应用中，可以指定加入的冷却水流量，从而计算降温器出口截面混合气流的温度。

5.2.5　结构设计

喷水降温器整体结构为圆筒形真空管道，由于其与扩压器出口直接连接，内径与扩压器出口直径相同。由于降温器进口气流温度在 3 000 K 左右，所以壁面结构与扩压器相同，为内、外壁组合的夹层冷却，因此降温器主体部分的强度计算见扩压器结构设计计算一节。喷水降温器结构示意图如图 5 - 10 （a）所示。喷水降温器结构的特殊性在于其内部增加了喷水组件，如图 5 - 10 （b）所示。

根据冷却水总流量、燃气流通道流通直径、喷水杆上喷嘴数量和喷嘴流量等因素综合考虑，决定降温装置喷水截面的数量、每截面喷水杆数量等结构要素。每一个喷水截面都布置了若干插入气流通道的喷水管，喷水管沿装置的周向均匀安装，其端部在气流通道的中心，保证冷却水在气流冷却通道内能够均匀分布；第一个喷水截面进入燃气通道的冷却水雾化、蒸发后，在空间同一方位第二个截面再次喷入冷却水，再次降低燃气的温度；前后两个喷水截面的距离一般为 1 500～2 000 mm。

需要在喷水杆上布置若干直流式喷水孔或焊接离心式喷嘴，直流式喷水孔直径一般取为 0.7～2.0 mm。喷水孔直径过小，容易被堵塞且难以制造；喷水孔直径过大时，会使冷却水雾化效果显著变坏，一般也不宜采用。

在冷却水上游压力固定，输水管道和阀组技术状态以及喷嘴尺寸确定的条件下，喷嘴进出口的压差保持在 0.3 MPa 以上，能够满足冷却水雾化对压差的要求。

通常采用破裂准则韦伯数 We 表征液滴的雾化难易程度

$$We = \frac{\rho v^2 d}{\sigma} \tag{5-9}$$

式中　ρ ——液体密度；

　　　v ——液滴速度；

　　　d ——液滴直径；

　　　σ ——液体表面张力。

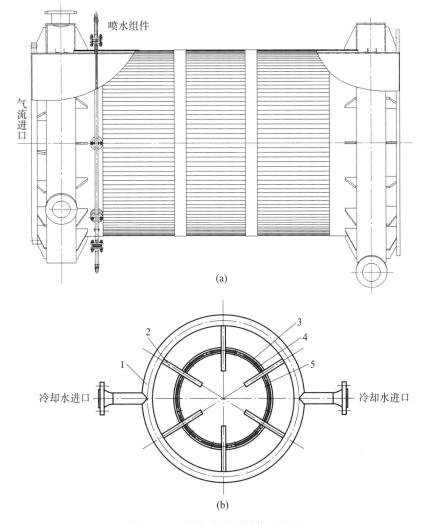

图 5 - 10　喷水降温器结构示意图

1—冷却水输水管道；2—喷水杆；3—内壁；4—外壁；5—钢筋

　　经验证明当 $We > 14$ 时，大的液滴均能够破碎为小的液滴，而且 We 越大，破碎成的小液滴越细。通常为保证冷却水能够完全雾化，其出口速度范围为 $20\sim40$ m/s。

　　在选定喷水孔前后压差、单孔流量后，即可确定喷水孔直径

$$q_m = \alpha A \sqrt{2\rho\Delta p} \tag{5-10}$$

$$d = 2\sqrt{\frac{A}{\pi}} \tag{5-11}$$

式中　q_m ——单个喷水孔流量；

　　　α ——流量系数，按照经验取值为 $0.60\sim0.70$；

　　　Δp ——喷水孔前后压差；

　　　d ——喷水孔直径。

喷水孔出口速度为

$$v = \alpha \sqrt{\frac{2\Delta p}{\rho}} \qquad\qquad (5-12)$$

由于布置在第一截面的喷水管直接处于高温（3 000 K 及以上）、高速气流的直接冲刷之下，因此，要求对喷水管进行良好的冷却，以避免发生局部烧蚀而影响发动机试验的进行；同时，要求喷水管应具有一定的刚度，不会产生较大的形变。

首先对喷水管进行了传热计算，如图 5 - 11 所示，传热计算的目的是计算喷水管的管外侧壁温是否在管壁材料允许的范围内。影响管外侧壁温的主要因素包括：燃气温度、燃气导热系数、燃气的动力黏度、燃气速度、喷水管外径、管道壁厚、冷却水流量等参数。喷水降温器则是利用自身喷水管中流动的冷却水对处于高温、高速环境中的喷水管进行冷却。

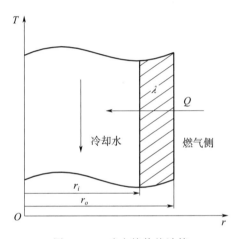

图 5 - 11　喷水管传热计算

针对喷水管的迎风面建立通过喷水管的传热模型，传热过程包括燃气到管外侧壁面对流换热、管外侧壁面到管内侧壁面导热、管内侧壁面到管内冷却水对流换热三个环节，如图 5 - 11 所示。在稳态传热条件下，总传热量不变，计算公式为

$$Q = \frac{\pi l (T_g - T_w)}{\dfrac{1}{\alpha_i d_i} + \dfrac{1}{2\lambda}\ln\!\left(\dfrac{d_o}{d_i}\right) + \dfrac{1}{\alpha_o d_o}} \qquad\qquad (5-13)$$

喷水管的材料通常选择耐热钢，如 0Cr25Ni20Si2，以承受燃气的高温。喷水管外侧迎风面温度的计算结果如图 5 - 12 所示。管外侧迎风面的最高温度一般随发动机推力上升而有所降低。其原因在于当发动机在推力较高时，喷水管内冷却水流量偏高，使得冷却水与喷水管内侧壁面之间对流换热的强度较高，按照式（5 - 13）进行计算，相应的管外侧迎风面壁温较低。

根据选定的喷水管管道长度和截面尺寸，需要对喷水管的挠度进行校核。校核中主要计算了喷水管在高速气流冲击下的挠度，计算结果如图 5 - 13 所示。在图 5 - 13 中，喷水管最大挠度随着发动机推力上升而增加。其原因在于发动机推力上升时，燃气流流量增

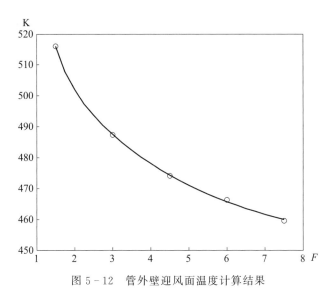

图 5-12 管外壁迎风面温度计算结果

加，扩压器出口气流静压上升。为避免喷水管在大流量燃气冲击下产生较大变形，应对排水管进行必要的固定，一般可采用轮辐式结构。

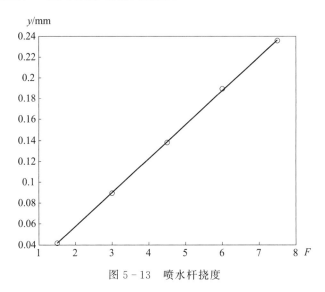

图 5-13 喷水杆挠度

5.3 翅片管换热器设计计算

5.3.1 翅片管换热器技术要求

翅片管换热器设计的技术要求包括：

1）采用管束式结构形式，冷却方式为水冷方式。

2）进气温度：800～1 300 ℃。

3）出口气体温度：200～300 ℃。

4）装置压降：≤500 Pa。

5）进口水压力：0.6 MPa。

6）筒体材料：Q235B/Q345R；管材料：20G 钢。

7）测量参数包括：气流进出口压力、温度；冷却水进出口压力、温度；冷却水流量等其他必要参数。

本节设计中冷却水走管程，燃气混合气走壳程。

5.3.2 传热和气动计算

（1）翅片管换热器计算需确定的结构参数

翅片管换热器传热和气动计算需预先确定的结构参数见表 5-3。

表 5-3 翅片管换热器设计需预先确定的结构参数

序号	参数
1	光管外径
2	管壁厚
3	翅片高度
4	翅片间距
5	翅片厚度
6	翅片外径
7	壳体内径
8	壳程流通面积

（2）计算管外侧传热系数 α_f

烟气横向掠过正三角形布置的交叉管束时，如图 5-14 所示，通常对于低翅片管束，$d_f/d_b=1.2\sim1.6$，$d_b=13.5\sim16.0$ mm，管外侧传热系数计算公式如下[9,10,15,16]

$$\frac{d_b\alpha_f}{\lambda_g}=0.150\,7\left(\frac{d_bG_{\max}}{\mu}\right)^{\frac{2}{3}}\left(\frac{c_p\mu}{\lambda_g}\right)^{\frac{1}{3}}\left(\frac{Y}{h}\right)^{0.164}\left(\frac{Y}{\delta}\right)^{0.075} \tag{5-14}$$

式中　d_b——光管外径；

　　　λ_g——气体导热系数 [W/(m²·℃)]；

　　　$G_{\max}$——气体最大质量流速 [kg/(m²·h)]；

　　　μ——气体黏度（Pa·s）；

　　　c_p——气体比定压热容 [J/(kg·K)]；

　　　Y——翅片间距；

　　　h——翅片高度；

　　　δ——翅片厚度。

翅片管结构尺寸如图 5-15 所示。

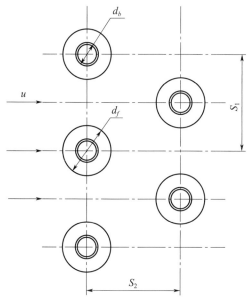

图 5-14　翅片管排配置图

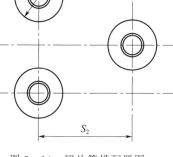

图 5-15　翅片管结构尺寸

（3）计算翅片热阻

以翅片管外表面积为基准的翅片热阻，其计算式根据传热学原理得出

$$r_{ff} = \left(\frac{1}{\alpha_f} + r_{sf} \right) \frac{1 - \eta_f}{\eta_f + F'_b / F'_t} \tag{5-15}$$

式中　　F'_b——以翅片根部直径为基准的无翅片部分表面积；

　　　　F'_t——外翅管上翅片表面积；

　　　　η_f——翅片效率，其值随翅片型式、几何尺寸及传热系数而异。

选择坐标系如图 5-16 所示，推导得到等厚度环肋的导热微分方程式

$$\frac{\mathrm{d}^2 \theta}{\mathrm{d}r^2} + \frac{1}{r} \frac{\mathrm{d}\theta}{\mathrm{d}r} - m^2 \theta = 0 \tag{5-16}$$

其中：$m = \sqrt{\dfrac{2h}{\lambda \delta}}$。边界条件为

$$r = r_1 , \; \theta = t_0 - t_f ; \; r = r_2 , \; \frac{\mathrm{d}\theta}{\mathrm{d}r} = 0 \tag{5-17}$$

上述微分方程结合 5.3.1 节给出的边界条件，由图 5-16 所示的计算域，得到 AB 直线段温度分布曲线和肋片的温度分布云图如图 5-17 所示。

等厚度环肋的翅片效率计算式

$$\eta_f = \frac{2}{mh \left(1 + r_2 / r_1 \right)} \frac{I_1 (mr_2) K_1 (mr_1) - I_1 (mr_1) K_1 (mr_2)}{I_0 (mr_1) K_1 (mr_2) + I_1 (mr_2) K_0 (mr_1)} \tag{5-18}$$

其中：$r_2 = \dfrac{d_f}{2} + \dfrac{\delta}{2}$。$I_0$、$I_1$、$K_0$ 和 K_1 为其括号内虚变量的贝塞尔函数。

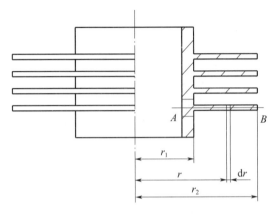

图 5-16　翅片管坐标图

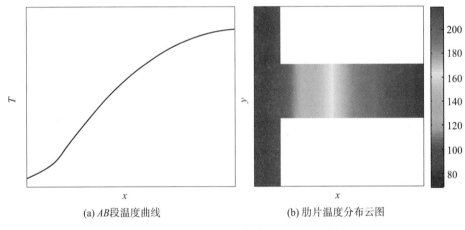

(a) AB段温度曲线　　　　　(b) 肋片温度分布云图

图 5-17　肋片温度分布曲线和云图（见彩插）

（4）计算管内侧表面传热系数

以光管内表面积为基准的管内侧表面传热系数计算公式为

$$Nu = 0.023Re^{0.8}Pr^{0.4} \tag{5-19}$$

$$\alpha_i = \frac{Nu\lambda_{H_2O}}{d_i} \tag{5-20}$$

式中　d_i——光管内径。

（5）计算总传热系数

以翅片管外表面（此外表面包括翅片面积及无翅部分的面积）为基准时，总传热系数计算公式为

$$\frac{1}{K_f} = \frac{1}{\alpha_i}\frac{A_f}{A_i} + r_{si}\frac{A_f}{A_i} + \frac{\delta}{\lambda}\frac{A_f}{A_m} + r_{ff} + r_{sf} + \frac{1}{\alpha_f} \tag{5-21}$$

式中　A_i——单位长度光管内表面积；

　　　A_f——单位长度翅片管外表面积；

A_m——对数面积；

λ——管材导热系数；

α_i——管内侧传热系数；

r_{sf}——以翅片管外表面积为基准的外侧垢阻（$m^2 \cdot ℃/W$）。

（6）平均温差计算

对数平均温差 1 计算公式为

$$\Delta t_{m1} = \dfrac{(T_{ig} - T_{iw}) - (T_{og} - T_{ow})}{\ln \dfrac{T_{ig} - T_{iw}}{T_{og} - T_{ow}}} \tag{5-22}$$

由传热学分析得到逆流平均温差——对数平均温差 2 计算公式为

$$\Delta t_{m2} = \dfrac{(T_{ig} - T_{ow}) - (T_{og} - T_{iw})}{\ln \dfrac{T_{ig} - T_{ow}}{T_{og} - T_{iw}}} \tag{5-23}$$

由传热学可知，在冷热流体具有相同进出口温度的情况下，逆流具有最大的平均温差。为比较其他流型接近逆流的程度，确定温差修正系数

$$\Phi = \dfrac{\ln\left(\dfrac{1-P}{1-RP}\right)}{(1-R)\ln\left[1 + \dfrac{1}{R}\ln(1-RP)\right]} \tag{5-24}$$

其中：$R = \dfrac{t_1' - t_1''}{t_2'' - t_2'}$，$P = \dfrac{t_2'' - t_2'}{t_1' - t_2'}$ 为无量纲量，称为热容比和热效率。

实际对数平均温差计算公式为

$$\Delta t_m = \Phi \Delta t_{mn} \tag{5-25}$$

（7）计算换热面积

换热面积计算公式为

$$A = \dfrac{Q}{K \Delta t_m} \tag{5-26}$$

翅片管换热效率为 $50\%\sim70\%$，计算所需的总换热面积。为避免进气口温度及流速过高对换热管的损伤，每台换热器在翅片管前设置若干组光管换热组。

（8）计算管排压力降

1）光滑错列管束。光滑错列管束的阻力系数

$$\xi = \dfrac{\Delta p}{\dfrac{1}{2}\rho_m v_m^2} = K_1 K_2 Re_m^{-0.27}(Z+1) + \Delta \xi_t \tag{5-27}$$

式中　Δp——流体绕过管束的压力降；

ρ_m——流体在平均温度下的密度；

v_m——流体的平均流速；

K_1——与倾角有关的系数；

K_2——与管径和管距有关的系数；

Re_m ——平均雷诺数；

Z ——垂直于来流方向的管束排数；

$\Delta \xi_t$ ——阻力系数的温度修正值。

2）翅片管排。翅片管排的压降由两部分组成：一部分为进入、离开管排的压力降；另一部分为通过管排的压力降。

由下式计算

$$\Delta p = (K_a + n_r K_f)\rho v_{max}^2 \qquad (5-28)$$

$$K_a = 1 + \sigma^2 \qquad (5-29)$$

$$\sigma = \frac{s_1 - D_r - 2l\omega/(s+\omega)}{s_1} \qquad (5-30)$$

式中　n_r ——管排数；

s_1 ——管排横向节距；

D_r ——翅片管外径；

l ——翅片高度；

ω ——翅片厚度；

s ——翅片间距。

对于低翅片管

$$K_f = 4.71 Re_s^{-0.286} \left(\frac{l}{s}\right)^{0.51} \left(\frac{s_1 - D_r}{s_2 - D_r}\right)^{0.586} \left(\frac{D_r}{s_1 - D_r}\right)^{0.36} \qquad (5-31)$$

式中　Re_s ——管内流动雷诺数；

s_2 ——管排纵向节距。

5.3.3　换热器计算结果

以 5.2.4 节直接接触式降温器出口截面参数为输入，翅片管换热器出口温度设定为 300 ℃，计算结果见表 5-4。

表 5-4　换热器计算结果

序号	参数	符号	单位	数值
1	混合气流流量	m	kg/s	1.296
2	气流静压	p_{out}	kPa	3.921
3	气流总压	p_{23}	kPa	3.932
4	气流静温	T_{out}	K	573.2
5	气流总温	T_{2s}	K	575.4
6	气流马赫数	Ma_e	—	0.065 3
7	气流速度	v_{nc2}	m/s	36.85
8	燃气比热比	k	—	1.227 9
9	混合气流气体常数	R	J/(kg·K)	449.73

5.3.4　结构设计

管束式降温器系圆截面卧式真空容器，由于其进口气流为燃气与水蒸气的混合气流，气流温度为 800～1 300 ℃，所以设备进口封头和圆柱段壁面均采用内外壁组合的夹层冷却方式。该型换热器结构设计参数见表 5-5。管束式降温器结构示意图如图 5-18 所示。

表 5-5　换热器结构设计参数

序号	结构设计参数	单位	数值
1	设备筒体直径	mm	3 500
2	换热管间距	mm	100
3	管排间距	mm	100
4	换热器进口直径	mm	2 000
5	换热器进口流速	m/s	37
6	换热管区气体流速	m/s	19
7	光管组数	—	3
8	光管组单元换热面积	m²	76
9	光管组总换热面积	m²	220
10	翅片管组数量	—	5
11	翅片管组单元换热面积	m²	400
12	翅片管组总换热面积	m²	2 000
13	总换热面积	m²	6 660

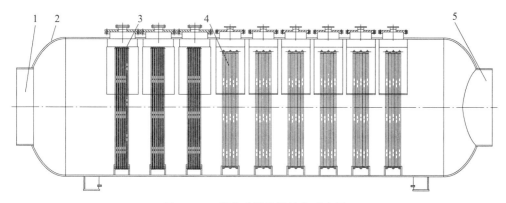

图 5-18　管束式降温器结构示意图

1—气流进口；2—换热器壁面；3—光管换热管组；4—翅片管换热管组；5—气流出口

为保证换热效果，降温器气流通道的面积应保证换热区第一组换热管前气流速度不超过 8～30 m/s；换热器的第一组换热管组和进口截面之间以及最后一组换热管组和出口截面之间应设置一定的距离，以保证气流速度能够较为平稳地变化。

1) 管束式降温器圆柱段强度计算见扩压器结构设计计算一节。

2）受外压椭圆形封头强度计算。受外压椭圆形封头[17]如图 5-19 所示，厚度计算公式为

$$s_1 \geqslant s_{1p} + c \qquad (5-32)$$

式中 $s_{1p} = \max\left\{\dfrac{K_\varepsilon R}{510}\sqrt{\dfrac{n_y p}{10^{-6}E}},\ \dfrac{pR}{2[\sigma]}\right\}$，在初步计算中，对于椭圆形封头，$K_\varepsilon = 0.90$；

n_y——稳定安全系数，$n_y = 1.80$。

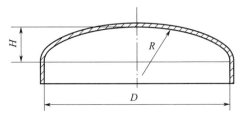

图 5-19 椭圆形封头

许用外压力按下式计算

$$[p] = \dfrac{[p]_{\text{п}}}{\sqrt{1 + \left(\dfrac{[p]_{\text{п}}}{[p]_E}\right)^2}} \qquad (5-33)$$

其中，由强度条件确定的许用外压力为

$$[p]_{\text{п}} = \dfrac{2[\sigma](s_1 - c)}{R + 0.5(s_1 - c)} \qquad (5-34)$$

由弹性范围内稳定条件确定的许用外压力为

$$[p]_{\text{п}} = \dfrac{26 \times 10^{-6}E}{n_y}\left[\dfrac{100(s_1 - c)}{K_\varepsilon R}\right]^2 \qquad (5-35)$$

系数 K_ε 依 $\dfrac{D}{s_1 - c}$ 和 $\dfrac{H}{D}$ 的关系按照以下公式计算

$$K_\varepsilon = \dfrac{1 + (2.4 + 8x)x}{1 + (3.0 + 10x)x} \qquad (5-36)$$

其中

$$x = 10\dfrac{s_1 - c}{D}\left(\dfrac{D}{2H} - \dfrac{2H}{D}\right) \qquad (5-37)$$

系数 K_ε 依 $\dfrac{D}{s_1 - c}$ 和 $\dfrac{H}{D}$ 的关系曲线如图 5-20 所示，该组曲线由下至上 $\dfrac{H}{D}$ 分别为 0.20、0.25、0.30、0.35、0.40 和 0.50。

3）受内压椭圆形封头强度计算。受内压椭圆形封头厚度计算公式[18]为

$$\delta = \dfrac{KpD_i}{2[\sigma]^t \phi - 0.5p} \qquad (5-38)$$

式中 K ——椭圆形封头的形状系数，对于标准椭圆形封头，$K = 1$；

p ——封头计算压力；

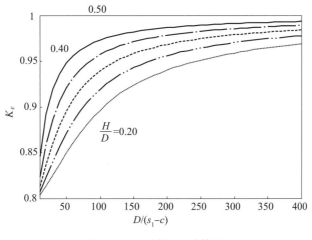

图 5 - 20　系数 K_ε 计算图

D_i——椭圆形封头内直径；

$[\sigma]^t$——设计温度下的许用应力；

ϕ——焊缝系数。

式（5 - 38）应用条件为 $\delta \leqslant \dfrac{1}{4} D_i$，将其代入式（5 - 38），得到应用条件为

$$p \leqslant \frac{2}{4K + 0.5} [\sigma]^t \phi \tag{5-39}$$

对于标准椭圆形封头，上式变为

$$p \leqslant 0.44 [\sigma]^t \phi \tag{5-40}$$

4）翅片管组的结构。根据计算得出的换热面积，确定翅片管换热组的数量及其换热面积。单组翅片管换热组的结构示意图如图 5 - 21 所示。冷却水由进口管流经翅片管后，由出水管排出。

根据图 5 - 21 所示结构，当进气气流温度较高时，对于管板与换热管之间的焊缝容易引起拉裂的情况，将进气气流温度控制在不超过 1 000 ℃为宜。

5.4　冷却水流量控制和调试

在发动机试验过程中，喷水降温器用于二次喉道扩压器出口高温气流的冷却，当高温气流进入降温器的燃气通道时，冷却水由供应管道进入降温器用于控制流量的阀组，通过设置在降温器内部的喷水组件喷出，与高温燃气混合，发生相变蒸发，从而降低高温燃气的温度。由于在试验过程中，发动机的工况不同，高温燃气的流量和温度具有较大的差异，进入燃气通道的冷却水流量相应地具有较大差异。因此，需要根据发动机的不同工况，对进入降温器燃气通道的冷却水流量进行控制和调节，使设备出口的燃气和水蒸气混合气流的温度能够满足设计要求，冷却水流量的控制以及调试成为设备研制的关键技术之一。

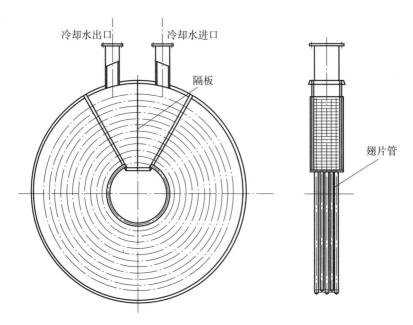

图 5-21　翅片管换热组的结构示意图

5.4.1　流量控制装置

　　降温器采用的流量调节装置为针阀和电磁阀组成的阀组，阀组示意图如图 5-22 所示。在图 5-22 中，上方为电磁阀，下方为针阀，两种阀门的口径分别对应。采用针阀作为流量控制的组件，通过调节阀杆的位置而改变阀门的节流面积，达到调节流量的目的，从而简化了调试过程，避免了更换非标流量孔板的工作量；采用电磁阀用于流量的开关控制，由于电磁阀的开关动作时间仅为数十毫秒，能够针对发动机的不同工况及时进行切换。

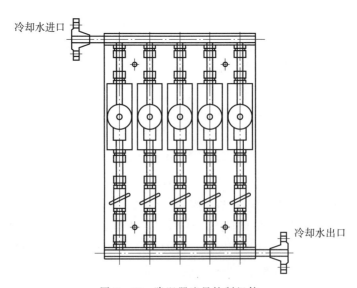

图 5-22　降温器流量控制组件

5.4.2　流量控制模型及计算

　　在冷却水流量控制组件选定之后，能否达到设计所需的冷却水流量，与冷却水供应管道的技术参数（冷却水贮箱压力、输水管道口径及长度等）具有较大的关系。与气体供应管道内流动达到临界状态时具有的流量线性叠加不同，在冷却水流量控制组件中两路或两路以上电磁阀打开时，合计的水流量一般并非单路水流量的简单线性叠加，因此，在一定冷却水贮箱压力和供应管道口径条件下，需要对每一路供水流量分别进行调试；在此基础上，针对 2 路或更多路电磁阀打开时不同组合的流量进行调试，以确定实际的冷却水流量。

　　在调试之前，需要对冷却水流量控制组件（图 5 - 22 所示的阀组）以及容器、输水管道等组件，利用伯努利方程和流量守恒方程，建立阀组和输水管道的流体力学模型，得到一个非线性方程组，如图 5 - 23 所示。

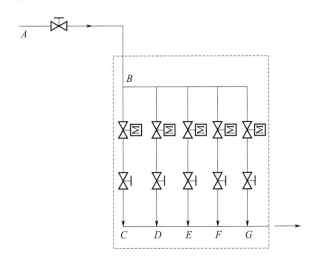

图 5 - 23　阀组和输水管道原理图

　　模型推导过程如下[19,20]：

　　在 A、B 点之间建立方程

$$gz_A + \frac{u_A^2}{2} + \frac{p_A}{\rho} = gz_B + \frac{u_B^2}{2} + \frac{p_B}{\rho} + \left(\lambda_{AB}\frac{l_{AB}}{d_{AB}} + \lambda_1\right)\frac{u_{AB}^2}{2} = E_B + \left(\lambda_{AB}\frac{l_{AB}}{d_{AB}} + \lambda_1\right)\frac{u_{AB}^2}{2}$$

$$(5 - 41)$$

　　式中　E_B —— B 点的机械能；

　　　　　λ_1 —— A、B 之间的局部损失系数[19]；

　　　　　λ_{AB} —— A、B 之间管道的流阻损失系数。

　　在 B、C 点之间建立方程

$$E_B = gz_C + \frac{u_C^2}{2} + \frac{p_C}{\rho} + \left(\lambda_{BC}\frac{l_{BC}}{d_{BC}} + \lambda_2\right)\frac{u_{BC}^2}{2}$$

$$(5 - 42)$$

　　式中　λ_2 —— B、C 之间的局部损失系数。

在 B、D，B、E，B、F 和 B、G 点之间具有与式（5-42）的形式完全相同的 4 个方程。

考虑到模型的边界条件和初始条件

$$z_A = z_B = z_C = z_D = z_E = z_F = z_G \qquad (5-43)$$

$$u_A = u_B = u_C = u_D = u_E = u_F = u_G \qquad (5-44)$$

得到方程如下

$$\frac{p_A - p_C}{\rho} = \left(\lambda_{BC} \frac{l_{BC}}{d_{BC}} + \lambda_2 \right) \frac{u_{BC}^2}{2} + \left(\lambda_{AB} \frac{l_{AB}}{d_{AB}} + \lambda_1 \right) \frac{u_{AB}^2}{2} \qquad (5-45)$$

在 A、D，A、E，A、F 和 A、G 点之间具有形式与式（5-45）完全相同的 4 个方程。

这样，模型中有待求的总流量和 5 个分支流量，共有 6 个未知数，而模型中的方程数为 5 个，此时需要补充流量守恒方程，这样，非线性模型封闭，在给定条件下，能够求解出所需要的流量。

通过迭代求解上述的非线性方程组，能够得到在 AB 段管道内径和长度确定时，整个阀组最大水流量以及单个针阀打开时最大水流量，从而在设备总体参数和布局确定的条件下，对 AB 段管道的内径进行选择和确认。

5.4.3　水流量计算和调试结果

针对某试验系统中水流量调节阀组电磁阀和针阀全部打开的条件，计算结果见表 5-6。

对表 5-6 所示的第一种工作状态进行了流量调试试验，流量调试测量结果为 1.453 0 kg/s，与计算结果吻合。由表 5-6 中的数据可知，将输水管道内径增加，同样压力条件下冷却水流量可大幅度增加，长距离输水管道的内径对冷却水流量具有较大影响。

另外，对于不同的发动机或同一发动机的不同工况，通过打开不同的阀门组合，能够改变冷却水流量，对高温燃气起到有效的降温作用，增强了装置的适应能力。

表 5-6　冷却水流量计算结果

序号	计算输入条件	计算结果/(kg/s)
1	贮箱压力:3.85 MPa;管道内径:20.0 mm 管道长度:30 000 mm	1.452 0
2	贮箱压力:3.00 MPa;管道内径:32.0 mm 管道长度:50 000 mm	2.133 5
3	贮箱压力:4.00 MPa;管道内径:32.0 mm 管道长度:50 000 mm	2.383 6
4	贮箱压力:5.00 MPa;管道内径:32.0 mm 管道长度:50 000 mm	2.595 5

5.4.4　试验数据验证结果

在某次发动机的高模试验中，发动机的推力为 5.0 kN，冷却水流量为 1.376 kg/s。试验过程中喷水静温装置出口混合气流的温度如图 5-24 所示，在 318.3 s 时刻，温度为 518.7 ℃（见图 5-24 中的圆圈），能够证明喷水降温装置对高温气流的冷却效果良好。

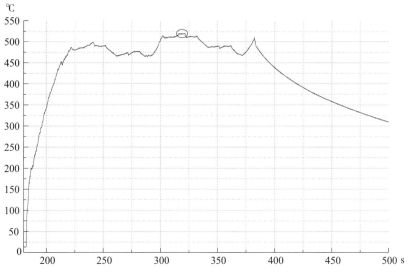

图 5-24　喷水降温装置出口气流温度

参 考 文 献

[1] 罗维民. 国外液体火箭发动机试验设施述评 [J]. 火箭推进，2015，41 (1)：1 - 9.

[2] 刘明春. 航空发动机高空模拟试车台排气冷却系统研究 [D]. 长沙：湖南大学，2011.

[3] KLAUS SCHÄFER, HERBERT ZIMMERMANN. Simulation of Flight Conditions During Lift off for Rocket Engine [R].

[4] 庄杰. 液体火箭发动机高空试验台研制 [D]. 上海：上海交通大学，2009.

[5] ZIMMERMANN H. Development and Operational Conditions of VINCI Altitude Simulation Test Bench P4. 1 [R]. AIAA 2006 - 4902，2006.

[6] 王永浩，曲继和，张秀玲. 主动引射高模试车台水喷雾冷却器等效热力系统模型的研究 [J]. 火箭推进，2006，32 (5)：56 - 59.

[7] 闫熙. 液体冲压发动机直连试车台方案设计及参数分析 [D]. 长沙：国防科技大学，2013.

[8] DESMOND E WINTERBONE. Advanced Thermodynamics for Engineers [M]. First published in Great Britain 1997 by Arnold.

[9] 郎继兴. 气体工质热力性质及变比热热力过程计算 [R]. 全国燃气轮机第二届学术年会，1983.

[10] 中国石油化工集团上海工程有限公司. 化工设计手册 [M]. 北京：化学工业出版社，2009.

[11] 于守志，何勇攀. 吸气式发动机气体热力学 [M]. 北京：中国宇航出版社，2015.

[12] 周艳，苗展丽，李晶，等. 工程热力学 [M]. 北京：化学工业出版社，2014.

[13] THE INTERNATIONAL ASSOCIATION FOR THE PROPERTIES OF WATER AND STEAM. Release on the IAPWS industrial formulation 1997 for the thermodynamic properties of water and steam [R]. Erlangen, Germany, September 1997.

[14] Analytical Model of an Exhaust Gas Cooling System Employing Liquid Injection [R]. AD 724687，1971.

[15] 钱颂文. 换热器设计手册 [M]. 北京：化学工业出版社，2002.

[16] 叶长燊. 基于 MATLAB 的肋片传热特性分析与优化设计 [J]. 化工设计，2005，15 (6)：14 - 18.

[17] 栾春远. 压力容器 ANSYS 分析与强度计算 [M]. 北京：中国水利水电出版社，2013.

[18] 全国锅炉压力容器标准化技术委员会. 压力容器：GB 150—2011 [S]. 北京：中国标准出版社，2012.

[19] 华绍增，杨学宁，等. 实用流体阻力手册 [M]. 北京：国防工业出版社，1985.

[20] 黄华江. 实用化工计算机模拟：MATLAB 在化学工程中的应用 [M]. 北京：化学工业出版社，2008.

第6章 燃气抽吸系统设计

在发动机高空模拟试验系统设计过程中,燃气抽吸系统主要包括两种工作模式:如果在发动机点火时刻发动机喷管出口环境真空度要求较高或试验时间较短的情况下,可采用机械泵组抽吸的方式达到试验要求的真空度;在发动机高空模拟试验时间要求较长的条件下,则采用超声速扩压器、超声速扩压器和气体喷射泵组合的方式达到试验所要求的真空度。

在发动机高空模拟试验过程中,气体喷射器能够将降温器/冷凝器出口后的气流压力保持在特定的压力范围内,使降温器/冷凝器后的气流能够顺利升压并排入大气,使扩压器能够顺利起动,从而确保试验舱内保持发动机试验所需要的真空环境条件。气体喷射器的作用是在湍流条件下依靠气流表面大量的旋涡与被抽气体相互掺混而卷带气体,在此过程中,被抽气体分子在射流方向获得了动力气流分子给予的冲量,在喷射器内部产生一系列激波,气流速度降低,而气流压力逐渐升高。喷射器工作原理[1-2]如图 6-1 所示。

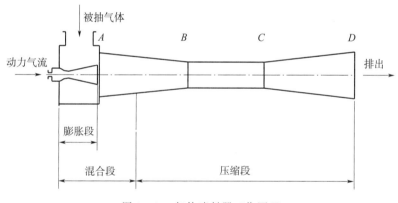

图 6-1 气体喷射器工作原理

喷射器的工作过程分为三个阶段:

1)等熵膨胀阶段。动力气体通过喷嘴绝热膨胀,加速成具有一定马赫数的高速气体。

2)混合阶段。高速动力气流与被抽气体在混合室进行能量交换,动力气流携带被抽气体进入扩压器,并达到同一速度。

3)压缩阶段。高速混合气流经过一系列激波逐步升压,并降速至亚声速,在喷射器出口达到低亚声速,气流排入大气或进入后继设备。

根据动力气体不同,喷射器分为空气喷射器和蒸气喷射器。多级蒸气喷射器的级数可根据吸入工作压力进行选择,级数与工作压力的关系见表 6-1。而空气喷射器的级数设置一般不超过二级。

喷射器的工作特点是:工作范围宽,抽气量大,对被抽介质无严格要求,工作安全可靠，运行费用低廉，操作维修方便。根据喷射器内部结构的不同，通常可将喷射器分为三种类型：环形喷射器、单喷管中心喷射器和多喷管中心喷射器。其中，多喷管中心喷射器是指在喷射器主气流通道内沿周向均布多个喷管，主要特点是将尺寸较大的喷管分成当量面积相等的多个尺寸较小的喷管，增加了引射气流和被引射气流的接触面，加强了两股气流的掺混过程，改善扩散管的入口流速分布，并大幅度缩短所需的混合室长度，从而提高引射效率及降低噪声。通过分析国内外的研究成果和实际使用经验，多喷管中心喷射器相对环形喷射器抽吸效率高 20%～30%，其结构形式适宜大尺度设备的设计。

表 6 - 1　蒸气喷射器的级数选择

级数	吸入压力/kPa	说明
一级	12.0～133	出口设置冷凝器
二级	2.7～13.3	级间和出口设置冷凝器
三级	0.67～4.0	级间和出口设置冷凝器
四级	0.11～0.80	一、二级直接串联，其他级间和出口设置冷凝器
五级	0.009～0.13	一、二、三级直接串联，其他级间和出口设置冷凝器
六级	0.6×10^{-3}～0.013	一、二、三、四级直接串联，其他级间和出口设置冷凝器

对喷射器进行结构布局时，采取多管并联的模块化技术方案，以拓宽喷射器的工作范围。根据不同的发动机或同一发动机不同的试验状态，任意开启和关闭相应的模块，能够相应地提高或降低引射能力，使整个系统协调工作，节省动力气流。同时，多管多级的并联布局方案能够适应试验场地的布置要求。关于气体喷射器设计，文献[3-5]分别提出了不同的方法，文献[6-10]对气体喷射器内部的流场、多喷嘴流场及水蒸气凝结的情况进行了计算流体力学数值仿真。

发动机试验真空获取系统设计中，涉及大量的真空管道设计，6.1～6.3 节将对真空管道设计及密封、真空系统设计的内容、流程和原则进行说明；6.4～6.8 节将对试验排气系统气体喷射器设计、蒸气喷射泵和蒸气冷凝器设计，以及喷射泵结构尺寸计算进行介绍。

6.1　真空管道设计

6.1.1　流态判别

真空条件下，气体在管道中的流动状态分为 4 种：湍流、黏滞流、黏滞-分子流和分子流[3]。

（1）湍流和黏滞流的判别

可采用雷诺数对湍流和黏滞流进行判别，雷诺数按照下式计算

$$Re=\frac{4q_m}{\pi d\mu} \tag{6-1}$$

式中　q_m ——气体质量流量；

d —— 真空管道当量直径 （mm）；

μ —— 气体动力黏度。

当 $Re > 2\,200$ 时，流动状态为湍流；当 $Re < 1\,200$ 时，流动状态为黏滞流；当 $1\,200 < Re < 2\,200$ 时，流动状态为湍流或黏滞流。后者为过渡状态，可视为湍流。将相关常数代入上式，则

$$q_m \geqslant 1.732\,0\mu d \quad 湍流 \tag{6-2a}$$

$$q_m \leqslant 0.943\,0\mu d \quad 黏滞流 \tag{6-2b}$$

（2）黏滞流、黏滞-分子流和分子流的判别

根据管道中气体的平均压力和管道直径的乘积来判别

$$\overline{p}d > 0.67\ \text{Pa}\cdot\text{m} \quad 黏滞流 \tag{6-3a}$$

$$\overline{p}d < 0.02\ \text{Pa}\cdot\text{m} \quad 分子流 \tag{6-3b}$$

$$0.02\ \text{Pa}\cdot\text{m} < \overline{p}d < 0.67\ \text{Pa}\cdot\text{m} \quad 黏滞-分子流 \tag{6-3c}$$

按照以上判别准则，在发动机高空模拟试验中，真空管道中气体的流动状态主要为黏滞流和湍流。

6.1.2　分子流时质量流量计算

分子流一般出现在高真空管道中，此时气体分子的平均自由程 $\lambda > d$ （管道直径），分子之间碰撞次数很少，主要与管壁发生碰撞，每次碰撞之后，分子向前或向后运动。

$L > 20d$ 的长管道流导为

$$U_f = \frac{1}{6}\sqrt{2\pi RT}\,\frac{d^3}{L} \tag{6-4}$$

式中　U_f —— 分子流时通过圆截面管道的流导；

R —— 气体常数；

T —— 气体温度；

d —— 管道直径；

L —— 管道长度。

由式 （6-4） 得到通过管道的气体质量流量计算公式为

$$q_m = \frac{1}{6}\sqrt{\frac{2\pi}{RT}}\,\frac{d^3}{L} \tag{6-5}$$

6.1.3　黏滞流时质量流量计算

黏滞流出现在低真空管道中气体压力较高、流速较小的情况下，其惯性力很小，气体的内摩擦力起主要作用：贴近管壁的气体受管壁的摩擦作用，其速度可认为是零，管道中心处的流速最大。流动稳定时，速度分布剖面与位置无关。

（1）通过 $L > 20d$ 长管道流量计算公式

对于两端压强分别为 p_1、p_2 （$p_1 > p_2$）的均匀圆形截面长管道 （$L > 20d$），其流量计算公式[3,11-13]为

$$Q_n = \frac{\pi d^4}{128\mu L} \frac{p_1 + p_2}{2}(p_1 - p_2) \tag{6-6}$$

式中　p_1、p_2——管道上下游气体压力。

由上式得到通过管道的气体质量流量计算公式为

$$q_m = \frac{\pi d^4}{256\mu L} \frac{1}{RT}(p_1 + p_2) \tag{6-7}$$

式中　Q_n——黏滞流时通过管道的流量（Pa·m³/s）；

　　　L——管道长度；

　　　R——气体常数；

　　　T——气体温度。

（2）通过 $L < 20d$ 短管道流量计算公式

对于 $L < 20d$ 的圆截面短管道，计算流导时应考虑入口的影响

$$U_n = \frac{\pi d^4}{128\mu(L + 0.029Q_n)}\overline{p} \tag{6-8}$$

由此得到质量流量计算公式为

$$q_m = \frac{-L(p_1 - p_2) + \sqrt{L^2(p_1 - p_2)^2 + \dfrac{0.058\pi d^4(p_1^2 - p_2^2)}{128\mu}}}{0.058RT} \tag{6-9}$$

其中

$$\overline{p} = \frac{p_1 + p_2}{2}$$

式中　U_n——黏滞流时短管流导；

　　　Q_n——通过短管的气流流量；

　　　$\overline{p}$——管道中平均压力。

（3）通过孔板流量计算公式

通过面积为 A_0 孔板时的流导为

$$U_n = \sqrt{\frac{2\,kRT_1}{k-1}} r^{\frac{1}{k}} \sqrt{1 - r^{\frac{k-1}{k}}} \frac{1}{1-r}A_0 \tag{6-10}$$

由此得到相应的质量流量计算公式为

$$q_m = \sqrt{\frac{2\,k}{(k-1)RT_1}} r^{\frac{1}{k}} \sqrt{1 - r^{\frac{k-1}{k}}} \frac{1}{1-r}A_0 \tag{6-11}$$

其中

$$r = \left(\frac{2}{k+1}\right)^{\frac{k}{k-1}}$$

式中　T_1——孔板上游气体温度。

6.1.4　湍流时管道流阻计算

对于湍流流动，气体流动的流阻主要来源于管道摩擦流阻和局部节流（孔板等）产生

的流阻，相关的计算理论很成熟，本部分对真空管道设计中常用的公式进行说明。

（1）孔板尺寸及压力损失计算

计算气体孔板尺寸采用文献［14］中的公式，对于可压缩流体，流出系数为

$$C = 0.595\ 9 + 0.031\ 2\beta^{2.1} - 0.184\ 0\beta^8 + 0.002\ 9\beta^{2.5}(10^6/Re_D)^{0.75} + \qquad (6-12)$$
$$0.090\ 0L_1\beta^4(1-\beta^4)^{-1} - 0.033\ 7L_2\beta^3$$

其中

$$\beta = \frac{d}{D}$$

式中　β ——直径比；

L_1 ——孔板上游端面到上游取压孔的距离除以管道直径的商；

L_2 ——孔板上游端面到下游取压孔的距离除以管道直径的商；

Re_D ——管道雷诺数。

可得膨胀系数为

$$\varepsilon_1 = 1 - (0.41 + 0.35\beta^4)\frac{\Delta p}{kp_1} \qquad (6-13)$$

孔板直径由下式计算

$$q_m = \frac{C}{\sqrt{1-\beta^4}}\varepsilon_1\frac{\pi}{4}d^2\sqrt{2\Delta p\rho_1} \qquad (6-14)$$

式中　ρ_1 ——流体密度。

孔板压力损失为

$$\Delta\omega = \frac{\sqrt{1-\beta^4} - C\beta^2}{\sqrt{1-\beta^4} + C\beta^2}\Delta p \qquad (6-15)$$

（2）其他部件流阻损失计算

①直管段压力损失计算

计算公式为[25]

$$\frac{\mathrm{d}p_1}{p_1} = -\frac{kMa_1^2[1 + (k-1)Ma_1^2]}{2(1-Ma_1^2)}4f\frac{\mathrm{d}x}{D} \qquad (6-16)$$

式中　f ——管道摩擦系数；

k ——比热比；

p_1 ——管道进口压力；

D ——管道内径；

Ma_3 ——气流马赫数，可根据气体流量、管径及气体性质等参数确定。

② 90°折角压力损失计算

计算公式[25]为

$$\frac{\mathrm{d}p_2}{p_2} = \frac{1}{2}\eta_1\ kMa_2^2 \qquad (6-17)$$

式中　η_1 ——折角阻力损失系数，与弯头半径、管道直径、弯头类型等诸多因素相关；

p_2——管道进口气流压力;

Ma_2——管道进口气流马赫数。

③流道突然缩小压力损失计算

计算公式为

$$\frac{\mathrm{d}p_3}{p_3} = \frac{1}{2}\eta_2\, kMa_3^2 \qquad\qquad (6-18)$$

其中

$$\eta_2 = \frac{1}{2}\left(1 - \frac{D_2^2}{D_1^2}\right)$$

式中　p_3——管道进口气流压力;

　　　D_1——流道收缩前管道直径;

　　　D_2——流道收缩后管道直径;

　　　Ma_3——管道进口气流马赫数。

④阀门局部压力损失计算

计算公式为

$$\frac{\mathrm{d}p_4}{p_4} = \frac{1}{2}\eta_3\, kMa_4^2 \qquad\qquad (6-19)$$

式中　η_3——局部阻力损失系数,具体数值根据不同阀门类型、阀门开度等而定;

　　　p_4——管道进口气流压力;

　　　Ma_4——管道进口气流马赫数。

⑤流道突然扩大压力损失计算

计算公式为

$$\frac{\mathrm{d}p_5}{p_5} = \frac{1}{2}\eta_4\, kMa_5^2 \qquad\qquad (6-20)$$

其中

$$\eta_4 = \left(\frac{D_2^2}{D_1^2} - 1\right)^2$$

式中　p_5——管道进口气流压力;

　　　Ma_5——管道进口气流马赫数。

6.1.5　真空管道强度计算

真空管道只承受外压时,可按稳定条件计算,其计算壁厚为[3]

$$S_0 = 1.25 D_B \left(\frac{p}{E_t}\cdot\frac{L}{D_B}\right)^{0.4} \qquad\qquad (6-21)$$

式中　S_0——管道计算壁厚;

　　　D_B——管道内径;

　　　L——管道计算长度;

p ——外压设计压力，对于真空管道 $p=0.1$ MPa；

E_t ——管道材料弹性模量。

管道实际壁厚在计算壁厚的基础上，应增加壁厚附加量（考虑钢板的最大负公差附加量、腐蚀裕度和加工减薄量）。式（6-21）应满足以下三个条件：

1）材料的泊松系数：$\mu=0.3$；

2）管道长径比：$1 \leqslant \dfrac{L}{D_B} \leqslant 8$；

3）$\left(\dfrac{p}{E_t} \cdot \dfrac{L}{D_B}\right)^{0.4} \leqslant 0.523$。

对于外压 0.1 MPa、工作温度 $\leqslant 150$ ℃，屈服极限 σ_s 为 $206 \sim 265$ MPa 的 Q235、Q235R、Q245R、06Cr13、12Cr13 等材料的管道，其设计壁厚可参考图 6-2 中的数据，x 轴为管道公称直径，y 轴为管道长度外径比，z 轴为真空管道壁厚。

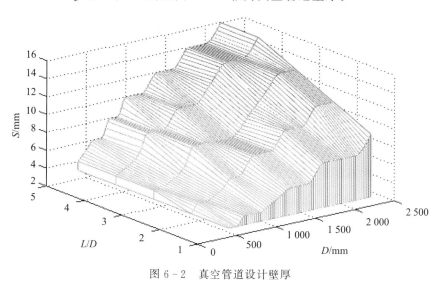

图 6-2 真空管道设计壁厚

6.2 真空管道密封

6.2.1 橡胶密封材料

密封材料应满足真空管道法兰之间的密封要求，由于被密封的介质、设备工作条件不同，要求密封材料具有不同的适应性。对橡胶密封材料的一般要求是[3,15]：

1）光滑表面，无划伤，无裂纹，具有低的出气率、挥发率和透气率；

2）有适当的机械强度和硬度；

3）压缩性和回弹性好，永久变形小；

4）良好的耐热性、耐油性、抗老化能力和耐压缩形变能力；

5）耐腐蚀性能好，在酸、碱等介质中能长期工作，体积和硬度变化小，且不宜附着在金属表面上；

6）摩擦系数小，耐磨性好，具有与密封面结合的柔软性；

7）易加工成形，并能保持精密的尺寸；可反复拆卸安装，加工容易，来源广泛，价格低廉。

常用的真空密封材料见表 6 - 2。

表 6 - 2　常用的真空密封材料

序号	密封材料	材料性能	工作温度范围/℃
1	聚氨酯橡胶	力学性能优良,但耐热性、耐化学药品性较差 硬度的容许范围广泛	−30～80
2	丁腈橡胶	耐磨性、耐油性优良,耐候性不佳,应避免在阳光直射的场所或产生臭氧的电气装置附近使用	−30～130
3	丁基橡胶	气密性特别好,耐热、耐阳光、耐臭氧性佳,绝缘性能好	−30～130
4	氯丁橡胶	耐阳光、耐候性能好,具有良好的耐油和耐溶剂性能	−55～120
5	乙丙橡胶	具有很好的耐候性、耐臭氧性、耐水性及耐化学性,耐油性、耐燃性较差	−55～150
6	氟橡胶	耐油、耐溶剂、耐燃料油及耐高低温性均佳,能抵抗含氧的化合物、含芳香烃的溶剂及含氯的溶剂的侵蚀	−30～240
7	硅橡胶	具有极佳的耐热、耐寒、耐臭氧、耐大气老化性能,机械强度较差	−100～350
8	天然橡胶	具有良好的综合力学性能,耐寒性强,较高的回弹性及耐磨性	−30～90

6.2.2　O 形橡胶圈

O 形橡胶密封圈简称 O 形圈，是一种截面形状为圆形的橡胶圈。O 形密封圈是真空管道中使用最广泛的一种密封件。O 形圈有良好的密封性能，既可用于静密封，也可用于动密封中；不仅可单独使用，而且能够与其他密封方式组合使用。可用于压力为 1.333×10^{-5} Pa 的真空密封[11,15-19]，温度范围为 −60～316 ℃，如果材料选择得当，可以满足各种介质和各种运动条件的要求。

（1）O 形圈设计

O 形圈是典型的挤压型密封圈。O 形圈截面直径的压缩率和拉伸量是密封设计的主要内容，对密封性能和使用寿命有重要意义。O 形圈的良好密封效果很大程度上取决于 O 形圈尺寸与沟槽尺寸的正确匹配，形成合理的密封圈压缩量与拉伸量。

①压缩率

压缩率 W 通常用下式表示

$$W = \frac{d_0 - h}{d_0} \times 100\% \qquad (6 - 22)$$

式中　d_0——O 形圈在自由状态下的截面直径；

　　h——O 形圈槽底与被密封表面的距离，即 O 形圈压缩后的截面高度。

在选取 O 形圈的压缩率时，应从如下两方面考虑：

1）要有足够的密封接触面积；

2）尽量避免永久变形。

在选择 O 形圈的压缩率时，范围在 15％～40％之间，与法兰相接触的部分应力一般取值 1.30 MPa。

②拉伸量

O 形圈在装入密封沟槽后，一般都有一定的拉伸量。应合理选择拉伸量，避免因拉伸量过大导致 O 形圈安装困难，同时避免因截面直径 d_0 变小引起压缩率降低，以致介质泄漏。

拉伸量 α 可用下式表示

$$\alpha = \frac{d + d_0}{d_1 + d_0} \times 100\% \qquad (6-23)$$

式中　d ——轴径；

　　　d_1——O 形圈内径。

拉伸量的取值范围为 1％～5％，一般选择为 3％。

（2）O 形圈材料选择原则

材料性能直接影响 O 形圈的使用性能。除应满足密封圈材料的一般要求外，O 形圈材料还应考虑以下性能：

1）适当的机械强度，包括扩张强度、伸长率和抗撕裂强度等；

2）性能稳定，在介质中不易溶胀，热收缩效应小；

3）易加工成形，并能保持精密的尺寸；

4）不腐蚀接触面，不污染介质等。

（3）O 形圈密封沟槽设计

O 形圈的压缩量与拉伸量是由密封沟槽的尺寸来保证的，O 形圈选定后，其压缩量、拉伸量及其工作状态由沟槽决定，所以，沟槽设计与选择对密封装置的密封性和使用寿命的影响很大，沟槽设计是 O 形圈密封设计的主要内容。

密封沟槽设计包括确定沟槽的形状、尺寸、精度和表面粗糙度等。沟槽设计原则是：加工容易，尺寸合理，精度容易保证，O 形圈装拆较为方便。

1）沟槽形状。矩形沟槽是液压气动用 O 形圈使用最多的沟槽形状，这种沟槽的优点是加工容易，便于保证 O 形圈具有必要的压缩量。除矩形沟槽外，还有 V 形、半圆形、燕尾形和三角形等形式的沟槽。

安装 O 形圈的各种沟槽形状和适用范围见表 6-3。

表 6-3　安装 O 形圈的各种沟槽形状和适用范围

序号	名称	应用
1	矩形沟槽	适于静密封和动密封,常用的沟槽形式
2	V 形沟槽	适于静密封或低压下动密封,摩擦阻力大,易挤进间隙,造成损伤
3	半圆形沟槽	可用于旋转密封
4	燕尾形沟槽	适用于低摩擦力密封的场合
5	三角形沟槽	仅用于法兰盘及螺栓颈部较窄处等小尺寸处

在真空管道法兰连接 O 形圈沟槽的设计中，一般选择矩形沟槽，以下部分说明矩形沟槽的设计。O 形圈沟槽尺寸示意图如图 6 - 3 所示。

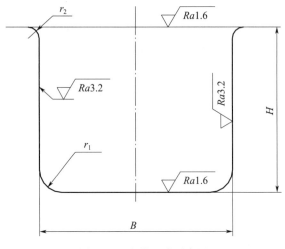

图 6 - 3　沟槽尺寸示意图

2）槽宽。密封沟槽的尺寸参数取决于 O 形圈的尺寸参数。沟槽尺寸可按体积计算，矩形沟槽宽度的设计原则是 O 形圈体积占沟槽体积的 70%。在许多场合下要求槽宽为 O 形圈截面直径的 1.5 倍。

3）槽深。沟槽的深度主要取决于 O 形圈所要求的压缩率，压缩量过小不能形成长期可靠的稳定密封，过大则会影响橡胶圈的寿命。O 形圈密封沟槽尺寸可根据国家标准和相关资料等进行选择，也可根据对密封圈压缩量与拉伸量的要求计算设计沟槽尺寸。

4）槽口及槽底圆角的设计。沟槽的外边口处的圆角是为了防止 O 形圈装配时刮伤而设计的。它一般采用较小的圆角半径，即 $r_2 = 0.1 \sim 0.3$ mm。沟槽槽底的圆角主要是为了避免该处产生应力集中设计的。圆角半径的取值为 $r_1 = 0.2 \sim 1.2$ mm。

5）槽壁粗糙度。密封沟槽的表面粗糙度直接影响 O 形圈的密封性和沟槽的工艺性。槽壁的表面粗糙度值通常选择为 $Ra = 1.6\ \mu m$。

6. 2. 3　空心金属 O 形圈

金属 O 形圈用在超出弹性体或塑料密封圈应用范围外的极端工况中，其应用的温度范围为 $-270 \sim 1\ 000\ ℃$，压力范围为 10^{-6} Pa ~ 410 MPa，金属 O 形圈直径为 5 mm $\sim$ 7.6 m，断面直径为 $0.8 \sim 16$ mm。金属 O 形圈具有良好的回弹性，很小的应力松弛，耐化学腐蚀和抗辐照性强，能够达到很低的泄漏率水平（$<10^{-8}$ Pa·m^3/s）。因此，金属 O 形圈用在传统弹性体和其他非金属密封件不能达到的密封要求和高密封可靠性场合。

空心金属 O 形密封圈是由薄壁无缝管弯成圆形两端对焊而成的。它在温度高于非金属密封件或垫片所能适应的温度时，作为静密封件特别有效。它制成三种不同的形式：

1）普通圈，适用于沟槽接头（全封闭）。

2）自赋能（或系统赋能）圈，带有孔或开口，使其内压力与该圈所密封的系统压力相等。

3）充压圈，它是充有 4.2 MPa 左右的惰性气体（通常为氮气）的普通圈。

空心金属 O 形圈的密封作用是通过把圈压缩到相当于 20%～25% 的断面压缩量的预定高度造成的。金属的回弹性对表面粗糙度或表面平行误差提供了某些补偿，而且对圈施行软质表面覆盖，可以提高其密封性。这种覆盖层还可用来提高耐化学腐蚀性。

空心金属 O 形圈材料选择见表 6-4，该表汇总了不同 O 形圈材质及覆盖层材料的最高工作温度。

表 6-4　金属 O 形密封圈的最高温度

O 形圈本体		覆盖层	
材料	最高温度/℃	材料	最高温度/℃
铜	400	钢	130
低碳钢	550	镉	200
铜镍合金	600	聚四氟乙烯	300
蒙乃尔合金	600	银	800
镍	700	金	850
304 不锈钢	870		

空心金属 O 形圈的闭口沟槽深度 G_0 按下式确定

$$G_0 = \eta d + \delta \qquad (6-24)$$

其中

$$\eta = \frac{a}{d}$$

式中　d —— O 形圈管子外径；

　　　η —— 压扁度，推荐值为 0.60～0.75；

　　　a —— O 形圈管子压扁后高度；

　　　δ —— 涂层厚度。

闭口沟槽的宽度可取 O 形圈管子外径的 1.5 倍。

闭口沟槽内径的选取可按相关文献进行计算，或者以 O 形圈位于沟槽横截面的中心为依据选取沟槽内径。

6.2.4　高温真空条件下管道密封

在发动机高空模拟试验系统试验舱后的高温真空管道中，燃气温度可能达到 2 500 K 或以上，管道内初始压力为 5～30 Pa，为保证管道法兰能够可靠密封，工程上采用金属密封 O 形圈和非金属密封 O 形圈相串联的二级组合密封形式[20-22]。

该密封形式的特点：金属密封 O 形圈处于法兰内侧，直接接触高温燃气，材质为不锈钢，要求与法兰材料相同，不存在因材料热膨胀系数不同而造成的局部变形漏气的问题，可承受 870 ℃ 以下反复加热；非金属 O 形圈处于外侧，材料为硅橡胶，在 170～

200 ℃ 温度条件下能够长期使用。这种串联密封的组合形式能够适用于高温条件，特别是对于真空管道安装后不需要拆装的场合，可长期重复使用。

建立串联密封系统的模型并进行求解，模型如图 6 - 4 所示。

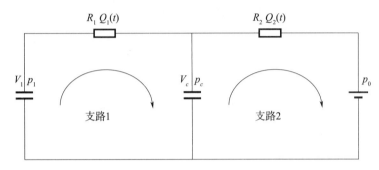

图 6 - 4　双密封结构简化气路模型

图 6 - 4 中，p_1、V_1 为管道内气体压力及管道容积，R_1、$Q_1(t)$ 为金属 O 形圈的流阻和漏率，p_c、V_c 为 2 道密封圈之间寄生容积内气体压力及寄生容积，R_2、$Q_2(t)$ 为硅橡胶 O 形圈的流阻和漏率，p_0 为大气压力。

计算中需要的方程

$$p_c(t) = [p_{c0} - p_c(\infty)] \, \mathrm{e}^{-\frac{t}{T}} + p_c(\infty) \tag{6 - 25}$$

$$Q_1(t) = \{p_{10} - p_c(\infty) - [p_{c0} - p_c(\infty)] \, \mathrm{e}^{-\frac{t}{T}}\} / R_1 \tag{6 - 26}$$

$$Q_2(t) = \mu \{[p_{c0} - p_c(\infty)] \, \mathrm{e}^{\frac{t}{T}} + p_c(\infty) - p_0\} / R_2 \tag{6 - 27}$$

$$Q_c(t) = Q_1(t) - Q_2(t) \tag{6 - 28}$$

其中

$$\mu = \left(\frac{M_0}{M_1}\right)^{0.5}$$

式中　p_{c0}、$p_c(\infty)$ ——寄生容积内气体初始压力及平衡压力；

　　　　p_{10} ——真空管道内气体初始压力；

　　　　t、T ——时间和时间常数；

　　　　M_0 ——空气分子量；

　　　　M_1 ——管道内气体分子量。

系统由初始状态向平衡状态过渡，在平衡状态达到 $Q_1(t) = Q_2(t)$，$p_{c0} = p_c(\infty)$。

真空系统的初始参数为：

1）漏孔尺寸为 $d = 8 \ \mu\mathrm{m}$；

2）$p_{10} = 30 \ \mathrm{Pa}$，$p_0 = 96.000 \ \mathrm{kPa}$；

3）$p_{c0} = 30 \ \mathrm{Pa}$，$p_c(\infty) = 48.015 \ \mathrm{kPa}$；

4）通过金属 O 形圈上的漏孔的流动状态为黏滞-分子流，流阻为 $R_1 = 1.787 \ 6 \times 10^{10} \ \mathrm{s/m^3}$；

5）通过非金属 O 形圈上的漏孔的流动状态为黏滞-分子流，流阻为 $R_2 = 2.251 \ 6 \times$

10^{10} s/m^3；

串联系统的气阻为

$$R = \frac{R_1 R_2}{R_1 + R_2} = 9.964\ 7 \times 10^9\ \text{s/m}^3 \tag{6-29}$$

时间参数为

$$T = RV_c = 8\ 226.6\ \text{s} \tag{6-30}$$

寄生容积内气体压力以及密封件、寄生容积内漏率如图 6-5 所示。

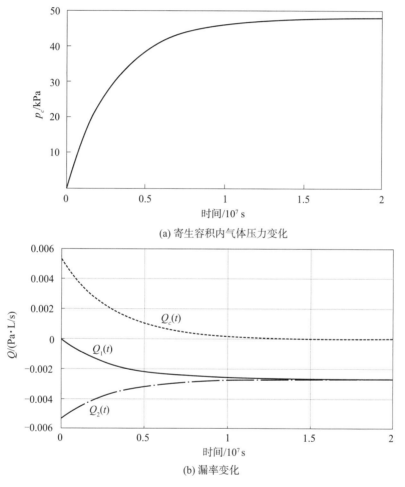

(a) 寄生容积内气体压力变化

(b) 漏率变化

图 6-5　串联密封计算结果

图 6-5 中 $Q_1(t)$、$Q_2(t)$ 为负值，表明气体泄漏的方向为外界大气经过串联密封进入真空管道内部。由上图可知真空系统平衡时间为 4 166.7 h，而通常情况下发动机高空模拟试验时间不超过 1 h，因此在高温真空条件下，采用串联密封技术，能够有效延长系统的平衡时间，在试验过程中减少气体泄漏。在串联密封的设计中，应注意到两种不同材料和规格的密封圈之间变形协调问题。

根据文献 [15]，对两道密封圈之间的寄生容积进行抽真空处理，能够使管道内达到更高的真空度要求。

应用金属和非金属密封件串联密封的技术方案能够解决大直径管道高温真空管道的密封问题，为类似密封问题的解决提供了有益的参考和思路。

6.3　真空系统设计计算

6.3.1　真空系统设计内容

真空系统主要由以下几个部分组成：

1）机械泵组；

2）真空管道；

3）真空阀门；

4）真空测量装置：真空测量规管、真空压力传感器等；

5）其他设备：真空容器等。

真空系统设计的主要内容[11]：首先根据要求的真空度和真空容腔的体积确定真空系统的整体方案，选择配置机械泵组；其次根据气流压力、流量等参数确定真空管道的内径及走向，配置真空阀门、真空测量装置等附件，最后绘制真空系统的装配图。

真空系统设计计算内容包括[3,11-13]：

（1）气体负荷的计算

1）真空室内总气体负荷的计算；

2）漏气流量的计算；

3）渗透气体流量的计算；

4）工艺工程中真空室内产生的气体流量的计算。

（2）抽气时间和压强的计算

1）低真空抽气时间的计算；

2）高真空抽气时间的计算；

3）真空室的极限压强的计算；

4）真空室的工作压强的计算；

5）抽气过程中真空室的压强的计算。

（3）真空泵的选择与匹配计算

1）主泵的选择与计算；

2）前级真空泵（预抽泵）的选择与计算。

（4）真空系统的结构设计

（5）真空系统的安装调试与操作维护

6.3.2　真空系统设计流程

试验真空系统组成：球形真空室容积为 10 000 m³，内表面积为 2 244.6 m²；真空管道直径为 1 200 mm，长度为 50 000 mm。真空室材料为不锈钢，1 h 后的出气率为 2.3×10^{-5} Pa·L/(s·cm²)，2 h 后的出气率为 1.5×10^{-5} Pa·L/(s·cm²)。其他参数为：

  1）真空室工作压力：0.5 Pa；

  2）系统的漏气量：$1.411\ 1 \times 10^{3}$ Pa·L/s；

  3）被抽气体为 20 ℃ 空气。

  （1）真空室压力保持 0.5 Pa 的机组配置

  ①确定真空室压力保持为 0.5 Pa 条件下，所需要的真空系统有效抽速

  由下式计算真空系统有效抽速

$$S = \frac{Q}{p} \tag{6-31}$$

其中

$$Q = Q_1 + Q_2 + Q_3$$

  1）工艺过程放出的气体量：$Q_1 = 0$；

  2）系统的漏气量 $Q_2 = 1.411\ 1 \times 10^{3}$ Pa·L/s；

  3）真空室表面出气量：$Q_3 = 2.3 \times 10^{-5} \times 2\ 244.60 \times 10^{4}$ Pa·L/s $= 516.258$ Pa·L/s。

  由式（6-31）计算得到：$S = 3\ 854.744\ 1$ L/s。

  将计算值增大 20%，实际要求的有效抽速 $S = 4\ 625.693\ 0$ L/s。

  ②根据要求的真空室压力和使用要求，选择油扩散喷射泵作为主泵

  在扩散泵和真空室之间安装 ZLJ-800 冷阱山型挡板，并配置 GDQ-J800 气动挡板阀。根据计算，泵的有效抽速要求为 $4\ 625.693\ 0$ L/s，考虑到阀门、挡板后的抽速损失，选择抽速为 13 000 L/s 的 Z-800 油扩散喷射真空泵作为主泵。Z-800 油扩散喷射泵进口管道直径为 800 mm，排气口直径为 200 mm。选择旋片泵（型号：2X-70A）作为前级泵与油扩散泵组成真空机组，如图 6-6 所示。

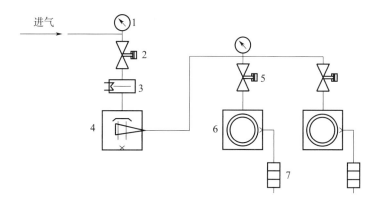

图 6-6 真空机组原理图

1—压力表；2—GDQ-J800 气动挡板阀；3—挡板；4—Z-800 油扩散喷射泵；

5—GDQ-J200 气动挡板阀；6—2X-70A 型旋片泵；7—消声器

  ③计算真空室和 Z-800 油扩散泵之间的流导，验证主泵选择的合理性

总流导由真空管道流导、挡板流导和 GDQ - J800 气动挡板阀流导串联得到。

确定气体在真空管道中的流动状态：真空室压力 0.5 Pa，管道平均压力 $\overline{p}=0.25$ Pa，0.02 Pa·m $< \overline{p}d = 0.25 \times 1.20$ Pa·m $= 0.30$ Pa·m < 0.670 Pa·m，根据式（6-3）可以判断：气体在真空管道中的流动状态为黏滞-分子流，可按黏滞流进行计算。

1）管道流导

$$U_1 = 1.34 \times 10^3 \frac{d^4}{L}\overline{p} = 1.389\ 3 \times 10^4\ \text{L/s}$$

2）阀门流导

$$U_2 = 2.900\ 0 \times 10^4\ \text{L/s}$$

3）挡板流导

$$U_3 = 3.16 \times \frac{\pi}{4}d^2 = 3.573\ 87 \times 10^4\ \text{L/s}$$

4）总流导

$$U = \frac{1}{\dfrac{1}{U_1} + \dfrac{1}{U_2} + \dfrac{1}{U_3}} = 7.438\ 2 \times 10^3\ \text{L/s} \tag{6-32}$$

5）计算扩散泵的抽速

$$S_p = \frac{SU}{U-S} = 12\ 233.58\ \text{L/s} \tag{6-33}$$

由以上计算可见，选择 Z - 800 油扩散喷射泵是合适的。

④计算 Z - 800 油扩散喷射泵与前级泵之间的流导，选择前级泵

Z - 800 油扩散喷射泵排气口直径为 200 mm，前级管道直径取值为 200 mm，并配置 GDQ - J200 气动挡板阀。Z - 800 油扩散喷射泵的极限排气量为 $Q_m = 7 \times 10^{-2} \times 13\ 000$ Pa·L/s $= 910$ Pa·L/s，其临界前级压力 $p_n = 133$ Pa。要求前级泵的有效抽速为

$$S_q = \frac{Q_m}{p_n} = 6.842\ 1\ \text{L/s} \tag{6-34}$$

确定气体在真空管道中的流动状态：管道平均压力 $\overline{p} = 66.5$ Pa，$\overline{p}d = 66.5 \times 0.20$ Pa·m $= 13.30$ Pa·m > 0.670 Pa·m，根据式（6-3）可以判断：气体在真空管道中的流动状态为黏滞流。

1）管道流导

$$U_4 = 1.34 \times 10^3 \frac{d^4}{L}\overline{p} = 2.851\ 52 \times 10^4\ \text{L/s}$$

2）阀门流导

$$U_5 = 1\ 400\ \text{L/s}$$

3）总流导

$$U = \frac{1}{\dfrac{1}{U_4} + \dfrac{1}{U_5}} = 1\ 334.5\ \text{L/s} \tag{6-35}$$

4）计算前级泵的抽速

$$S_p = \frac{S_q U}{U - S_q} = 6.842\ 1\ \text{L/s} \tag{6-36}$$

将 S_p 增大 1.5～3 倍后选择前级泵，并考虑缩短初抽时间等因素，选择 2 台 2X-70 机械泵。

（2）真空室压力由大气压抽至 100 Pa 的机组配置

由于真空室容积巨大，对真空室压力由大气压抽至 100 Pa 的机组需要单独配置，才能够满足试验准备时间的要求。

根据第一部分的计算流程，选择两级泵配置：主泵为罗茨泵 ZJ-2500，4 台，极限压力为 0.05 Pa，最大允许压差为 3 kPa。泵前配置 GCQ-320 气动挡板阀，流导为 21 000 L/s。前级泵选择螺杆泵 SP-650，4 台。

真空机组采用分组设计方案：

1）ZJ-2500 型罗茨泵 4 台＋SP-650 型螺杆泵 4 台的二级机械泵组 4 组并联；

2）Z-800 型油扩散喷射泵 2 台＋2X-70A 型旋片泵 4 台的二级机械泵组 2 组并联。

①计算抽气时间

利用 4 台 SP-650 型螺杆泵将真空室压力由大气压 96 kPa 抽到 3 kPa，时间为

$$t_1 = 2.3 K_{q1} \frac{V}{S_{p1}} \lg \frac{p_{i1}}{p_1} = 2.3 \times 1.0 \times \frac{10\ 056.5 \times 10^3}{4 \times 650} \times \lg \frac{9.6 \times 10^4}{10^4}\ \text{s} = 145.641\ 0\ \text{min}$$

$$t_2 = 2.3 K_{q2} \frac{V}{S_{p1}} \lg \frac{p_1}{p_2} = 2.3 \times 1.25 \times \frac{10\ 056.5 \times 10^3}{4 \times 650} \times \lg \frac{10^4}{3\ 000}\ \text{s} = 96.908\ 8\ \text{min}$$

利用 4 台 ZJ-2500 型罗茨泵＋4 台 SP-650 型螺杆泵将真空室压力由 3 kPa 抽到 100 Pa，时间为

$$t_3 = 2.3 K_{q2} \frac{V}{S_{p2}} \lg \frac{p_2}{p_3} = 2.3 \times 1.25 \times \frac{10\ 056.5 \times 10^3}{4 \times 2\ 500} \times \lg \frac{3\ 000}{1\ 000}\ \text{s} = 22.991\ 4\ \text{min}$$

$$t_4 = 2.3 K_{q3} \frac{V}{S_{p2}} \lg \frac{p_3}{p_4} = 2.3 \times 1.5 \times \frac{10\ 056.5 \times 10^3}{4 \times 2\ 500} \times \lg \frac{1\ 000}{100}\ \text{s} = 57.825\ 2\ \text{min}$$

利用 2 台 Z-800 型油扩散喷射泵＋4 台 2X-70 型机械泵将真空室压力由 100 Pa 抽到 0.5 Pa，时间为

$$t_5 = 2.3 K_{q4} \frac{V}{S_{p3}} \lg \frac{p_4}{p_5} = 2.3 \times 4.0 \times \frac{10\ 056.5 \times 10^3}{2 \times 13\ 000} \times \lg \frac{100}{0.5}\ \text{s} = 136.469\ 1\ \text{min}$$

因此，将真空室压力由 96 kPa 抽到 0.5 Pa，时间为 459.835 4 min。

②计算抽气过程中真空室压力变化。

本部分计算三个过程的压力变化：

1）利用 4 台 SP-650 型螺杆泵将真空室压力由大气压 96 kPa 抽到 3 kPa 的过程中，压力变化为

$$p_1 = p_{a1} 10^{-\frac{t_1}{2.3 K_{q1} \frac{V}{S_{p1}}}} \ (p_{a1} = 96\ \text{kPa})\ t_1 \in [0, 145.641\ 0]$$

$$p_2 = p_{a2} 10^{-\frac{t_2}{2.3 K_{q2} \frac{V}{S_{p1}}}} \ (p_{a2} = 10\ \text{kPa})\ t_2 \in [145.641\ 0, 242.549\ 8]$$

曲线如图 6 - 7 所示。

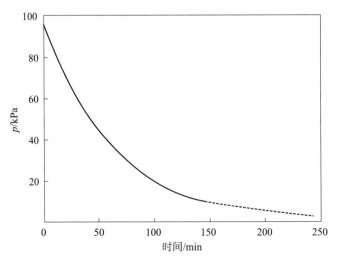

图 6 - 7　由大气压 96 kPa 至 3 kPa 曲线

2）利用 4 台 ZJ - 2500 型罗茨泵＋4 台 SP - 650 型螺杆泵将真空室压力由 3 kPa 抽到 100 Pa 的过程中，压力变化为

$$p_3 = p_{a3} \, 10^{-\frac{t_3}{2.3 K_{q2} \frac{V}{S_{p2}}}} \quad (\, p_{a3} = 3 \text{ kPa}) \, t_3 \in [242.549\,8, \, 265.541\,2]$$

$$p_4 = p_{a_4} \, 10^{-\frac{t_4}{2.3 K_{q3} \frac{V}{S_{p2}}}} \quad (\, p_{a4} = 1 \text{ kPa}) \, t_4 \in [265.541\,2, \, 323.366\,4]$$

曲线如图 6 - 8 所示。

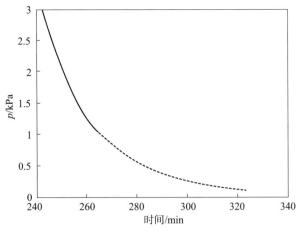

图 6 - 8　由 3 kPa 至 100 Pa 曲线

3）利用 2 台 Z - 800 型油扩散喷射泵＋4 台 2X - 70 型机械泵将真空室压力由 100 Pa 抽到 0.5 Pa 的过程中，压力变化为

$$p_5 = p_{a5} \, 10^{-\frac{t_5}{2.3 K_{q4} \frac{V}{S_{p3}}}} \quad (\, p_{a5} = 0.1 \text{ kPa}) \, t_5 \in [323.366\,4, \, 459.835\,5]$$

曲线如图 6 - 9 所示。

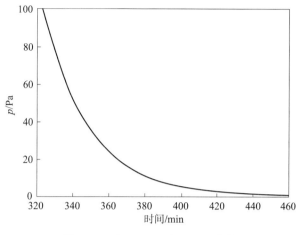

图 6-9 由 100 Pa 至 0.5 Pa 曲线

以上为真空系统设计计算，工程中需要将机组容量适当放大，以满足后继试验的要求。

6.3.3 真空系统设计原则

真空系统设计中选用真空泵时，需要遵循下列原则：

1）通常选择真空泵的极限真空度高于真空设备真空度 1～2 个数量级；

2）将真空泵的工作点设置在其稳定的工作压强范围内；

3）正确地组合使用真空泵，上文中油扩散喷射真空泵出口压强低于大气压，需要前级泵，需要将两种泵组合起来使用；

4）了解被抽气体成分，气体中含不含可凝蒸气，有无颗粒灰尘，有无腐蚀性等，针对被抽气体的限制选择相应的泵，并考虑在泵的进气管路上安装辅助设备；

5）对真空泵排出的油蒸气进行处理，以保护环境；

6）对于真空系统组成元件，应尽量做到抽气管路短、流导大，导管直径一般不小于泵口直径，这是系统设计的一条重要原则，同时要考感到安装和检修方便，有时为了防振和减少噪声，可将机械泵设置在靠近真空室的泵房内；

7）由于机械泵（包括罗茨泵）运行时存在机械振动，为了防止振动波及整个系统，可采用金属软管进行减振，并保证在大气压力作用下不发生失稳；

8）真空系统建成后，应便于测量和检修，真空系统在工作过程中容易出现漏气而影响生产，为了进行分段检漏，每一个用阀门封闭的区间，应设置一个测量点，以便测量和检漏；

9）真空系统中配置的阀门和管道，应使系统抽气时间短，使用方便，安全可靠；

10）真空系统的设计应保证排气稳定可靠，安装、拆卸、维修容易，各元件间的连接有互换性，为了达到工作中排气稳定的目的，要求主系统性能稳定，各阀门开关灵活，密封可靠，系统中各元件的接头密封可靠；

11）真空系统设计中要尽可能采用新技术，做到自动控制和联锁保护；

12）真空系统设计中要求尽量节省能源，降低成本。

6.4　气体喷射泵的一维流设计方法

在发动机高空模拟试验排气系统设计中，气体喷射泵系核心部件之一。本节采用一维流方法对喷射器内动力气体和被抽气体的混合过程及激波前后气流参数变化进行分析说明，由此计算气体喷射泵引射系数及相关参数。

气体喷射泵工作原理图如图 6-1 所示，喷射泵理论计算方法的主要假设[3,23-26]为：

1）忽略流体流动的径向不均匀性，喷射泵内部流动为准一维连续介质流动；

2）流动为理想气体绝热可逆流动；

3）在工作状态下，喷射泵扩张段（CD 段）存在正激波；

4）动力气流与被引射气流的混合过程在射流初始段完成，在喷嘴出口截面附近动力气流压力与被抽吸气体压力可以不同，混合流体压力与被抽吸气体压力相同。

喷射泵一维流理论计算方法的流程如下：

（1）利用动量守恒方程，计算喷射泵进口截面混合流速度系数 λ'_{c2}

在喷嘴出口截面 A_1 处，动力气流与被引射气流及混合流的动量方程为

$$p_{p1}A_1 + \dot{m}_p W_p + p_k(A_2 - A_1) + \dot{m}_k W_k = p_{c2}A_2 + (\dot{m}_p + \dot{m}_k)W_{c2} \qquad (6-37)$$

式中　p_{p1}、p_k、p_{c2} ——动力气流、被引射流体和混合流体在 A_2 截面处的静压；

　　　　W ——气流速度；

　　　　$\dot{m}$ ——气流质量流量；

　　　　A ——气流流动截面面积；

下标 k ——被引射流体参数；

下标 p ——动力气流参数；

下标 1——喷嘴出口截面；

下标 2——与喷嘴出口截面重合的喷射泵进口截面。

根据假设在 A_2 截面处，混合流体压力与被抽吸气体压力相同，动力气流压力与被抽吸气体压力不同

$$p_{c2} = p_k, \quad p_k = np_{p1} \qquad (6-38)$$

式中　n ——喷嘴的非设计度，当动力气流静压高于被抽吸气体静压（ $p_{p1} > p_k$ ）时，即 $n < 1$，喷嘴处于欠膨胀状态；当 $p_{p1} < p_k$，$n > 1$ 时，喷嘴处于过膨胀状态；当喷嘴在设计状态下工作（ $p_{p1} = p_k$，$n = 1$ ）时，具有最少的能量损失。

利用气体流量公式

$$\dot{m} = \frac{Kp^* Aq(\lambda)}{\sqrt{T^*}} = \frac{k\pi^* p^* Aq(\lambda)}{a^*}$$

可得

$$\dot{m}_p = k_p \pi_p^* \sigma_p p_p^* A_1 q(\lambda_{p1}) / a_p^* \qquad (6-39)$$

其中

$$\pi_p^* = \left(\frac{2}{k_p+1}\right)^{\frac{k_p}{k_p-1}}$$

$$q(\lambda) = \lambda \left(\frac{k+1}{2}\right)^{\frac{1}{k-1}} \left(1 - \frac{k-1}{k+1}\lambda^2\right)^{\frac{1}{k-1}}$$

$$a^* = \sqrt{\frac{2kRT^*}{k+1}}$$

$$K = \sqrt{\frac{k}{R}\left(\frac{2}{k+1}\right)^{\frac{k+1}{k-1}}}$$

式中　k_p ——动力气体比热比；

σ_p ——喷嘴总压损失系数；

p_p^* ——动力气体总压；

π_p^* ——临界压比；

$q(\lambda)$ ——流函数；

a^* ——特征速度。

将关系式 $W_p = \lambda_{p1} a_p^*$，$W_k = \lambda_k a_k^*$，$W_{c2} = \lambda_{c2}' a_c^*$，流量系数 $\mu = m_k/m_p$，及公式 $\pi(\lambda_{p1}) = \dfrac{p_{p1}}{p_p^*}$，$Y(\lambda_{p1}) = \dfrac{q(\lambda_{p1})}{\pi(\lambda_{p1})}$ 及式（6-38）、式（6-39）代入式（6-37），得到混合流速度系数 λ_{c2}'

$$\lambda_{c2}' = \frac{\dfrac{1-n}{k_p \pi_p^* \sigma_p Y(\lambda_{p1})} + \lambda_{p1} + \dfrac{\lambda_k a_k^*}{a_p^*}}{(1+\mu) a_c^* / a_p^*} \qquad (6-40)$$

其中

$$\pi(\lambda) = \left(1 - \frac{2}{k+1}\lambda^2\right)^{\frac{k}{k-1}}$$

式中　$\pi(\lambda)$ ——压比。

上式考虑了喷嘴非设计度的影响，允许喷嘴出口截面动力气流压力与被抽吸气体压力有所不同。根据不同的流量系数，即可由上式计算混合流的速度系数 λ_{c2}'。

（2）根据能量守恒方程，计算喷射泵进口截面混合流速度系数 λ_{c2}''

根据假设在进口截面 A_2 截面处，动力气流与被引射气流及混合流的能量平衡方程为

$$\dot{m}_p\left(h_{p1} + \frac{W_p^2}{2}\right) + \dot{m}_k\left(h_{k1} + \frac{W_k^2}{2}\right) = \dot{m}_p\left(h_{p2} + \frac{W_{c2}^2}{2}\right) + \dot{m}_k\left(h_{k2} + \frac{W_{c2}^2}{2}\right) \qquad (6-41)$$

式中　h_{p1}、h_{k1} ——动力气流、被引射流体在 A_2 截面处的焓值；

h_{p2}、h_{k2} ——动力气流、被引射流体在混合后各自的焓值。

将关系式 $W_p = \lambda_{p1} a_p^*$，$W_k = \lambda_k a_k^*$，$W_{c2} = \lambda''_{c2} a_c^*$，流量系数 $\mu = m_k / m_p$ 代入式（6-41），并考虑到：$h^* = h + \dfrac{W^2}{2}$，得到混合流速度系数 λ''_{c2}

$$\lambda''_{c2} = \frac{(h_p^* - h_{p2}) + \mu (h_k^* - h_{k2})}{\frac{1}{2}(1+\mu) a_c^{*2}} \qquad (6-42)$$

λ'_{c2} 和 λ''_{c2} 相符合，两种气流混合过程应同时满足动量方程和能量方程，混合流速度系数可取值为

$$\lambda_{c2} = \frac{1}{2}(\lambda'_{c2} + \lambda''_{c2}) \qquad (6-43)$$

混合流速度系数 λ'_{c2}、λ''_{c2} 和 λ_{c2} 随流量系数变化曲线如图 6-10 所示。图中曲线 1 为动量方程得到的混合流速度系数 λ'_{c2}，曲线 3 为能量方程得到的速度系数 λ''_{c2}，曲线 2 为两者平均。

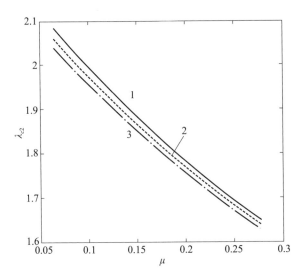

图 6-10　速度系数随流量系数变化曲线

（3）根据能量守恒，气流激波前后的总压要求能够满足能量平衡关系式

设 p_{s1}^* 和 p_{s2}^* 分别为正激波前后的总压，在喷射泵进口截面 A_2 上得到

$$p_k = p_{c2} = \pi(\lambda_{c2}) p_{c2}^* = \pi(\lambda_{c2}) p_{s1}^* / \sigma_1 \qquad (6-44)$$

正激波前气流总压 p_{s1}^* 为

$$p_{s1}^* = p_k \sigma_1 / \pi(\lambda_{c2}) \qquad (6-45)$$

在喷射泵出口截面 A_e 上有

$$p_b = \pi(\lambda_e) p_b^* = \pi(\lambda_e) \sigma_2 p_{s2}^* \qquad (6-46)$$

正激波后气流总压 p_{s2}^* 为

$$p_{s2}^* = \frac{p_b}{\pi(\lambda_e) \sigma_2} \qquad (6-47)$$

式中　λ_e——喷射泵出口气流速度系数；

σ_1、σ_2——由于摩擦引起的超声速段和亚声速段的总压损失系数；

p_b——喷射泵出口压力。

由正激波前后总压比关系式以及式（6-45）、式（6-47），得到气流正激波前后的总压需要满足的平衡关系式

$$\frac{p_{s2}^*}{p_{s1}^*} = \frac{p_b \pi(\lambda_{c2})}{p_k \sigma_1 \sigma_2 \pi(\lambda_e)} = \sigma_s \qquad (6-48)$$

式中　σ_s——激波前后总压损失系数。

正激波前气流总压随流量系数变化曲线如图 6-11 所示。

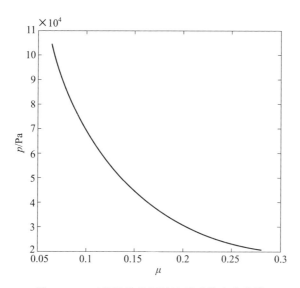

图 6-11　正激波前总压随流量系数变化曲线

（4）进行迭代计算，得到喷射泵的流量系数

在一定流量系数 μ 下，由 $\sigma_s p_{s1}^* = p_{s2}^*$ 即可确定喷射泵的流量系数及喷嘴出口截面 A_1 处混合流的速度系数，进而可求出其他参数；如果 $\sigma_s p_{s1}^* \neq p_{s2}^*$，则改变流量系数，转入流程（1）、（2）、（3），继续进行计算，直至激波前后总压满足能量平衡关系式（6-48）为止。

相关设计参数取值为 $\sigma_1 = 0.95$，$\sigma_2 = 0.97$，$\sigma_s = 0.98$，$\sigma_p = 0.95$。

（5）确定正激波前后的速度系数

根据气体流量计算公式，正激波前后气流的速度系数按照下式计算

$$p_{s1}^* q(\lambda_{s1}) = p_{s2}^* q\left(\frac{1}{\lambda_{s1}}\right)$$

$$\frac{\lambda_{s1}^2}{\sigma_s} \left(\frac{1 - \dfrac{k_c - 1}{k_c + 1} \lambda_{s1}^2}{1 - \dfrac{k_c - 1}{k_c + 1} \dfrac{1}{\lambda_{s1}^2}} \right)^{\frac{1}{k_c - 1}} - 1 = 0 \qquad (6-49)$$

式中　λ_{s1}——正激波前气流速度系数。

求出 λ_{s1} 后，即可确定正激波发生的部位及激波前后压力、温度等其他热力学参数。

（6）混合流参数计算公式

混合流焓值

$$h_c = \frac{h_p + \mu h_k}{1 + \mu} \qquad (6-50)$$

混合流气体比定压热容

$$c_{pc} = \frac{c_{pp} + \mu c_{pk}}{1 + \mu} \qquad (6-51)$$

混合流气体温度[12]

$$T_c = \frac{(c_{pp} - R_p) T_p + \mu (c_{pk} - R_k) T_k}{(c_{pp} - R_p) + \mu (c_{pk} - R_k)} \qquad (6-52)$$

气体焓值可采用热力学系数进行计算，相关系数可参考文献［27］以及 5.1 节介绍的内容。

6.5 蒸气喷射泵设计方法 I

1960 年左右，苏联学者索科洛夫在全苏热工研究所和中央流体研究所的成果理论基础上对喷射泵进行了大规模的试验研究，全面研究了各种类型的喷射泵，并在 1970 年和津格尔在喷射泵专著中完善了喷射泵的设计理论[4]，这是迄今为止研究喷射泵最全面的理论基础。在实际工程应用中，索科洛夫理论能够满足设计要求，但其理论中未提及激波等问题，需要进一步研究和改进。

本节就利用该理论对气体引射器和气体压缩器设计的流程进行说明。

6.5.1 气体引射器设计

根据文献［4］的定义，喷射泵内引射介质的压缩比＞2.50 的喷射泵称为气体引射器，采用锥形混合室，工作喷嘴出口截面与混合室入口截面重合。

气体引射器计算流程如下：

（1）计算工作喷嘴出口速度系数

根据动力气流和被引射气流压力，计算工作喷嘴出口速度系数

$$\Pi_{PH} = \frac{p_H}{p_P} = \left(1 - \frac{\kappa_P - 1}{\kappa_P + 1} \lambda_{PH}^2\right)^{\frac{\kappa_P}{\kappa_P - 1}} \qquad (6-53)$$

式中　Π ——气流静压总压比；

　　　κ ——等熵指数；

　　　λ_{PH} ——工作喷嘴出口速度系数；

下标 P ——动力气流；

下标 H ——被引射气流。

流函数为

$$q_{PH} = \lambda_{PH} \left(\frac{\kappa_P + 1}{2} \right)^{\frac{1}{\kappa_P - 1}} \left(1 - \frac{\kappa_P - 1}{\kappa_P + 1} \lambda_{PH}^2 \right)^{\frac{1}{\kappa_P - 1}} \tag{6-54}$$

（2）假设初始流量系数，计算气体引射器出口的气体热力学参数

混合流体气体常数

$$R_C = \frac{R_P + \mu R_H}{1 + \mu} \tag{6-55}$$

混合流体比热比

$$k_C = \frac{\dfrac{\kappa_P}{\kappa_P - 1} + \mu \dfrac{R_H}{R_P} \dfrac{\kappa_H}{\kappa_H - 1}}{\dfrac{1}{\kappa_P - 1} + \mu \dfrac{R_H}{R_P} \dfrac{1}{\kappa_H - 1}} \tag{6-56}$$

混合流体总温

$$T_C = \frac{\dfrac{T_P \kappa_P (\kappa_H - 1)}{R_H} + \mu \dfrac{T_H \kappa_H (\kappa_P - 1)}{R_P}}{\dfrac{\kappa_P (\kappa_H - 1)}{R_H} + \mu \dfrac{\kappa_H (\kappa_P - 1)}{R_P}} \tag{6-57}$$

混合流体比定压热容

$$c_{pC} = \frac{c_{pP} - R_P}{1 + \mu \dfrac{R_H}{R_P}} + \frac{c_{pH} - R_H}{1 + \dfrac{R_P}{\mu R_H}} + \frac{R_P + \mu R_H}{1 + \mu} \tag{6-58}$$

混合流体特征速度

$$a^* = \sqrt{\frac{2 k_C R_C T_C}{k_C + 1}} \tag{6-59}$$

式中　μ ——流量系数；

　　　R ——气体常数；

　　　T ——气体总温；

　　　c_p ——比定压热容；

　　　a^* ——特征速度；

下标 C ——混合气流。

（3）设定喉部出口气流速度系数，计算相关参数

引射器喉部出口气流速度系数设定为 $\lambda_{C3} = 1.000$。

利用式（6-53）计算喉部出口气流静压总压比 Π_{C3}；利用式（6-54）计算流函数 q_{C3}。

临界压比

$$\Pi_{C^*} = \left(\frac{2}{k_C + 1} \right)^{\frac{k_C}{k_C - 1}} \tag{6-60}$$

式中　Π_{C^*} ——气流临界压比。

（4）计算第二极限状态下引射器的流量系数

引射器的第二极限状态是指被引射气流达到临界速度时的状态。引射器在第二极限状态下的流量系数按下式计算

$$(\mu_{HP})_2 = \cfrac{\Phi \dfrac{a_{C*}}{a_{H*}} \dfrac{\kappa_H}{k_C} \dfrac{\Pi_{H*}}{\Pi_{C*}} \dfrac{p_H}{p_C} \dfrac{1}{q_{C3}} - \dfrac{a_{P*}}{a_{H*}} \dfrac{\kappa_H}{\kappa_P} \dfrac{\Pi_{H*}}{\Pi_{P*}} \dfrac{p_H}{p_P} \dfrac{1}{q_{PH}}}{1 - \Phi \dfrac{a_{C*}}{a_{H*}} \dfrac{\kappa_H}{k_C} \dfrac{\Pi_{H*}}{\Pi_{C*}} \dfrac{p_H}{p_C} \dfrac{1}{q_{C3}}} \qquad (6-61)$$

式中　Φ——常数，$\Phi = 1.5000$；

　　　$(\mu_{HP})_2$——第二极限状态流量系数值。

（5）计算第二极限状态下的被引射气流的流函数

在第二极限状态下被引射气流的流函数按下式计算

$$q_{H2} = \cfrac{(\mu_{HP})_2}{\beta(1 + (\mu_{HP})_2) \dfrac{a_{C*}}{a_{H*}} \dfrac{\kappa_H}{k_C} \dfrac{\Pi_{H*}}{\Pi_{C*}} \dfrac{p_H}{p_C} \dfrac{1}{q_{C3}} - \dfrac{a_{P*}}{a_{H*}} \dfrac{\kappa_H}{\kappa_P} \dfrac{\Pi_{H*}}{\Pi_{P*}} \dfrac{p_H}{p_P} \dfrac{1}{q_{PH}}} \qquad (6-62)$$

式中　q_{H2}——第二极限状态被引射气流的流函数；

　　　β——常数，$\beta = 2.000$。

（6）计算引射器的初始流量系数

由式（6-62）得到被引射气流的流函数 q_{H2}，利用式（6-54）计算被引射气流的速度系数 λ_{H2}；利用式（6-53）计算气流静压总压比 Π_{H2}。

照下式计算 Π_{C2}

$$\Pi_{C2} = \frac{p_H}{p_C}\Pi_{H2} \qquad (6-63)$$

引射器的流量系数计算公式如下

$$\mu_1 = \frac{K_1 \dfrac{a_{P*}}{a_{C*}}\lambda_{PH} - K_3\lambda_{C3}}{K_4\lambda_{C3} - K_2 \dfrac{a_{H*}}{a_{C*}}\lambda_{H2}} \qquad (6-64)$$

其中

$$K_1 = \varphi_1\varphi_2\varphi_3 = 0.834$$
$$K_2 = \varphi_2\varphi_3\varphi_4 = 0.812$$

$$K_3 = 1 + \varphi_3 \frac{a_{P*}}{a_{C*}} \frac{p_C}{p_P} \cfrac{\Pi_{C3} - \dfrac{p_H}{p_C}\left\{\beta - 0.5(\beta-1)\Pi_{H2}\left[1 + \left(\dfrac{p_C}{p_H}\right)^{1-\alpha}\left(\dfrac{\Pi_{C3}}{\Pi_{H2}}\right)^{1-\alpha}\right]\right\}}{\kappa_P\Pi_{P*}\lambda_{C3}q_{PH}\beta}$$

$$K_4 = 1 + \varphi_3 \frac{a_{H*}}{a_{C*}} \frac{p_C}{p_H} \cfrac{\Pi_{C3} - \Pi_{C2}\left\{\beta - 0.5(\beta-1)\left[1 + \left(\dfrac{p_C}{p_H}\right)^{1-\alpha}\left(\dfrac{\Pi_{C3}}{\Pi_{H2}}\right)^{1-\alpha}\right]\right\}}{\kappa_H\Pi_{H*}\lambda_{C3}q_{H2}\beta}$$

其中各参数分别为 $\varphi_1 = 0.95$；$\varphi_2 = 0.975$；$\varphi_3 = 0.9$；$\varphi_4 = 0.925$；$\alpha = 0.500$。

（7）以实际流量系数应不高于第二极限状态下流量系数为依据进行判断，计算引射器的流量系数 μ_1

当式（6-64）得到的引射器流量系数 μ_1 高于式（6-61）得到的第二极限状态下流量系数 $(\mu_{HP})_2$ 时，取 $\mu_1 = (\mu_{HP})_2$。

当 $\mu_1 < (\mu_{HP})_2$ 时，按照流程（5）、（6）所述重新计算引射器流量系数 μ_1，直至 $\left| \mu_1^{(i+1)} - \mu_1^{(i)} \right| < \varepsilon$（$\varepsilon$ 为设定的允许误差）为止。

6.5.2 气体压缩器设计

根据文献［4］，喷射泵内引射介质的压缩比<2.50 的喷射泵称为气体压缩器，采用锥形混合室，工作喷嘴出口截面与混合室入口截面重合。气体压缩器的计算流程与引射器相同，不同之处在于：

1）第二极限状态下压缩器的流量系数按照下式计算

$$(\mu_{HP})_2 = \dfrac{\dfrac{a_{C*}}{a_{H*}} \dfrac{\kappa_H}{k_C} \dfrac{\Pi_{H*}}{\Pi_{C*}} \dfrac{p_H}{p_C} \dfrac{1}{q_{C3}} - \dfrac{a_{P*}}{a_{H*}} \dfrac{\kappa_H}{\kappa_P} \dfrac{\Pi_{H*}}{\Pi_{P*}} \dfrac{p_H}{p_P} \dfrac{1}{q_{PH}}}{1 - \dfrac{a_{C*}}{a_{H*}} \dfrac{\kappa_H}{k_C} \dfrac{\Pi_{H*}}{\Pi_{C*}} \dfrac{p_H}{p_C} \dfrac{1}{q_{C3}}} \tag{6-65}$$

2）第二极限状态下被引射气流的流函数按下式计算

$$q_{H2} = \dfrac{(\mu_{HP})_2}{[1 + (\mu_{HP})_2] \dfrac{a_{C*}}{a_{H*}} \dfrac{\kappa_H}{k_C} \dfrac{\Pi_{H*}}{\Pi_{C*}} \dfrac{p_H}{p_C} \dfrac{1}{q_{C3}} - \dfrac{a_{P*}}{a_{H*}} \dfrac{\kappa_H}{\kappa_P} \dfrac{\Pi_{H*}}{\Pi_{P*}} \dfrac{p_H}{p_P} \dfrac{1}{q_{PH}}} \tag{6-66}$$

3）计算压缩器的流量系数与式（6-64）中相关参数计算公式有所不同

$$K_3 = 1 + \varphi_3 \dfrac{a_{P*}}{a_{C*}} \dfrac{p_C}{p_P} \dfrac{\Pi_{C3} - \dfrac{p_H}{p_C}}{\kappa_P \Pi_{P*} \lambda_{C3} q_{PH}}$$

$$K_4 = 1 + \varphi_3 \dfrac{a_{H*}}{a_{C*}} \dfrac{p_C}{p_H} \dfrac{\Pi_{C3} - \Pi_{C2}}{\kappa_H \Pi_{H*} \lambda_{C3} q_{H2}}$$

6.5.3 气体引射器计算结果

在发动机高空模拟试验系统设计中，当采用蒸气引射器进行引射时，动力蒸气通常由液氧/酒精/软化水三组元化学燃烧蒸气发生器产生，蒸气压力为 0.7～1.60 MPa，温度为 160～205 ℃。一组典型的动力蒸气参数见表 6-5。

表 6-5 动力蒸气参数

燃气摩尔组分		蒸气质量百分数（%）	气体常数/［kJ/(kg·K)］	等熵指数
H_2	0.001 33			
H_2O	0.917 71	83.17	0.418 32	1.299 7
CO_2	0.073 00			
CH_4	0.007 95			

本节以 5.3.3 节降温器出口参数作为蒸气引射器的输入参数，喷射器出口压力设定为

105 kPa，喷射器设定为三级，第一级喷射器出口压力设定为 11.371 kPa；第二级喷射器出口压力设定为 35.252 kPa；第三级喷射器出口压力设定为 105 kPa。每两级喷射器之间设置中间冷凝器，第三级喷射器后设置末级冷凝器。第一级引射器的计算结果见表 6-6。

表 6-6 第一级引射器的计算结果

序号	参数	单位	数值
1	进口压力	kPa	3.921
2	出口压力	kPa	11.371
3	蒸气耗量	kg/s	5.480
4	流量系数	—	0.455 0
5	混合流体出口速度	m/s	93.94
6	混合流体出口温度	K	500.0
7	混合流体气体常数	J/(kg·K)	428.36
8	混合流体比热比	—	1.271 6
9	混合流体比定压热容	J/(kg·K)	2 014.53

6.6 蒸气喷射泵设计方法 Ⅱ

在发动机高空模拟试验排气系统设计中，蒸气喷射泵系核心部件之一。SH/T 3118—2018《石油化工蒸汽喷射式抽空器设计规范》[5] 提出了较为完整的蒸汽喷射泵设计理论，适用于工作介质为水蒸气、被抽介质为各种气体混合物的蒸气喷射式抽空器的设计、制造、安装和试验。该理论提出以下假设[28]：

1）工作蒸气与引射气体具有理想气体的性质；

2）工作蒸气与引射气体在混合室入口处开始发生混合且压力相等；

3）工作蒸气的温度、压力、速度等状态参数在喷嘴出口截面处和混合室入口截面处近似相等。

本节利用该规范进行蒸气喷射泵的流量系数和工作蒸气耗量的计算。

6.6.1 流量系数计算

按照设计规范，喷射泵的设计计算过程如下：

工作蒸气通过喷嘴喉管的临界速度

$$W_{pk} = \sqrt{\frac{2\kappa_P}{\kappa_P + 1} p_P V_P} \qquad (6-67)$$

式中 V_P ——工作蒸气比容；

κ_P ——工作蒸气等熵指数，饱和蒸气取 1.135，过热蒸气取 1.300；

p_P ——工作蒸气压力。

计算压缩比 $K = \dfrac{p_C}{p_H}$ 和膨胀比 $E = \dfrac{p_P}{p_H}$，预估一个初始流量系数 μ_1，见文献 [5] 中图

A.0.2，由此计算混合流体相关热力参数：κ_c、T_c、p_{cs} 和 R_c，其中 p_H 为吸入气体压力，p_C 为混合流排出气体压力。

排出气体中蒸气分压为

$$p_{cs} = \frac{p_c}{1 + \mu_1 \dfrac{M_P}{M_H}} \qquad (6-68)$$

式中　M_P——工作蒸气相对分子质量；

　　　M_H——吸入气体相对分子质量。

混合气体的温度为

$$T_c = T_H + \frac{i_P - i_{cs}}{\mu_1 c_B} \qquad (6-69)$$

式中　T_H——吸入气体温度；

　　　i_P——工作蒸气热焓；

　　　i_{cs}——与排出气体中的蒸气分压 p_{cs} 和混合气体温度 T_c 相对应的蒸气热焓；

　　　c_B——吸入气体的比定压热容，$c_B = \sum \dfrac{G_{Hi}}{G_H} c_{pHi}$，其中 c_{pHi} 为吸入每一组分的比定压热容。

混合气体通过扩压室喉管的临界速度为

$$W_{ck} = \sqrt{\frac{2\kappa_c}{\kappa_c + 1} R_c T_c} \qquad (6-70)$$

其中

$$\kappa_c = \frac{1 + \mu_1 \dfrac{M_P}{M_H} \dfrac{\kappa_P - 1}{\kappa_H - 1} \dfrac{\kappa_H}{\kappa_P}}{1 + \mu_1 \dfrac{M_P}{M_H} \dfrac{\kappa_P - 1}{\kappa_H - 1}}$$

式中　κ_c——混合气体等熵指数；

　　　κ_H——吸入气体的等熵指数。

按照下式计算流量系数 μ_2

$$\mu_2 = 0.834 \frac{W_{Pk}}{W_{ck}} \sqrt{\frac{\left[1 - \left(\dfrac{p_H}{p_P}\right)^{\frac{\kappa_P - 1}{\kappa_P}}\right] \dfrac{\kappa_P + 1}{\kappa_P - 1}}{\left[1 - \left(\dfrac{p_H}{p_c}\right)^{\frac{\kappa_c - 1}{\kappa_c}}\right] \dfrac{\kappa_c + 1}{\kappa_c - 1}} - 1} \qquad (6-71)$$

将 μ_2 与初始值 μ_1 进行比较，要求 μ_1 和 μ_2 之差在允许的范围内，否则令 $\mu_1 = \mu_2$，重新按照上述流程进行迭代计算，直至满足要求。

6.6.2　工作蒸气耗量计算

当吸入任意温度和任意相对分子质量的气体时，应将其折算为 20 ℃的当量空气[3-4]

$$Q_{20} = Q_K \cdot K_{KT} \cdot K_M \qquad (6-72)$$

式中　Q_K ——喷射泵吸入的气体流量；

　　　K_{KT} ——气体温度修正系数；

　　　K_M ——气体摩尔质量修正系数。

工作蒸气耗量为

$$G_P = a\,\frac{Q_{20}}{\mu_1} \tag{6-73}$$

式中　a ——计算误差修正系数，$a = 1.05\sim1.10$。

6.7　蒸气冷凝器设计方法

由于蒸气喷射泵出口气流中含部分水蒸气，对于后继的真空机组或蒸气喷射泵而言，抽气负荷增加，需要容量更大的真空机组或蒸气喷射泵才能够满足试验需求，因此有必要对蒸气喷射泵出口的水蒸气进行冷凝，以降低后继设备的负荷。为了回收蒸气喷射泵末级出口气体的余热和消除气流噪声，可安装末级冷凝器。

6.7.1　蒸气冷凝器设计

冷凝器中需要的冷却水量，与被冷却气体的放热量、冷却水的进水温度和排水温度等因素相关。冷凝过程需要的冷却水量计算公式推导如下[3,25,29]，冷凝器原理图如图 6-12 所示。

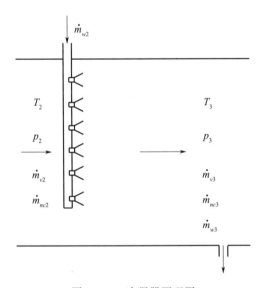

图 6-12　冷凝器原理图

根据质量守恒方程，得到

$$\dot{m}_{nc2} + \dot{m}_{w2} + \dot{m}_{v2} = \dot{m}_{nc3} + \dot{m}_{w3} + \dot{m}_{v3} \tag{6-74}$$

$$\dot{m}_{nc2} = \dot{m}_{nc3} = \dot{m}_{nc} = \rho_{nc} A v_{nc} \tag{6-75}$$

$$\dot{m}_{w2} + \dot{m}_{v2} = \dot{m}_{w3} + \dot{m}_{v2} \tag{6-76}$$

式中　下标 3——冷凝器出口。

由动量守恒方程得到

$$(\dot{m}_{v2} + \dot{m}_{nc2})V_{nc2} + \dot{m}_{w2}V_{w2} + p_2 A = (\dot{m}_{v3} + \dot{m}_{nc3} + \dot{m}_{w3})V_{nc3} + p_3 A \tag{6-77}$$

由能量守恒方程得到

$$\dot{m}_{nc}\left(h_{nc2} + \frac{V_{nc2}^2}{2}\right) + \dot{m}_{w2}\left(h_{w2} + \frac{V_{w2}^2}{2}\right) + \dot{m}_{v2}\left(h_{v2} + \frac{V_{nc2}^2}{2}\right)$$
$$= \dot{m}_{nc}\left(h_{nc3} + \frac{V_{nc3}^2}{2}\right) + \dot{m}_{v3}\left(h_{v3} + \frac{V_{nc3}^2}{2}\right) + \dot{m}_{w3}\left(h_{w3} + \frac{V_{nc3}^2}{2}\right) \tag{6-78}$$

由状态方程，得到

$$\frac{\rho_{nc2}}{\rho_{nc3}} = \frac{p_{nc2}}{p_{nc3}}\frac{T_3}{T_2} \tag{6-79}$$

由式（6-75）、式（6-79），得到

$$V_{nc3}^2 = \frac{\rho_{nc2}^2}{\rho_{nc3}^2}V_{nc2}^2 = \left(\frac{p_{nc2}}{p_{nc3}}\frac{T_3}{T_2}\right)^2 V_{nc2}^2 \tag{6-80}$$

由 $\dot{m} = \rho V A$ 得到

$$\frac{\dot{m}_{v3}}{\dot{m}_{nc}} = \frac{\rho_{v3}}{\rho_{nc3}} = \frac{p_{v3}}{p_{nc3}}\frac{\overline{m}_v}{\overline{m}_{nc}} \tag{6-81}$$

式中　$\overline{m}$——相对分子质量。

将式（6-77）、式（6-80）、式（6-81）代入式（6-78），得到能量方程的新形式为

$$\frac{\dot{m}_{w2}}{\dot{m}_{nc}} = \frac{(h_{nc2} - h_{nc3}) - \left[\left(1 + \frac{\dot{m}_{v2}}{\dot{m}_{nc}}\right)\left(\frac{p_{nc2}}{p_{nc3}}\frac{T_3}{T_2}\right)^2 - 1\right]\frac{V_{nc2}^2}{2} - \frac{\dot{m}_{v2}}{\dot{m}_{nc}}(h_{w3} - h_{v2}) - \frac{p_{v3}}{p_{nc3}}\frac{\overline{m}_v}{\overline{m}_{nc}}(h_{v3} - h_{w3})}{(h_{w3} - h_{w2}) + \left[\left(\frac{p_{nc2}}{p_{nc3}}\frac{T_3}{T_2}\right)^2 - \left(\frac{V_{w2}}{V_{nc2}}\right)^2\right]\frac{V_{nc2}^2}{2}}$$
$$\tag{6-82}$$

冷却水出口温度应接近于冷凝器进口处蒸气分压相对应的饱和温度，两者间的温差称为最终温差，一般取值为 0.5～2.0 ℃。冷凝后混合气流温度应尽量接近于冷却水的进口温度，一般可取值为冷却水的进口、出口的平均温度，末级冷凝器出口气流温度可适当提高。冷凝后混合气流压力等于冷凝器进口压力减（670～1 330 Pa），粗真空条件下等于冷凝器进口压力减 133 Pa。

6.7.2　蒸气冷凝器计算结果

蒸气冷凝器以 6.5.3 节蒸气引射器出口参数为输入进行计算，结果见表 6-7。

表 6-7　第一级冷凝器出口气流参数

序号	参数	符号	单位	数值
1	进口冷却水温度	T_{w2}	℃	32.0

续表

序号	参数	符号	单位	数值
2	出口气体温度	T_3	℃	37.9
3	出口冷却水温度	T_{w3}	℃	43.9
4	出口气体静压	p_3	kPa	10.706
5	出口气体流量	$\dot{m}$	kg/s	3.176
6	进口冷却水流量	$\dot{m}_{w2}$	kg/s	221.702
7	出口冷却水流量	$\dot{m}_{w3}$	kg/s	225.302
8	出口气流比热比	k_m	—	1.286 9
9	出口气流的气体常数	R_m	J/(kg · K)	382.21
10	出口气流速度	v_{nc3}	m/s	26.21

第二、三级蒸气引射器以及对应的蒸气冷凝器的计算结果不再列出，可由读者自行计算。

6.8　喷射泵结构尺寸计算

喷射泵的结构尺寸包括喷嘴和扩压室的结构尺寸及两者的相对位置关系，计算方法[3,30-31]如下：

（1）喷嘴喉径

根据气体流量计算公式，得到动力气体的喷嘴喉径为

$$d_t = \frac{\sqrt{\dfrac{G_p}{p_p}}\,(T_p)^{\frac{1}{4}}}{\left(\sqrt{\dfrac{k}{R}\left(\dfrac{2}{k+1}\right)^{\frac{k+1}{k-1}}} \cdot \dfrac{1}{4}\pi\right)^{\frac{1}{2}}} \qquad (6-83)$$

对于特定的动力气体，上式中分母为常数，对于空气为 0.178 2。

（2）喷嘴出口直径

根据气体流量公式，设定喷嘴出口速度系数为 λ ，得到喷嘴出口直径为

$$d_1 = d_t\left[\left(\frac{k+1}{2}\right)^{\frac{1}{k-1}}\lambda\left(1 - \frac{k-1}{k+1}\lambda^2\right)^{\frac{1}{k-1}}\right]^{-1/2} \qquad (6-84)$$

在上式中，针对水蒸气应考虑到干度的影响。

（3）扩压器喉部直径

根据气体流量公式，扩压器喉部面积为

$$A_{ct} = \frac{G_p}{\pi_c^* p_{ct}^* q(\lambda_{ct})}\sqrt{\frac{2(1+\mu)(1+\mu R_k/R_p)R_p T_{ct}^*}{\kappa_c(\kappa_c+1)}} \qquad (6-85)$$

其中在设计状态下设定 $\lambda_{ct}=1.2000$；$P_{ct}^{*}\sigma_{s}\sigma_{2}=\dfrac{P_{b}}{\pi(\lambda_{e})}$ 。

扩压器喉部直径为

$$D_{ct}=2\sqrt{\frac{A_{ct}}{\pi}} \tag{6-86}$$

（4）扩压器进口直径

扩压器进口直径可根据喷射泵设计状态参数和气体流量公式进行计算

$$G_{k}=\frac{(A_{2}-A_{1})k_{k}\pi_{k}^{*}p_{k2}Y(\lambda_{k2})}{a_{k}^{*}} \tag{6-87}$$

$$G_{p}=\frac{A_{1}k_{p1}\pi_{p1}^{*}p_{p1}Y(\lambda_{p1})}{a_{p1}^{*}} \tag{6-88}$$

$$G_{ct}=\frac{A_{ct}\kappa_{c}\pi_{ct}^{*}p_{ct}Y(\lambda_{ct})}{a_{ct}^{*}} \tag{6-89}$$

由流量守恒关系 $G_{ct}=G_{k}+G_{p}$ ，得到

$$\frac{A_{2}}{A_{ct}}=\frac{\dfrac{\kappa_{c}\pi_{ct}^{*}p_{ct}Y(\lambda_{ct})}{a_{ct}^{*}}-\dfrac{A_{1}}{A_{ct}}\left(\dfrac{k_{p1}\pi_{p1}^{*}p_{p1}Y(\lambda_{p1})}{a_{p1}^{*}}-\dfrac{k_{k}\pi_{k}^{*}p_{k2}Y(\lambda_{k2})}{a_{k}^{*}}\right)}{\dfrac{k_{k}\pi_{k}^{*}p_{k2}Y(\lambda_{k2})}{a_{k}^{*}}} \tag{6-90}$$

式中　A_{2}——与动力气体喷嘴出口截面重合的扩压器进口截面。

通常可按照经验公式计算扩压器的进口直径

$$\begin{cases}当\ p_{k}>13.3\ \text{kPa}\ 时，D_{2}=1.5D_{ct}\\ 当\ p_{k}<13.3\ \text{kPa}\ 时，D_{2}=1.7D_{ct}\end{cases} \tag{6-91}$$

扩压器进口直径取值范围：$(1.5\sim1.7)D_{ct}$ 。

（5）扩压器出口直径

根据气体流量公式，扩压器出口截面与喉部面积比为

$$\frac{A_{e}}{A_{t}}=\frac{p_{ct}^{*}q(\lambda_{ct})}{p_{b}y(\lambda_{e})} \tag{6-92}$$

出口截面直径为

$$D_{4}=2\sqrt{\frac{A_{e}}{\pi}} \tag{6-93}$$

扩压器出口直径取值范围为 $(1.8\sim1.91)D_{t}$ 。

喷射泵的其他结构尺寸如图 6-13 所示，推荐值如下：

1）喷嘴出口截面与扩压室进口截面的距离一般为零，但是可根据相关实验或数值仿真[5,32]的结果进行调整；

2）扩压器渐缩段锥度取值为 1∶10；

3）扩压器喉部长度取值为 $L_{2}=(2\sim4)D_{ct}$ ；

4）扩压器渐扩段锥度取值为 1∶8～1∶10；

5）吸入器直径 $D_{5}=2.5D_{ct}$ ；

6）吸入口直径：$D_3 = \sqrt{\dfrac{4f_3}{\pi}}$，$f_3$ 为吸入口截面积，按照被抽吸气体的体积流量和允许流速进行确定，并对被抽吸气体输运管道的流阻进行校核计算。

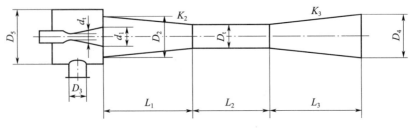

图 6-13　喷射器结构尺寸简图

参 考 文 献

[1] 郭宵峰. 液体火箭发动机试验 [M] 北京：宇航出版社，1990.

[2] 蔡湘芬，陈寿吉. 超音速风洞扩压器激波串现象的数值模拟 [J]. 推进技术，1995 (5)：28 - 33.

[3] 达道安. 真空设计手册 [M]. 3 版. 北京：国防工业出版社，2004.

[4] 索科洛夫. 喷射器 [M]. 北京：科学出版社，1989.

[5] 工业和信息化部. 石油化工蒸汽喷射式抽空器设计规范：SH/T 3118—2000 [S]. 北京：中国石化出版社，2001.

[6] 董敬亮. 水蒸汽喷射器内部流场结构的数值研究 [D]. 沈阳：东北大学，2010.

[7] 邵天. 蒸汽喷射器的数值模拟分析与研究 [D]. 天津：河北工业大学，2013.

[8] 张军强. 蒸汽喷射凝结流动模拟研究 [D]. 锦州：辽宁工业大学，2014.

[9] DERICK THOMAS DANIEL. A General Simulation of an Air Ejector Diffuser System [D]. A Thesis Presented for the Master of Science Degree，The University of Tennessee，Knoxville，2010.

[10] LIJU SU. CFD Simulation and Shape Optimization of Supersonic Ejectors for Refrigeration and Desalination Applications [D]. A Thesis Presented for the Master of Science Degree，The Washington University IN St. Louis，2015.

[11] 王继常. 真空系统设计 [M]. 沈阳：东北大学出版社，2002.

[12] 李灿伦. 真空系统设计应用软件的开发研究 [D]. 沈阳：东北大学，2012.

[13] 刘金策. 基于 FLUNET 的真空系统元件气体流动模拟计算方法的研究 [D]. 沈阳：东北大学，2010.

[14] 全国工业过程测量和控制标准化技术委员会第一分技术委员会. 用安装在圆形截面管道中的差压装置测量满管流体流量　第 2 部分：孔板：GB/T 2624.2—2006 [S]. 北京：中国标准出版社，2007.

[15] 徐灏. 密封 [M]. 北京：冶金工业出版社，1999.

[16] 全国液压气动标准化委员会. 液压气动用 O 形橡胶密封圈 沟槽尺寸：GB/T 3452.3—2005 [S]. 北京：中国标准出版社，2005.

[17] 秦大同，谢里阳. 现代机械设计手册 润滑与密封设计 [M]. 北京：化学工业出版社，2013.

[18] 蔡任良. 流体密封技术原理与工程应用 [M]. 北京：化学工业出版社，2013.

[19] B W L M SESSINK，N F VERSTER. Design of Elastomer O - ring Vacuum Seals [J]. Vacuum，1973，23 (9)：319 - 325.

[20] 刘阳，孙冲，崔展鹏，等. 航天工程中串联密封系统建模与仿真 [J]. 系统仿真学报，2005，17 (7)：1604 - 1608.

[21] Vacuum Seals Design Criteria [R]. Practice NO. PD - ED - 1223，Lewis Research Center，NASA.

[22] 李斌，刘玉魁. 真空环境下受内压双重橡胶圈密封结构漏率的计算 [J]. 真空与低温，2003，6 (1)：48 - 53.

[23] 刘明春. 航空发动机高空模拟试车台排气冷却系统研究 [D]. 长沙：湖南大学，2011.

[24] 田立丰. 一座大型脉冲风洞的气动及结构设计研究 [D]. 长沙：国防科学技术大学，2005.

[25] 潘锦珊. 气体动力学基础 [M]. 北京：国防工业出版社，1989.

[26] 魏仕英. 水蒸汽引射器一维流的计算方法 [J]. 低温与真空，1988，7 (1)：25 - 36.

[27] PB 163244，The Supersonic Diffuser and Its Application to Altitude Testing of Captive Rocket Engines [R]. 1960.

[28] 王颖. 几种喷射器设计方法比较和喷射器设计及性能分析一体化软件开发 [D]. 南宁：广西大学，2015.

[29] Analytical Model of an Exhaust Gas Cooling System Employing Liquid Injection [R]. AD 724687 1971.

[30] 毋俊生，康惠宝，李瑞波. 蒸汽喷射真空泵的计算机辅助设计 [J]. 北京理工大学学报，1996，16 (2)：211 - 214.

[31] 季红军，陶乐仁，王金峰，等. 喷嘴位置对喷射器的性能影响的研究 [J]. 制冷，2007，26 (4)：16 - 19.

[32] LIJU SU. CFD Simulation and Shape Optimization of Supersonic Ejectors For Efrigeration and Desalination Applications [D]. A thesis presented to the school of Engineering and Applied Science of Washington University in St. Louis in Partial fulfillment of the requirements for the degree of Master of Science，2015.

第7章 蒸气生成系统设计

在蒸气引射方式的发动机高空模拟试验中，蒸气生成系统用于持续生产一定参数的动力蒸气，从而驱动喷射泵抽吸真空系统，形成可满足液体火箭发动机高空模拟试验的真空压力环境。为了确保蒸气喷射泵具有足够的引射效率，应尽量降低蒸气中不可凝气体的含量，若不可凝气体含量过高会导致后级蒸气喷射泵负载增大，影响引射效果。蒸气生成系统的设计输入主要取决于蒸气喷射泵对蒸气品质参数（流量、压力、温度等）的需求。本章主要介绍蒸气生成系统的类型与组成、液氧酒精蒸气发生器和空气酒精蒸气发生器的设计、加工、调试验证、使用方法及空气酒精蒸气生产系统的集成化技术。

7.1 类型与组成

目前工业用蒸气生成系统主要有工业蒸汽锅炉、化学蒸气生成系统两种类型。工业蒸汽锅炉是利用石化燃料或其他能源的热能加热水生成蒸汽的机械设备，通常采用在火上加热盛水容器，包括电锅炉、燃气锅炉等。由于工业锅炉具有结构类型多、参数种类全、发展及应用时间长、技术相对成熟等优点，因此广泛应用于动力装置驱动、工业化热能生产、民用生活取暖等领域。但由于安全应用要求及蒸汽生产机理特征因素，锅炉生产蒸汽能源存在起动慢、占地面积大、系统工作参数相对固定等缺点，不适用于火箭发动机高空模拟试验系统。

由于火箭发动机高空模拟试验发展需要，研发了化学蒸气生成系统，其中蒸气发生器作为核心装备是基于液体火箭发动机原理，使用化学燃料与氧燃烧后在火焰上直接加入水，使水受热瞬间汽化成水蒸气的机械设备。具有起动快、效率高、工作参数可调、安全环保、经济性好、占地面积小、对能源需求量小等优点，适合于火箭发动机高空模拟试验用蒸气生产要求。美国、德国、日本等国家在火箭发动机高空模拟试验中广泛应用蒸气发生器技术。其中，美国斯坦尼斯航天中心 A-3 高空模拟试验台采用 27 台百千克级液氧酒精蒸气生成系统，实现推力为 133 吨发动机高空模拟试验目的；德国兰波尔豪森试验基地 P1.1 高空模拟试验台采用 45 千克级液氧酒精发生器进行中小推力发动机高空模拟试验。

通常用于火箭发动机高空模拟试验的化学蒸气生成系统必须使用清洁、高效的燃料。醇类燃料（酒精）是清洁、易获得、可再生的有机燃料，按照燃烧工作中氧的种类可分为液氧酒精蒸气生成系统、空气酒精蒸气生成系统。液氧酒精蒸气生成系统主要由液氧酒精蒸气发生器，液氧供应系统，酒精供应系统，水供应系统，点火酒精供应系统，氧气供应系统及相应的控制、测量系统组成；空气酒精蒸气生成系统主要由空气酒精蒸气发生器，空气酒精点火装置，空气供应系统，酒精供应系统，水供应系统，点火酒精供应系统，氧气供应系统及相应的控制、测量系统组成。

7.2　液氧酒精蒸气发生器设计

液氧酒精蒸气生成系统是利用酒精和液态氧燃烧，在燃烧区域加入水，产生大量水蒸气的系统。该系统主要由液氧酒精发生器和相应的供应系统组成。液氧酒精发生器是组织液氧和酒精高效燃烧，合理加入水使其汽化生产水蒸气的关键设备。其本身相当于一个三组元发动机燃烧室。液氧和酒精为非自燃推进剂，需要借助点火装置引燃，因此液氧酒精发生器又包括点火装置和发生器两部分。

7.2.1　点火装置设计

目前应用较为广泛的点火方式主要有火炬式点火、火药点火、自燃点火、电火花点火和等离子点火。各种点火方式对比如下：

（1）火炬式点火

火炬式点火器实际是一个小型的燃烧器，通过采用火花塞将供入点火器燃烧室内的少量的燃料、氧化剂点燃，产生的高温燃气形成火炬并进入发生器燃烧室内，再将发生器内混合后的推进剂点燃。当燃烧室内的推进剂产生的能量足以维持其继续燃烧时，就可以将点火器关闭。火炬式点火器的优点是点火可靠性高，推进剂无毒、无污染，重复使用性强、维护方便，因此在蒸气发生器应用中多采用火炬式点火器。

（2）火药点火

火药点火器通常是装有一个或多个固体推进剂的装药柱，利用电爆管起爆并产生烟火，形成高能火炬引燃主燃烧室内的推进剂混合物。其优点是点火可靠、装置结构简单、使用维护方便，缺点是不能多次起动。

（3）自燃点火

自燃点火器也称自燃液体点火器，借助两种介质相遇后化学自燃产生热量的原理，两种介质自燃后产生高温烟气点燃主燃烧室内的推进剂混合物。其优点是可以通过两种自燃介质供应阀门实现多次点火，易于实现点火控制，但缺点是一般自燃型介质都是有毒的，对于贮存和使用控制要求较高。

（4）电火花点火

电火花点火是直接利用电能来点燃推进剂，电火花点火器以其使用简单、方便，可操作性强等优点，主要应用于质量流量较小的气/气或气/液形式的推进剂点火。在流量较大的液氧/酒精、空气/酒精发生器点火起动中，电火花点火器存在起动能量低，对于点火位置及时刻要求高，点火可靠性低等缺点。

（5）等离子点火

等离子点火器是利用电极接触引弧，在阴、阳极接触后通过特定直流电源在阴、阳极之间形成引燃电弧，使电弧在磁力作用下喷出形成高能量密度的等离子体，可以引燃或加速燃烧。目前等离子点火器的研究和应用已趋成熟，但是这种类型的点火器多用于锅炉点火过程。

7.2.1.1　设计理论

火炬式点火装置一般采用与发生器相同的介质，作为液氧酒精发生器的点火装置，通常采用少量的氧气和酒精，通过电火花塞的方式点燃。氧气通常通过工业级或医疗标准氧气瓶获得，点火酒精可以与发生器的酒精共用，以减少燃料工质的种类，降低系统复杂性。基本输入参数有：推进剂总流量、混合比、燃烧室压力、燃气出口温度等。为了获得足够的点火能量，点火装置的推进剂总流量一般为发生器相同推进剂总流量的 1.5% 左右，燃烧室压力应略高于发生器燃烧室压力，混合比和燃气出口温度的确定要通过热力计算取得，为了获得足够高的温度，又降低对点火装置材料耐高温的要求，通常燃气出口温度不应高于 1 300 K，由此确定推进剂的混合比。

点火装置在设计过程中应遵循以下原则：

1）工作可靠性高，使用、维护方便；

2）点火装置结构简单，加工难度低，结构强度的可靠性好；

3）燃烧稳定，冷却性能好，出口火焰羽流稳定。

要实现上述设计目标，需要考虑采取以下措施：

1）火花塞安装位置要设置合理，从而有效保证起动点火的可靠性。点火装置结构设计中通常将火花塞设置在推进剂雾化、混合较好、流速较缓慢的回流区域，保证电火花塞能够迅速引燃推进剂。火花塞要选用打火能量较高的，供电应适当采用高频放电，可采用冗余设计方式。在点火装置出口设置壅塞喉部，这样有利于保证点火装置燃烧室内的压力恒定，喉道的保压作用有利于点火装置自身的点火。

2）点火装置中喷嘴一般为一个直流离心式喷嘴，通过选取合适的喷嘴缩进长度能够有效地避免不稳定燃烧的产生。

3）点火装置自身的冷却通常可以利用酒精产生液膜对燃烧室内壁进行冷却或将酒精通入冷却夹套对燃烧室外壁进行冷却。喷注面和火花塞通过设计酒精集液腔来冷却。这些措施和方法能够有效地保证点火装置的可靠冷却。

点火装置推进剂采用氧气和液态酒精，其喷嘴采用直流离心式喷嘴。同轴直流离心式喷嘴是气、液双组元推进剂喷注雾化组合的最佳喷嘴形式，常用于液氧-液氢火箭发动机喷注器。直流离心式喷嘴示意图如图 7 - 1 所示。

喷嘴压降是一个要精心选择的参数。通常推荐的喷嘴压降的范围为燃烧室压力的 15%～25%。对于自燃的推进剂，允许的最小喷嘴压降为 0.18～0.2 MPa，对于非自燃推进剂，最小压降可为 0.25～0.35 MPa。提高喷嘴压降可以使推进剂的液滴直径显著减小，改善雾化质量，有利于抑制低频不稳定燃烧。但喷嘴压降过高，只是增大了供应系统的负担，对雾化质量的改善不明显，更严重的是可能引起高频不稳定燃烧。离心式喷嘴的压降若低于 0.3 MPa，会导致雾化质量恶化，使燃烧完全程度降低，若受到供应系统工作过程

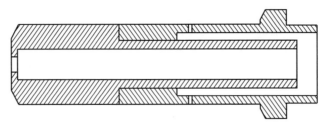

图 7-1　喷嘴示意图

的干扰，易发生低频不稳定性燃烧。

直流喷嘴的设计主要包括喷嘴节流孔径的设计、喷嘴出口直径设计，其结构示意图如图 7-2 所示。

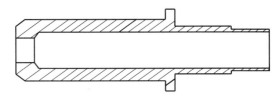

图 7-2　氧气喷嘴示意图

输入参数主要有：

氧气质量流量 q_m；

喷嘴后气体压力 p_2，即燃烧室压力；

喷嘴压降 Δp；

喷嘴前气体压力 $p_1 = p_2 + \Delta p$。

若 $p_2/p_1 < (p_2/p_1)_{cr} = 0.528\ 3$，说明氧气在节流孔内的流动为亚声速，按照可压缩气体的实际流量公式

$$A_d = q_m / C_d \sqrt{\frac{2k}{k-1} p_1 \rho_1 \left[\left(\frac{p_2}{p_1} \right)^{\frac{2}{k}} - \left(\frac{p_2}{p_1} \right)^{\frac{k+1}{k}} \right]} \tag{7-1}$$

式中　q_m——氧气质量流量；

　　　p_1——氧气喷嘴节流孔前压力；

　　　p_2——氧气喷嘴节流孔后压力；

　　　ρ_1——氧气喷嘴节流孔前密度；

　　　A_d——节流孔面积；

　　　k——氧气比热比；

　　　C_d——氧气喷嘴节流孔的流量系数。

流量系数是喷嘴的实际流量与理论流量之比，对于锐边进口的直流式喷嘴，喷嘴孔的轴线长度与孔径之比 $l/d \leqslant 0.5$ 时（短孔流动），$C_d = 0.61 \sim 0.62$。

气体喷嘴的结构参数特别是喷嘴长度、节流孔直径和喷嘴缩进长度对燃烧的稳定性有很大影响。喷嘴气体通道与类似于振荡系统的燃烧室相连，喷嘴声学特性直接与燃烧室声

学不稳定性相关联。喷嘴气体通道可视为亥姆霍兹谐振器，吸收燃烧室声能，抑制高频不稳定性的发生。在喷嘴出口孔径和长度选取方面，节流孔与喷嘴气体通道的面积比约为 0.5 时，阻尼的能量最大，对燃烧稳定性最有利[1]。

另外，氧气经过节流孔后，在喷嘴内的流速不能太大，要满足 $Ma < 0.3$ 的要求，即选取的直流喷嘴出口孔径要满足氧气流速马赫数低于 0.3 的要求，下面利用气体流量计算公式进行验证。

$$q(\lambda) = \frac{q_m \sqrt{T^*}}{p^* A \sqrt{\frac{k}{R}\left(\frac{2}{k+1}\right)^{\frac{k+1}{k-1}}}} \qquad (7-2)$$

$$q(\lambda) = \left(\frac{k+1}{2}\right)^{\frac{1}{k-1}} \lambda \left(1 - \frac{k-1}{k+1}\lambda^2\right)^{\frac{1}{k-1}} \qquad (7-3)$$

$$Ma^2 = \frac{\frac{2}{k+1}\lambda^2}{1 - \frac{k-1}{k+1}\lambda^2} \qquad (7-4)$$

离心式喷嘴的设计主要包括喷嘴出口孔径设计、切向孔径设计等，其结构示意如图 7-3 所示。

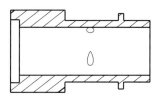

图 7-3　离心式喷嘴结构

输入参数主要有：

酒精质量流量 q_m；

喷嘴压降 Δp；

酒精密度 ρ。

液态酒精雾化喷嘴为离心式喷嘴，酒精经过喷嘴切向孔进入喷嘴后旋转，由于离心力的作用在喷嘴中央形成气涡，酒精离开喷嘴时在喷嘴出口形成锥形液膜（喷雾锥），喷雾再碎裂成液滴。离心式喷嘴常用理论是由阿伯拉莫维奇提出的，此理论基于最大流量原理。喷嘴流量关系式表示为[2]

$$q_{mh} = C_{dh} \pi r_h^2 \sqrt{2\Delta p\rho} \qquad (7-5)$$

式中　q_{mh} ——单个喷嘴流量；

　　　C_{dh} ——流量系数；

　　　r_h ——喷嘴出口半径；

　　　Δp ——喷嘴压降；

　　　ρ ——流体密度。

　　根据伯努利方程和动量矩守恒方程，并引入离心式喷嘴的几何特性 E，可得到喷嘴的流量系数为

$$E = \frac{(1-\varphi)\sqrt{2}}{\varphi\sqrt{\varphi}} \tag{7-6}$$

$$E = \frac{R_{BX}r_h}{nr_t^{\ 2}} \tag{7-7}$$

$$\varphi = 1 - \left(\frac{r_b}{r_h}\right)^2 \tag{7-8}$$

式中　E ——几何特性，由喷嘴的几何尺寸确定；

　　　φ ——有效截面系数；

　　　R_{BX} ——喷嘴入口处旋转半径，即切向孔中心线到喷嘴出口中心线之间的距离；

　　　r_h ——喷嘴出口半径；

　　　n ——切向孔个数；

　　　r_t ——切向孔半径；

　　　r_b ——气涡半径。

　　从上式可知，喷嘴流量系数 C_{dh} 取决于几何特性 E 和有效截面系数 φ 两个参数。对于具体的喷嘴，其几何特性 E 是确定的。此时认为喷嘴的流量具有最大值，C_{dh} 对 E 求导为零，得到如下关系式

$$C_{dh} = \frac{\varphi\sqrt{\varphi}}{\sqrt{2-\varphi}} \tag{7-9}$$

$$\tan\alpha = \frac{2\sqrt{2}(1-\varphi)}{\sqrt{\varphi}(1+\sqrt{1-\varphi})} \tag{7-10}$$

　　代入输入参数，选取一系列的离心喷嘴出口直径，可以计算对应的流量系数 C_{dh}、几何特性 E、有效截面系数 φ、旋转半径 R_{BX}、喷雾角 2α、切向孔直径 d_t 及气涡半径 r_b，根据与直流式喷嘴的装配关系，确定输出参数。

　　燃烧室的设计主要包括燃烧室直径、长度和收缩喉部直径等参数，通常根据燃烧室的热力计算结果来确定。输入参数主要有燃烧产物的质量流量、压力、温度等，通过热力学计算燃烧室内燃烧产物组分及混合气体摩尔质量。

$$a\,C_2H_6O + b\,O_2 \longrightarrow c\,H_2O + d\,CO + e\,H_2 + f\,CO_2 \tag{7-11}$$

　　燃烧室内燃气流动马赫数接近零，其静温与总温接近。按照流量公式

$$q_m = K_m \frac{p_c}{\sqrt{T_c}}q(\lambda)A_{st} \tag{7-12}$$

　　计算出燃烧室喉部直径 D_{st}，喉部截面理论特征速度为

$$c^* = \frac{p_c A_{st}}{q_m} \tag{7-13}$$

圆柱段直径为

$$D_c = \sqrt{\frac{4q_m}{\pi \rho_g v_g}} \qquad\qquad (7-14)$$

式中　q_m——推进剂总流量；

　　　　ρ_g——燃气密度；

　　　　v_g——燃气平均速度，一般取 $10 \sim 30$ m/s。

燃烧室的长度可由下式计算

$$V_c = \frac{q_m t_s R T_c}{p_c} \qquad\qquad (7-15)$$

$$L_c = \frac{4V_c}{\pi D_c^2} \qquad\qquad (7-16)$$

式中　t_s——停留时间，它与推进剂种类、喷注器形式和燃烧室压力有关，一般取经验
　　　　　　值 $1 \sim 3$ ms。

结构参数设计完成后，还要进行换热计算，燃气对燃烧室内壁的传热方式分为对流换热与辐射换热。对流换热是燃烧室内燃气向壁传热的主要形式。在燃烧室内，对流热流通常占总热流的 80% 以上，喉部附近可达 95%。因此，确定燃气对流换热的数值是分析燃烧室传热状况和采取正确冷却措施的首要工作。

巴兹（Bartz）法[3]是对流换热最常用的计算方法。巴兹将液体火箭发动机燃烧室内的燃气对流传热系数整理成管内充分发展紊流传热的准则方程形式，即

$$h = \frac{0.026}{d_{st}^{0.2}} \left(\frac{\eta^{0.2} c_p}{Pr^{0.6}} \right) \left(\frac{p_c}{c^*} \right)^{0.8} \left(\frac{A_{st}}{A_c} \right)^{0.9} \beta \qquad\qquad (7-17)$$

式中　h——传热系数；

　　　　c^*——特征速度；

　　　　q_m——燃气流量；

　　　　η——动力黏度；

　　　　D_c——燃烧室直径；

　　　　c_p——比定压热容；

　　　　β——定性温度变换系数。

$$\beta = \left[\frac{1}{2} \frac{T_{wg}}{T_c} \left(1 + \frac{\kappa-1}{2} Ma^2 \right) + \frac{1}{2} \right]^{-0.68} \left(1 + \frac{\kappa-1}{2} Ma^2 \right)^{-0.12} \qquad (7-18)$$

式中　T_{wg}——气壁温度（与燃气接触的壁面温度）。

动力黏度 η 可以用下式求近似

$$\eta \approx 1.184 \times 10^{-7} \cdot M^{0.5} \cdot T_c^{0.6}$$

式中　M——燃气相对分子质量；

　　　　T_c——燃气总温。

Pr 可以用下式求近似

$$Pr \approx \frac{4\kappa}{9\kappa - 5} \qquad\qquad (7-19)$$

式中　κ——等熵指数。

对流换热密度

$$q_{cv} = h\,(T_{ad} - T_{wg})\tag{7-20}$$

式中　T_{ad}——绝热壁温，或称燃气恢复温度。

$$T_{ad} = (0.9 \sim 0.98)T_c\tag{7-21}$$

这里需要先假定 T_{wg} 为某一值，代入燃气物性参数，计算对流换热密度。

燃烧室中一般不含固体颗粒，点火器燃烧室燃气的主要成分为高温气体 CO、H_2O、H_2、CO_2。辐射热流密度取决于燃气的温度和压力、各组分的分压、黑度以及燃烧室的几何尺寸。燃气中能够产生辐射的主要是 H_2O 和 CO_2。下面只计算这两种气体对燃气壁的辐射。

气体辐射对波长有强烈的选择性，它只在某些波长区段内具有辐射能力，相应地也只在同样的波长区段内才有吸收能力。均匀成分的燃气对壁面的辐射热流密度计算式为[3]

$$q_r = \varepsilon_{wef}\sigma\,(\varepsilon_g T_g^4 - a_w T_{wg}^4)\tag{7-22}$$

式中　ε_{wef}——壁面有效黑度；

　　　σ——斯忒藩-玻耳兹曼常量，$5.67 \times 10^{-8}\,\text{W}/(\text{m}^2 \cdot \text{K}^4)$；

　　　ε_g——燃气黑度；

　　　T_g——气流壁面处静温；

　　　a_w——壁面吸收率。

由于 T_{wg}^4 比 T_g^4 小得多，故 $a_w T_{wg}^4$ 相当于 $\varepsilon_g T_g^4$ 可忽略不计。燃气黑度是水蒸气与二氧化碳气体的黑度之和，即

$$\varepsilon_g = \varepsilon_{H_2O} + \varepsilon_{CO_2} - \varepsilon_{H_2O} \cdot \varepsilon_{CO_2}\tag{7-23}$$

式中，最后一项是考虑 H_2O 和 CO_2 光谱重叠部分互相吸收的结果。

黑度 ε_{H_2O}、ε_{CO_2} 分别是分压 p_{H_2O}、p_{CO_2} 和静温 T_g、辐射路程 L 的函数，其数值可以通过查表得出。

燃气辐射热落到壁面后，只有一部分被吸收，其余被反射。反射热穿过燃气时，一部分被燃气吸收，其余穿透燃气，落到燃烧室壁面的其他部分。这一部分辐射热再次被部分吸收，部分反射。再穿透、吸收、反射，这样反复进行，逐次衰减。壁面最终吸收的总热量为历次吸收的总和，相当于按一次辐射吸收但增大了壁面黑度的效果。这种增大的壁面黑度称为壁面有效黑度 ε_{wef}，其一次近似计算式为

$$\varepsilon_{wef} = \varepsilon_w[1 + (1 - \varepsilon_w)(1 - a_g)]\tag{7-24}$$

式中　ε_w——壁面材料黑度；

　　　a_g——燃气吸收率。

不锈钢燃烧室在不同温度下的黑度值查表可得。

也可采用更简单的近似算式

$$\varepsilon_{wef} = (1 + \varepsilon_w)/2\tag{7-25}$$

点火装置燃气对燃烧室内壁的总换热量 q 为对流换热密度 q_{cv} 与辐射换热密度 q_r 之和

$$q = q_{cv} + q_r \tag{7-26}$$

按照假定的气壁温度 T_{wg}，对液壁温度进行近似

$$T_{lg} = T_{wg} - \delta q / \lambda \tag{7-27}$$

式中　δ——燃烧室壁厚；

　　　λ——燃烧室壁导热系数。

下面对液壁与气壁温度进行校核，点火装置燃气对燃烧室内壁进行热交换，热量通过热传导的方式到燃烧室的外壁面，假定这些热量全部被冷却酒精吸收，即酒精吸收的热量 $q_x = q$，则酒精温升按下式计算

$$q_x A = c_p q_m \Delta T \tag{7-28}$$

式中　c_p——酒精的比定压热容；

　　　q_m——酒精质量流量；

　　　A——集液器换热面积；

　　　ΔT——酒精经过集液器温升。

设定酒精初始温度为 T_i，计算得酒精经过集液器换热后的温升为 ΔT，从而就可得酒精换热后的温度 $T_o = T_i + \Delta T$。若未达到酒精在喷入压力下的沸点，说明酒精在进入喷嘴时仍为液态。

液壁温度为

$$T_{lg} = q_x / a + T_i \tag{7-29}$$

式中　T_{lg}——液壁温度；

　　　a——放热系数；

　　　T_i——酒精入口温度。

其中放热系数 a 通过下式计算

$$a = 75.6\lambda^{0.57} \frac{c_p^{0.43}}{(g\eta)^{0.4}} \frac{1}{d^{0.2}} \left(\frac{Q_{mh}}{A}\right)^{0.8} \left(\frac{Pr}{Pr_w}\right)^{0.25} \tag{7-30}$$

式中，Pr_w 是以液体流动区域附近壁温为定性温度的 Pr，其余未注下标的准则数均是以主流体温度为定性温度。代入酒精的物性参数，得到放热系数和液壁温度。

气壁温度为

$$T_{wg} = T_{lg} + \delta q / \lambda \tag{7-31}$$

式中，δ 为壁厚，通过校核得到的气壁温度若低于假定的 T_{wg} 值，说明假定合理，再生冷却的方式可以将燃气到燃烧室内壁的热量带走（再回到燃烧室），点火装置可以正常工作，若校核得到的气壁温度高于假定温度 T_{wg}，需要重新假定 T_{wg} 再计算。

7.2.1.2　结构设计

结构设计的主要目的是确定点火装置的总体结构方案，包括喷嘴状态、冷却方案、流道及集液腔布置、火花塞位置，在设计过程中要综合考虑点火可靠性、加工工艺复杂性、结构可靠性、维护方便、接口形式等因素，作为发动机高空模拟试验地面设备，可以不将重量、体积等方面作为主要考虑因素，而主要将点火、工作可靠性、重复使用性等作为重

点考虑因素。

在设计过程中，首先要考虑的是喷嘴状态和冷却方案。通常情况下，蒸气发生器的点火装置推进剂流量较小，一个同轴离心式喷嘴即可满足流量要求，在偏离化学当量混合比的状态下工作（一般选择富燃混合比）。燃烧室内的热流密度远低于火箭发动机的燃烧室，采用夹层再生冷却的方案，在燃烧室外壁面采用夹层冷却；在火花塞和喷注器的位置设计酒精集液腔；合理布局接口位置，使冷却液均匀流过夹层；为了保证点火的可靠性，在燃烧室下游设计壅塞喉道；选择通用标准的接口尺寸和密封形式，以便于安装及后期使用维护。

在结构设计中，加工工艺方法会影响点火装置结构可靠性、工作可靠性和重复使用次数。在设计过程中要充分考虑加工能力和制造水平，选择成熟度相对较高的加工工艺，加工材料尽量选用常用材料，避免使用难加工材料。也可以考虑分体结构设计，使易烧蚀或易损坏部件具备更换条件。图 7-4 所示为点火装置设计总体方案之一。

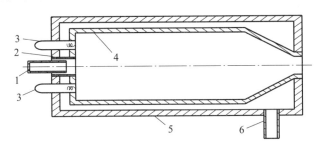

图 7-4　点火装置方案示意图

1—氧气喷嘴；2—酒精喷嘴；3—电火花塞（2个）；4—点火器燃烧室；5—冷却夹层外壁；6—酒精入口嘴

点火器内部燃烧过程为富燃形式，只选用一个同轴离心式喷嘴，氧气由气体喷嘴进入燃烧室与酒精充分掺混，并由火花塞进行点火。为了保证点火可靠性，在点火器身部设置了壅塞喉道，能够起到"稳压"作用，有利于火花塞的点火过程。在整个点火器身部设置了冷却夹层，所有的酒精由酒精入口嘴进入冷却夹层沿火焰流动的反方向对点火装置燃烧室外壁进行冷却，而后由酒精喷嘴进入燃烧室。酒精经过冷却夹层后对燃烧室外壁能够进行很好的冷却，同时酒精在冷却过程中自身温度升高，在经过喷嘴雾化后更有利于后续燃烧过程。点火器头部由于有集液腔，因此集液腔内的酒精能够对头部进行很好的冷却。由于在点火器燃烧室内燃烧面在喷注面的下游，因此喷注面上是一个温度相对较低的区域，将电火花塞安装在这一位置能够保证火花塞在较低温度下工作，有利于保护火花塞。但火花塞的位置并不是酒精和氧气充分掺混的位置，对点火装置点火的可靠性可能有一定影响。在设计完成后的试验过程中可以通过调节进入时序和混合比等方式获得点火的可靠性。

点火装置的结构设计还要充分考虑材料和加工工艺，作为地面试验设备，应尽量采用常用或常见的材料，如奥氏体不锈钢等。加工工艺也应尽量采用成熟可靠的工艺方法，提高加工的成品率和合格率。喷嘴在组焊前要经过液流雾化试验筛选，焊接过程要利用专用工装进行夹紧定位，尽量减小焊接变形。

点火器头部设置两个火花塞同时工作。火花塞工作原理为在火花塞电极两端加击穿电压，形成导电通路后在火花塞端头发出火花。参考有关文献，一般要求火花塞输入电压为直流（27＋3）V，火花频率不低于 50 Hz，单个火花能量不低于 30 mJ。

7.2.2　发生器设计

发生器是蒸气生成系统核心部件，主要作用是组织液氧和酒精雾化、掺混、燃烧产生稳定蒸气，相当于液体火箭发动机推力室，由头部、身部（包括喉道）两部分组成。头部的主要作用是使满足要求的液氧和酒精通过集液腔后，经喷嘴雾化、掺混，被点火装置的火焰点燃，形成稳定燃气；身部的主要作用是使满足要求的水通过集液腔，经过喷嘴喷入燃气，并与头部一起构成燃烧室，身部喉道的主要作用是使燃烧室内形成压力稳定的燃气和水蒸气混合气体，类似于火箭发动机喷管收扩段。

7.2.2.1　设计理论

发生器设计时遵循以下设计准则：

1）具有良好的工作可靠性和稳定性；

2）结构简单，材料、加工工艺易保证；

3）冷却可靠。

作为地面试验设备，在设计过程中对发生器的重量及结构尺寸要求不严格，主要考虑重复使用的可靠性和寿命，对结构强度保留较大安全余量。

基于蒸气发生器的工作机理考虑，低压、大流量的三组元燃烧组织是发生器设计关键点之一。借鉴液氧煤油发动机设计经验，采用前后分区燃烧组织方式。头部主要为液氧和酒精燃烧过程提供合理的集液、雾化及高效掺混条件，使上游燃烧区域产生的高温燃气持续、稳定地维持，下游掺混区域引入的水与高温燃气进行强化换热，形成所需参数的蒸气。按照分区燃烧的思想，液氧和酒精在上游区域应充分燃烧，形成稳定的高温燃烧区，产生高温燃气。燃气温度太高会给冷却带来困难，温度太低喷入水后容易形成积碳，对稳定燃烧也不利。综合考虑，选取液氧和酒精混合比，通过热力计算，初步确定水和液氧、酒精的流量分配关系。

发生器设计输入参数主要有：

蒸气（混合气体）质量流量 q；

蒸气压力 p_c；

蒸气温度 T_c；

液氧酒精混合比 k_m。

假设液氧和酒精反应生成的高温燃气不和水发生化学反应，燃气和水仅为掺混换热过程，掺混换热过程中总能量保持不变。

由能量守恒，可得

$$q_{H_2O}I_{H_2O} + q_{C.P}I_{C.P} = q_{H_2O}I'_{H_2O} + q_{C.P}I'_{C.P} \qquad (7-32)$$

式中　q_{H_2O}——引入的常温饱和水的质量流量；

I_{H_2O} ——常温水焓值；

$q_{C.P}$ ——液氧和酒精燃烧产生的高温燃气质量流量；

$I_{C.P}$ ——高温燃气焓值；

I'_{H_2O} ——掺混后过热蒸气的焓值；

$I'_{C.P}$ ——掺混后低温燃气的焓值。

式（7 - 32）可变为

$$q_{C.P}(I_{C.P} - I'_{C.P}) = q_{H_2O}(I'_{H_2O} - I_{H_2O}) \tag{7 - 33}$$

即

$$\frac{q_{H_2O}}{q_{C.P}} = \frac{-\Delta I_{C.P}}{\Delta I_{H_2O}} = \delta \tag{7 - 34}$$

式中　δ ——水和高温燃气的质量流量比，表明高温燃气的焓降全部用于水的焓增，即用于水的加热。水的流量和燃烧区推进剂的流量（高温燃气流量）为

$$q_{H_2O} = \frac{\delta}{\delta + 1} q_\Sigma \tag{7 - 35}$$

$$q_{C.P} = \frac{1}{\delta + 1} q_\Sigma \tag{7 - 36}$$

式中　q_Σ ——蒸气发生器推进剂总流量。

由燃烧区的混合比 k_m 可得到液氧和酒精的质量流量

$$q_{C_2H_6O} = \frac{1}{k_m + 1} q_{C.P} \tag{7 - 37}$$

$$q_{O_2} = \frac{k_m}{k_m + 1} q_{C.P} \tag{7 - 38}$$

（1）头部设计

头部设计是发生器设计的关键，主要有几个方面的问题：一是喷嘴类型的选取，二是喷嘴参数确定，三是喷嘴排布方式，四是头部集液供应及冷却，五是结构强度与连接等。

一般喷嘴包括离心式和直流式两种。离心式喷嘴为独立工作式喷嘴，需要逐个进行液流试验筛选，再通过钎焊的方式与中底、内底焊接在一起。离心式喷嘴雾化效果好，燃烧更充分，但钎焊结构强度低，加工工艺复杂、难度大，其设计方法可参考点火装置离心式喷嘴计算方法。直流式喷嘴头部整体性强、刚性强，加工工艺简单，不需要进行多个喷嘴筛选后的组焊工艺，可通过直流孔检测与液流试验工装验证工艺质量，结构强度与质量控制容易保证。下面主要介绍直流式喷嘴的设计方法。

为了使流动稳定，直流式喷嘴通常采用长孔，即 $L/d > 2$，下面分析长孔中推进剂的流动情况。在喷嘴进口，推进剂流过进口锐边，由于流体惯性，不可能垂直转弯流动，因此在进口处会发生流动分离，这被称为射流收缩。在 $C - C$ 截面处，流体速度最大，静压最低。经过 $C - C$ 截面后推进剂又逐渐扩流，并重新沿着壁面流动，这时的速度下降，但静压升高，所以推进剂沿喷嘴轴线压强的变化为：由进口 1 - 1 截面处 p_1 降低到 $C - C$ 截面处 p_{C-C}，然后又逐渐恢复到 2 - 2 截面处的 p_2。由于 $C - C$ 截面处的压强低于 2 - 2 截面

处的压强，所以当 p_2 为 1 atm，C - C 截面处就会形成真空[4]，如图 7 - 5 所示。

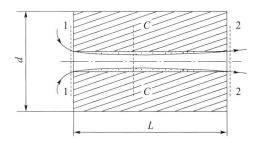

图 7 - 5　长孔喷嘴内的流动示意图

喷嘴类型和总流量确定后，计算喷嘴的孔径，主要计算公式为

$$q_{mh} = 0.09 C_d d^2 \sqrt{\Delta p \rho} \tag{7 - 39}$$

式中　q_{mh} ——单喷嘴的流量；

　　　C_d ——喷嘴的流量系数；

　　　d ——喷嘴的直径；

　　　Δp ——喷嘴孔的压降；

　　　ρ ——流体的密度。

发生器头部液氧（酒精）总流量为

$$q_h = \sum n_i \cdot q_{mhi} \tag{7 - 40}$$

式中　q_h ——发生器头部液氧（酒精）流量；

　　　n_i ——液氧（酒精）喷嘴个数；

　　　q_{mhi} ——液氧（酒精）单孔的流量。

为了燃烧室截面分布的热流密度更加均匀，避免不稳定燃烧，通常头部同种推进剂喷嘴的孔径均在两种以上。

喷嘴的流量系数是指在相同条件下测量实际质量流量与理想流体质量流量的比值，当流体的流动速度、压力等参数确定时，喷嘴的流量系数与孔径、长度、角度、进出口形式（锐边、倒角、倒圆）有关，可以通过研究喷嘴通道各部分水力损失系数来确定喷嘴的流量系数，喷嘴的压降损失可写成

$$\Delta p_{1-2} = \xi_{inj} \left(\frac{\rho v^2}{2} \right) \tag{7 - 41}$$

直流式喷嘴压降损失可表示为

$$\Delta p_{1-2} = \Delta p_{1-C} + \Delta p_{C-2} + \Delta p_t \tag{7 - 42}$$

式中　$\Delta p_{1-C} = \xi_{1-C} \left(\dfrac{\rho v_2^2}{2} \right)$ ——1 - 1 截面和 C - C 截面间的水力损失；

　　　$\Delta p_{C-2} = \xi_{C-2} \left(\dfrac{\rho v_2^2}{2} \right)$ —— C - C 截面和 2 - 2 截面间的水力损失；

　　　$\Delta p_t = \xi_t \left(\dfrac{\rho v_2^2}{2} \right)$ ——通道内壁的摩擦水力损失。

因此，喷嘴的总水力损失系数 $\xi_{inj} = \xi_{1-C} + \xi_{C-2} + \xi_t$，则有

$$C_d = \frac{1}{\sqrt{1 + \xi_{1-C} + \xi_{C-2} + \xi_t}} \qquad (7-43)$$

ξ_{1-C} 是考虑液体进入喷嘴进口后形成漩涡运动和维持漩涡运动的能量损失。主要取决于 Re，图 7-6 给出了 ξ_{1-C} 与 Re 之间的关系曲线。

在 $Re > 10^5$ 时（液体火箭发动机喷嘴的实际流动），黏性对 ξ_{C-2} 几乎没有影响，因此 ξ_{C-2} 仅取决于喷嘴的进口形式，即 $\xi_{C-2} = \xi_{in}$。图 7-7 为锐边进口喷嘴的摩擦水力损失系数曲线图。

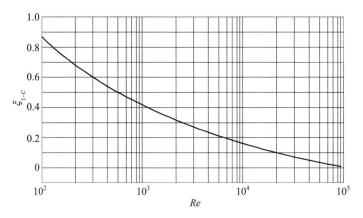

图 7-6 雷诺数 Re 对 ξ_{1-C} 的影响

摩擦水力损失是流体与喷嘴内壁面之间发生摩擦所产生的能量损失，其系数 ξ_t 可以表示为

$$\xi_t = \lambda \frac{L}{d} \qquad (7-44)$$

式中，λ 取决于流动状态的摩擦系数。在湍流状态下，$Re > 4 \times 10^3$，$\lambda = 0.316\,4/Re^{0.25}$。

根据以上三部分的水力损失系数，直流喷嘴总的水力损失系数可以写为

$$\xi_{inj} = \xi_{1-C} + \xi_{in} + \lambda \frac{L}{d} \qquad (7-45)$$

对于锐边进口的长孔喷嘴，流量系数 $C_d = 0.75 \sim 0.85$，在给定喷嘴的结构形式、质量流量 q_{mh}、压降 Δp 及推进剂种类等输入条件后，直流式喷嘴的设计计算如下[4]：

1）按倾角 α，查图 7-7，初步确定喷嘴的流量系数 C_{d1} 为

$$C_{d1} = \frac{1}{\sqrt{1 + \xi'_{in}}} \qquad (7-46)$$

2）初步确定喷嘴直径为

$$d' = 0.95 q_{mh}^{0.5} (C_{d1})^{0.5} (\rho \Delta p)^{-0.25} \qquad (7-47)$$

3）喷嘴的初步液流速度和雷诺数为

$$v' = 1.273 q_{mh}^{0.5} \rho^{-1} (d')^{-2} \qquad (7-48)$$

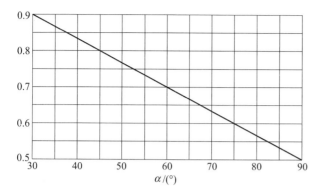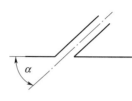

图 7 - 7 直流喷嘴液流进口与进口截面有一定倾角对进口摩擦水力损失系数 ξ_{in} 的影响

$$Re' = \frac{v'd'}{\vartheta} \tag{7-49}$$

4）计算摩擦系数和摩擦水力损失系数，为

$$\lambda' = 0.316\,4Re^{-0.25} \tag{7-50}$$

$$\xi'_t = \lambda'\frac{L}{d'} \tag{7-51}$$

5）由 $\xi_{inj} = \xi_{1-C} + \xi_{in} + \lambda\dfrac{L}{d}$ 及图 7 - 6 查出 ξ_{1-C} 后计算总的水力损失系数，为

$$\xi_{inj}' = \xi_{1-C}' + \xi_{in}' + \xi_t' \tag{7-52}$$

6）计算流量系数，为

$$C_{d2} = \frac{1}{\sqrt{1 + \xi'_{inj}}} \tag{7-53}$$

7）计算确定喷嘴直径为

$$d'' = 0.95q_{mh}^{0.5}(C_{d2})^{0.5}(\rho\Delta p)^{-0.25} \tag{7-54}$$

重复计算过程 1）～7），当两次迭代计算结果小于孔径的 1% 时，计算结束。

根据推进剂的性质和所用喷嘴形式，直流式喷嘴的孔径一般在 0.8～2.5 mm。喷嘴直径小于 0.8 mm 一般是不适宜的，因为容易堵塞和难以制造。直径大于 2.5 mm 的喷嘴使雾化效果明显变差，一般不采用。如果所涉及的喷嘴直径不在以上范围内，则要设法调整喷嘴的质量流量。

压降是喷嘴的进口压力和出口压力之差，是喷注器设计时要选择的参数，发生器采用挤压式供应，燃烧室压力较低，喷嘴的压降应相对高些，一般为燃烧室压力的 30%～50%。

直流式喷嘴分为自击式和互击式，两种喷注类型各有利弊，撞击式喷嘴还有两股撞击式和多股撞击式。为了降低加工难度，一般选择两股撞击式喷嘴。在喷嘴排列计算时，自击式喷嘴构成的喷注器燃烧稳定性较好，具有更高的可分布性，例如方便排列边区冷却喷嘴和排布不同高度的撞击单元。

自击式喷注单元的喷嘴直径相等，其轴线与射流平面夹角相同，撞击角（射流轴线的夹角）通常取为 50°～90°，氧化剂喷注单元的撞击角通常小于燃料的撞击角 5°～10°。撞

击点的高度一般取 $(2 \sim 5)d$，撞击高度过大，射流自由行程长，撞击精度降低，影响雾化均匀性；撞击高度过小影响喷雾展开，可能引起喷注器面的烧蚀。通常燃料喷注单元的撞击点高度比氧化剂小 2 mm 左右。射流平面与喷注器平面的夹角称为射流平面倾斜角。为改善沿燃烧室横截面上推进剂的质量分布，增加两个相邻异种喷注单元的重叠面积和混合程度，可以将射流平面倾斜一定角度。

喷嘴数量对燃烧效率有着重要的影响。原则上说，喷嘴数量越多，燃烧效率越高，但喷嘴数量的增加会增加喷注器结构的复杂性，同时可能引起一些不稳定燃烧。喷嘴数量太少会造成燃烧室界面组元分配不均匀，混合比偏离最佳值。喷嘴数量由喷嘴间距确定。对于液体直流式喷嘴

$$H = 0.4\sqrt{d} \qquad\qquad (7-55)$$

式中　H ——喷嘴间距；

　　　d ——燃烧室内径。

考虑到结构和工艺条件要求，直流喷嘴间距应保证在 4~5 mm 范围内。

喷嘴的排列方式应使推进剂总流量的绝大部分都具有或接近最佳混合比，并通过中心区。除了对稳定性和可靠性有特殊要求外，一般均应使混合比和流量密度分布尽可能均匀，当采用两股自击式喷嘴时，应尽可能使燃料和氧化剂的撞击对数相等，设计时应在每个喷嘴上排列两排撞击对，并使相邻的氧化剂和燃料撞击对数尽可能相等。

喷嘴的排列方式会影响推进剂径向流量密度分布，这对高频不稳定性影响很大。通常热流密度分布有斜坡形分布和驼峰形分布[4]。斜坡形分布是流量密度在燃烧室中心处最大，越接近燃烧室壁面越小。沿径向斜坡形分布有利于切向高频稳定性，但由于喷注器中心的流量密度最大，容易产生径向振荡。沿径向驼峰形分布在喷注器半径中间区域流量密度最大，沿半径向喷注器中心区域、边缘区域流量密度均减小，这种分布方式是一个统筹兼顾径向稳定性和切向稳定性的方法。在设计喷注器时，采用液相分区的办法可有效改善燃烧稳定性。采用不同的流量密度、不同的撞击角和不同的混合比，造成各区不一致的燃烧。为了降低对燃烧室壁面的烧蚀，通常在喷注器边缘设计混合比较低的喷嘴。

从冷却角度说，主要应保证喷注器面和燃烧室壁面等与高温燃气接触的表面能够可靠工作。对于发生器来说，燃烧室壁面和喷注器面的冷却是设计过程中重点要解决的，主动冷却主要依靠喷注器背面的液体流动和控制高温回流两种方式。依靠喷注器背面的液体流动主要通过组织流道使推进剂在进入喷嘴前流过喷注器背面对其换热；控制回流主要通过使氧化剂射流撞击点远离燃料射流撞击点。这两种均是比较容易实现的冷却方式。

燃烧室直径通常用流量密度来确定，对于直流式喷注器，燃烧室的流量密度 $q_{md} = (20 \sim 30)p_c$；对于离心式喷注器，燃烧室的流量密度 $q_{md} = (10 \sim 20)p_c$。在设计过程中，燃烧室的直径要兼顾喷嘴的排列来确定。

燃烧室的容积根据推进剂在燃烧室内的停留时间选择，燃气在燃烧室内的停留时间为

$$t_s = \frac{m_c}{q} = \frac{V_c \rho_c}{q} \qquad\qquad (7-56)$$

式中　m_c——燃烧室内燃气的质量；

　　　V_c——燃烧室的容积；

　　　ρ_c——平均燃气密度；

　　　q——燃烧室总流量；

　　　t_s——停留时间。

需要注意的是，这里燃气在燃烧室的停留时间指的是推进剂燃烧后喷入水形成的混合蒸气的停留时间，其流量为发生器液氧、酒精和水的总流量，为了使喷入的水能充分加热汽化，停留时间一般取 10～30 ms。时间过短可能造成水未完全汽化而流出燃烧室，时间过长使蒸气温度降低，造成不必要的热量损失，燃烧室的长度可根据 $L_c = V_c / A_c$ 计算得到。

（2）身部设计

发生器身部与头部共同构成燃烧室，在发生器燃烧室直径、长度已确定的情况下，身部设计主要是合理组织水进入燃烧室，使水能够充分地接触燃气被汽化，按照发生器设计的原则，应保证其良好的工作可靠性和冷却可靠性，在燃烧室热流密度较小的情况下，可以利用水进行液膜冷却，在热流密度较大的情况下，通常需要采用再生冷却和液膜冷却相结合的冷却方案。再生冷却的设计方法在点火装置设计中已经介绍，在此介绍液膜冷却设计。

根据分区燃烧的思想，大部分的水在燃气下游截面进入燃烧室，燃气上游截面喷入水的主要目的是形成冷却液膜，保护燃烧室内壁不出现烧蚀和过热。液膜冷却通常在燃烧室壁面上开缝或小孔来引入水，在燃烧室壁面形成液体薄膜，液体与燃气间进行能量和质量交换，使液膜的有效厚度沿流动方向减小，因此在大多数情况下，必须在燃烧室壁的多处引入冷却液，使液膜能够稳定覆盖所需冷却的表面。

液膜冷却燃烧室所需的液膜冷却剂流量与燃气质量流量之比的计算公式为[4]

$$\frac{q_l}{q_g} = \frac{1}{\eta_c} \frac{I}{2 \dfrac{v_d}{v_m f} \left[1 + \left(\dfrac{v_g}{v_d} - 1 \right)^{\frac{c_{pvc}}{c_{pg}}} \right]} \tag{7-57}$$

$$I = \frac{c_{pvc} (T_{aw} - T_{wg})}{c_{plc} (T_{wg} - T_{co}) + \Delta I_{vc}} \tag{7-58}$$

式中　q_l——冷却燃烧室壁单位表面积的液膜冷却剂质量流量；

　　　q_g——垂直于流动方向单位横截面积的燃气质量流量；

　　　T_{co}——集液环处的冷却剂温度；

　　　η_c——液膜冷却效率；

　　　I——液膜冷却剂的焓；

　　　ΔI_{vc}——冷却剂的蒸发潜热；

　　　c_{plc}——冷却水在液相时的平均比定压热容；

　　　c_{pvc}——冷却水在气相时的平均比定压热容；

　　　f——燃气和液膜冷却剂之间两相流动的摩擦系数；

c_{pg} ——燃气的平均比定压热容；

v_d ——边界层边缘处的燃气轴向流速；

v_m ——燃气的平均轴向流速；

v_g ——燃烧室中心线处的燃气轴向流速。

实际上，由于有损失，理论确定的液膜冷却剂流量将会有较大误差，因此必须引入液膜冷却效率 η_c 来修正。根据冷却剂喷注的几何形状和流动状况，液膜冷却效率的数值在 $30\%\sim70\%$ 范围内。随着冷却剂流量的增加，液膜的长度开始成比例增大，但达到一定值时，液膜长度的增大就变得缓慢了，实际上很薄的液膜就能够达到保护的效果，增大冷却剂流量会使液膜表面产生波动，使一部分液滴脱离壁面而散失掉。

在发生器身部设计时，可以用理论公式计算，取较为保守的液膜冷却效率来计算液膜冷却剂流量，再通过液流试验观察液膜厚度和稳定长度，根据液膜长度确定发生器身部长度。燃气上游截面形成冷却液膜后，剩余的大部分水从燃气下游截面喷入，为了使燃烧室能快速建压，在身部下游截面设计收缩喉部，收缩喉部面积一般取燃烧室截面面积的 70%，大部分水从收缩位置通过直流孔喷入燃烧室，直流孔径计算可按喷注器直流喷嘴计算方法。

7.2.2.2　结构设计

（1）头部结构设计

发生器头部由喷注器和相应推进剂接口、测压接口组成，喷注器主要由喷注盘和顶盖组成，喷注盘上有氧化剂和燃料喷嘴以及相应的流道和集液腔。根据头部喷注器喷嘴形式的不同，大体上可以分为直流式喷注器和离心式喷注器两大类。直流式喷注器喷嘴排列密度大，结构紧凑，离心式喷注器喷嘴排列密度小，结构尺寸大。

为了加工方便，喷注盘的喷注面普遍采用平面，球形和蝶形等曲面喷注面很少采用。对于蒸气发生器头部设计，在中间位置还需要设计点火装置和火焰通道。

离心式喷注器由顶盖和喷注盘组成。喷注盘由喷嘴、喷注面板、中间平板和加强环所组成。典型的结构形式如图 7-8 所示。

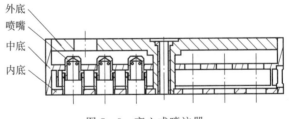

图 7-8　离心式喷注器

外喷嘴与内喷嘴、喷嘴与内底、喷嘴与中底、外底与中底、外底与内底之间全部通过钎焊连接。这种结构对钎焊的工艺要求较高，离心式喷嘴需要逐个进行液流试验筛选，不适用于地面试验。

直流式喷注器一般由盖板、喷注盘和喷嘴环组成，对于流量较小的发生器，喷嘴数量较少,一般采用整体式喷注面,即所有的喷嘴在一个面板上加工出来,这样可以提高喷注单元的撞击精度,在喷注器背面加工出环形槽,组成氧化剂和燃料的周向通道。环形槽宽度一般取 6～8 mm,槽的壁厚取 3～5 mm,槽内推进剂最大流速应小于 10 m/s。环槽数目或宽度根据燃烧室直径、喷嘴的排布需要选择。典型的结构形式如图 7-9 所示。

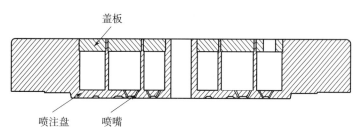

图 7-9　直流式喷注器

在直流式喷注器强度方面,设计喷注器时选取的尺寸,例如喷注器面厚度,环槽壁厚、宽度,盖板加工工艺厚度等,均能够满足低压发生器工作要求,一般不需要特别进行强度分析。

（2）身部结构设计

发生器身部结构设计主要考虑要形成稳定的液膜,结构可靠,连接密封有效。典型的液膜冷却模型如图 7-10 所示。

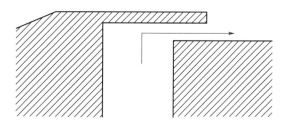

图 7-10　液膜冷却模型

在热流密度不大的情况下,身部可以单独采用液膜冷却的方式进行热防护,身部为单层结构,四个段之间连接处采用图 7-10 所示的冷却模型,并设计水集液腔,连接面设计密封环槽,结构形式如图 7-11 所示。

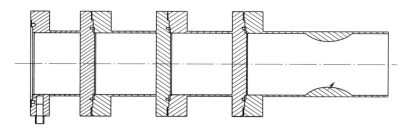

图 7-11　身部结构示意图

身部的结构强度、壁厚等可以按照压力管道的设计方法进行设计。

7.3　空气酒精蒸气发生器设计

上节中介绍了采用液氧、酒精作为燃烧工质的蒸气发生器设计方法，本节主要介绍采用空气、酒精作为燃烧工质的蒸气发生器设计方法，这两种发生器在设计过程中有一定的区别。

7.3.1　点火装置设计

7.3.1.1　设计依据

目前较为成熟的火炬点火器一般用于固体、液体火箭发动机，为确保点火工作可靠性，其氧化剂和燃料组合方式为：氧气/氢气、氧气/酒精、氧气/煤油、液氧/煤油等，火炬点火器利用少量燃烧工质快速燃烧，提供发动机点火阶段的可靠初始能量，但对于采用空气、酒精作为燃烧工质的蒸气发生器或发动机等燃烧装置而言，点火装置设计中需要额外提供一路氧气或液氧，无法实现工质工艺系统与控制的兼顾特性。而在基于空气、酒精作为燃烧工质的火炬点火器设计中，需要在设计理论、设计方法上进一步介绍，形成工质供应统一、安全性优良的点火装置。

根据火炬点火器短时点火的工作特征要求，在点火器设计中通常调整燃烧过程余氧系数实现控制燃烧产物温度的目的，同时设计中兼顾燃烧室温度与冷却措施。目前，相关文献中通用的火炬点火器模型包括：火花塞安装板、燃烧室、燃气导管及冷却管套等部件。其中氧化剂、燃料进入燃烧室掺混，由火花塞点燃，快速产生高温烟气，并由出口喉径形成稳压排气，为发生器燃烧室提供点火初始阶段的起动热能。图 7－12 为两种典型火炬点火器结构形式[5]，根据发生器或发动机主燃烧室点火要求进行合理设计。

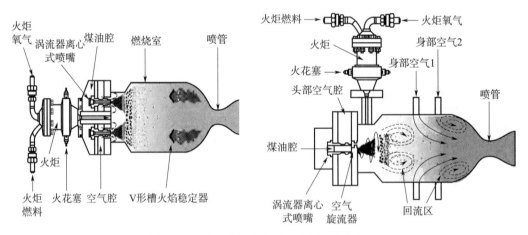

图 7－12　典型火炬点火器工作原理示意图[5]

（1）点火器设计思路

燃烧过程是发光放热的化学反应过程，一般包括着火阶段、稳定燃烧阶段及熄火阶段三个过程。点火器将燃烧工质点燃并产生能量的过程属于强迫点火，是借助外部能源点燃混合气体并建立稳定的燃烧[6]。

空气酒精火炬点火器设计中，首先燃烧工质具备通用性、成本低、易储存、安全、燃烧产物清洁等特点；其次基于"气-液"双燃烧工质的燃烧热力分析与方案设计；兼顾氧气酒精火炬点火设计与工作特点。点火器设计思路为：

1）沿用基于小型液体火箭发动机设计方法，点火器基本包含火花塞系统、燃料和氧化剂供应系统、烧烧室、燃气排气导流等；

2）采用空气/酒精双工质的燃烧设计中，由于氧化剂的氧化能力下降、燃料的可燃性也相对弱化，需要通过合理的结构设置达到可靠点火；

3）外形结构设计时需要考虑安装、使用的便利性，尺寸及接口不宜过大；

4）内部结构设计中主要解决两种工质的高效雾化与混合问题，确保点火位置合理及火焰稳定。

（2）主要设计内容

火炬点火器的主要设计内容包括：点火器流量、混合比、燃烧室压与出口喉径、空气喷嘴、酒精喷嘴、燃烧室直径、燃烧室长度、点火电源等参数[7]。

1）点火器流量，是燃料和氧化剂流量的总和，即点火器的燃气总流量。液氧/液氢发动机设计中点火器流量大约为主燃烧室推进剂流量的 0.1%～0.3%，空气酒精点火初始能量相对较低，为保证点火过程可靠性、点火能量满足发生器起动工作要求，可将点火器额定流量设计为主燃烧室流量的 1%～5%。再根据主燃烧室内点火能量、温度设计要求，开展进一步热力计算，选取合理、安全的点火器工作参数。

2）混合比，是空气与酒精流量之比。在确定总流量的条件下，开展两种介质不同混合比条件下的热力计算，对比不同混合比条件下火炬燃烧室的燃烧温度、燃烧状态，最终确定混合比及两种推进剂流量，一般将混合比设计为富燃形式，即余氧系数范围约 0.8～1.0。

3）燃烧室压与出口喉径。点火器的燃烧室压主要取决于主燃烧室压，必须确保燃气出口压力、温度要求，点火器燃烧室压一般为主燃烧室稳态建压的 1.2～1.5 倍，同时燃气出口喉径通过液体火箭发动机喷管流量公式计算。

4）空气、酒精喷嘴设计。根据点火器喷嘴设计要求考虑氧化剂、燃料设计流量、压降等参数，根据喷嘴组合形式进行参数调整和结构优化设计。

5）燃烧室设计。根据液体火箭发动机燃烧室设计依据，点火器燃烧室包括燃烧室形状、长度、直径以及相关接口等参数的设计。

6）点火电源。点火器电源设计主要考虑，一是电功率，二是火花频率。

7.3.1.2　设计理论

（1）设计流程

火炬点火器作为小型高温燃气生产装置，用于发生器起动阶段提供初始加热点火能量，其设计流程一般为：确定设计指标、理论分析与参数计算、方案设计优选、加工与调试。

（2）设计指标

若设计一台空气酒精点火器，采用火炬点火器的设计形式，其设计指标为：

1）燃烧介质：空气、酒精；

2）燃气流量：100 g/s；

3）点火方式：火花塞；

4）冷却结构：采用再生冷却方式。

（3）设计参数

在利用空气、酒精作为燃烧工质的点火器设计中，首先明确方案结构，然后进行设计参数的计算与优选。根据点火器设计流量为 100 g/s，采用单喷嘴组织形式进行参数确定。

①燃烧热力计算[8]

酒精在与空气燃烧的过程中，所需的 O_2 是由空气提供的，空气中含有 21% 的 O_2 和 79% 的 N_2（体积分数），也就是说每 1 mol 的 O_2 就有 3.76 mol 的 N_2，在实际的燃烧过程中不考虑 N_2 参加燃烧反应。在燃烧过程中，燃料充分与 O_2 反应是最佳的结果，也是效率最高的化学反应，这一过程也被称为化学恰当反应。

在空气与酒精的燃烧过程中，理想的化学反应方程式为

$$C_2H_5OH + 3O_2 + 11.28\ N_2 = 2CO_2 + 3H_2O + 11.28\ N_2$$

由上述方程可知，1 mol 酒精充分燃烧需要消耗 3 mol 空气，根据恰当化学反应计算所需确定燃气流量下空气酒精流量、燃烧混合比、燃烧生成热等参数。由上述分析开展理论计算知[8]，空气与酒精的理论空燃比（9 g 空气/1 g 酒精）近似为 9.0。

由文献［9］知酒精（C_2H_5OH）的低位热值为 26.77 MJ/kg，假设酒精燃烧的热量充分释放，可以估算出酒精流量为 10 g/s，充分燃烧时需要的空气流量约为 90 g/s，可以产生 100g/s 的高温燃气，形成的点火器能量约为 267.7 kJ。

在点火器短时快速起动后形成稳定的燃气，该燃烧热力反应过程可近似为定压绝热燃烧，由热力学第一定律可知，化学反应产物的绝对焓应等于反应物的绝对焓，即

$$H_{prod}(T_{ad}) = H_{reac}(T_1)$$

式中　　T_1、T_{ad} ——反应物和燃烧产物的绝热燃烧温度，通过绝热燃烧过程可计算出燃气的温度，一般 $T_{ad} \approx 2\ 400\ K$。

②设计参数方案

基于设计指标、燃烧热力计算结果确定的点火器设计参数见表 7-1，在确定设计混合比、两种工质的设计流量条件下，初步给定点火器的设计燃压、两种工质在点火器喷嘴上的压降指标。

表 7-1　点火器设计参数

名称	总流量/(g/s)	空气流量/(g/s)	酒精流量/(g/s)	混合比	空气喷嘴压降/MPa	酒精喷嘴压降/MPa	燃烧压力/MPa
数值	100	90	10	9.0	0.6	0.6	1.0

7.3.1.3　结构设计

火炬点火器采用的是液体姿控发动机的设计理论、设计方法，根据设计参数开展结构

及部件的细化设计工作。火炬点火器工作过程与火箭发动机燃烧过程相似，点火器内部结构设计要点包括：高效的燃料、氧化剂喷注方案设计，酒精迅速雾化并与空气充分掺混的高效混合方法设计，合理的火花塞点火位置选取，可靠的火焰稳定装置及火焰维持燃烧过程的流场结构设计等，确保点火器持续点火的工作可靠性。

点火器结构通常包含头部和身部两个部分，其中头部有喷嘴、火花塞、集液腔、集气腔等，身部有雾化腔、燃烧区、收缩段及壅塞喉道等。

图 7-13 所示为常见三种点火器设计结构形式：（a）氧化剂从端面注入、燃料从侧面旋流进入点火器内部，火花塞设置于点火器侧面；（b）氧化剂、燃料均从端面注入点火器内部，火花塞布置于点火器侧面；（c）氧化剂和燃料均从侧面注入点火器内部，火花塞布置在点火器端面。三种火炬点火器设计方案均可满足要求，而设计中则需要针对安装空间尺寸、介质供应接口、喷嘴选取形式及点火器冷却要求等因素，综合考虑后选取合理的设计方案。

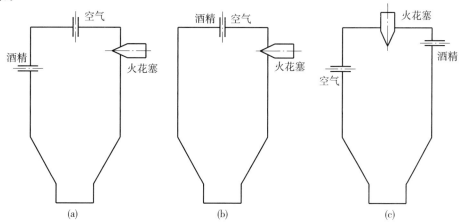

图 7-13　典型火炬点火器方案结构

一般结合气、液两种类型燃烧工质特性开展的点火器设计，选用图 7-14 所示点火器设计方案：空气、酒精两种工质分别从端面注入气腔、液腔内，实现两种喷嘴的工质供应，根据点火可靠性可以适当设置多个火花塞在端面或侧面，为了提高酒精喷嘴的雾化效果，可以根据氧化工质的性质进行组合式喷嘴优化设计，确保两种工质的高效掺混。当空气、酒精工质从侧面供入点火器内部腔体供应至喷嘴之前，酒精集液腔设置在靠近燃烧室的地方，可以对燃烧室顶端内壁面进行有效的冷却降温；火花塞布置在燃烧室侧壁附近时，喷嘴形成的空气和酒精雾化混合物流动到火花塞上时，混合物在被火花塞持续点燃后，在燃烧室腔内部回流区域形成持续燃烧的燃气流动过程。

（1）喷嘴设计

喷注单元也称喷嘴，一般可按流体工质的物理性质分为气体喷嘴、液体喷嘴，也可按流体通道的结构形式分为直流喷嘴、离心喷嘴或组合喷嘴。在进行不同类型的喷嘴设计时，一方面要考虑喷嘴结构、几何尺寸和质量流量、喷注压降及雾化角之间的关系，另一方面要考虑射流雾化过程及掺混特性、液滴分布对燃烧效率的影响规律等。

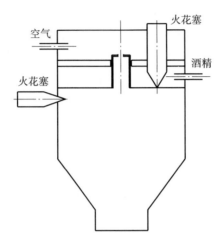

图 7 - 14　最终火炬点火器结构方案

　　结合点火器设计结构方案，在将气、液两种组元的喷嘴组合设计中，考虑将气体集气腔设计在上端而将集液腔设计在下端，常用的单喷嘴双工质设计结构形式如图 7 - 15 所示。可按气流布局形式开展两种工质的雾化掺混喷嘴设计，气体采用直流喷注形式、液体采用直流或离心喷注形式，利用气体流动破坏液体表面张力，使液体收缩、破碎过程中形成恰当的小液滴并与气体混合，当混合工质进入燃烧腔内到达火花塞附近时，更利于点火与燃烧维持。

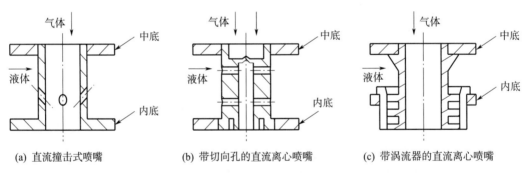

(a) 直流撞击式喷嘴　　　　(b) 带切向孔的直流离心喷嘴　　　(c) 带涡流器的直流离心喷嘴

图 7 - 15　几种气液喷嘴的结构方案

　　点火器的气、液两种组元喷嘴设计中，不同喷嘴形式计算方法及计算步骤如下：

①直流式气体喷嘴的计算过程[11]

　　气体喷嘴计算时要考虑气体的可压缩性，即考虑气体的密度随压力和温度的变化，气体喷嘴可表示为

$$q_{mh} = \mu \cdot \rho_2 \cdot A_2 \cdot v_2 \qquad (7-59)$$

其中

$$\rho_2 = \rho_{in} \left(\frac{p_c}{p_{in}} \right)^{\frac{1}{\gamma}}$$

式中　μ——流量系数，$\mu = 0.70 \sim 0.85$；

v_2——喷嘴出口速度；

ρ_2——喷嘴出口处气体的密度；

A_2——喷嘴出口面积；

ρ_{in}、p_{in}——喷嘴进口处气体的密度和压力。

喷嘴入口气体压力为

$$p_{in} = p_c + \Delta p_h \tag{7-60}$$

式中　Δp_h、p_c——喷嘴压降和喷嘴出口压力（燃烧室压力）。

喷嘴压降相对于燃烧室压力不高，多数情况下喷嘴内的气体流动为亚声速流动，气体的喷出速度为

$$v_2 = \sqrt{\frac{2k}{k-1}RT_{in}\left[1-\left(\frac{p_c}{p_{in}}\right)^{\frac{k-1}{k}}\right]} \tag{7-61}$$

式中　R、T_{in}——喷嘴前的气体常数和总温；

k——比热比。

根据式（7-59）、式（7-61）可以得到喷嘴出口截面积为

$$A_2 = \frac{q_{mh}}{\mu\rho_{in}\left(\dfrac{p_c}{p_{in}}\right)^{\frac{1}{k}}\sqrt{\dfrac{2k}{k-1}RT_{in}\left[1-\left(\dfrac{p_c}{p_{in}}\right)^{\frac{k-1}{k}}\right]}} \tag{7-62}$$

将 $p_{in} = \rho_{in}RT_{in}$ 代入式（7-62）可得

$$A_2 = \frac{q_{mh}}{\mu\sqrt{\dfrac{2k}{k-1}p_{in}\rho_{in}\left[\left(\dfrac{p_c}{p_{in}}\right)^{\frac{2}{k}}-\left(\dfrac{p_c}{p_{in}}\right)^{\frac{k+1}{k}}\right]}} \tag{7-63}$$

由空气质量流量、喷嘴设计压降、设计室压等参数计算出空气喷嘴设计参数。

②离心喷嘴的计算过程

液体离心喷嘴设计时，可以不考虑黏性和喷嘴几何尺寸比例关系的影响，而是按照理想喷嘴进行理论计算，并根据点火器规定的最大流量、制造公差控制要求，制造出一批试验用的喷嘴进行液流试验，将试验结果与设计要求比较，找出其差异的原因，最终修正离心喷嘴主要尺寸，直至达到设计目标为止[11]。

确定已知的或选定的原始数据：

1）喷嘴的质量流量，通常液体火箭发动机中应用的离心喷嘴的质量流量范围为 10～300 g/s；

2）雾化角，一般雾化角 $2\alpha = 30° \sim 120°$，常用 $90° \sim 120°$；

3）喷嘴压降，一般取喷嘴压降范围 $\Delta p = 0.3 \sim 1.5$ MPa，酒精为非自燃介质，最小允许压降范围可为 0.25～0.35 MPa；

4）介质的物理性质，如密度、黏度等参数；

5）离心喷嘴的类型，采用涡流器离心喷嘴或切向孔离心喷嘴。

切向孔离心喷嘴设计步骤参考 7.2 节，点火器设计参数参照表 7-1。图 7-16 所示为

采用同轴双组元布置的单喷嘴结构的两种形式。图 7 - 16（a）为空气直流、酒精直流撞击结构的喷嘴形式，空气直流喷嘴进口直径为 7.5 mm，出口直径为 8.5 mm，酒精直流撞击喷嘴为两个直流撞击孔，进口直径为 0.60 mm，撞击角为 90°；图 7 - 16（b）为空气直流、酒精离心式结构的喷嘴形式，空气直流喷嘴进口直径为 7.5 mm，出口直径为 8.5 mm，酒精直流离心喷嘴为切向离心孔形式，两个切向孔直径为 0.70 mm，气液同轴双组元缩进尺寸选取 7 mm。

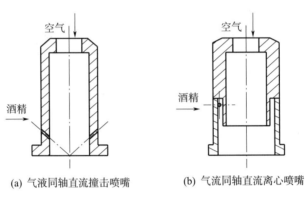

(a) 气液同轴直流撞击喷嘴   (b) 气流同轴直流离心喷嘴

图 7 - 16　空气酒精喷嘴设计结构

（2）燃烧室设计[11,12]

空气酒精火炬点火器燃烧室一般选用柱形结构，设计过程类似于小型液体火箭发动机推力室燃烧腔，不设计扩张段。

1）推力室和理论特征速度计算式

$$c^* = \frac{p_c A_t}{\Gamma} = \frac{\sqrt{RT_c}}{\Gamma} = \frac{\sqrt{RT_c}}{\sqrt{k}\left(\dfrac{2}{k+1}\right)^{\frac{k+1}{2(k-1)}}} \tag{7-64}$$

式中　R——点火器内的燃气气体常数；

　　　T_c——点火器内的温度；

　　　k——点火器内的比热比。

2）燃烧室理论喉部面积、实际喉部面积的计算式为

$$A_{t,th} = \frac{c^* \dot{m}}{p_c} \tag{7-65}$$

$$A_t = \frac{A_{t,th}}{C_d} \tag{7-66}$$

式中　c^*——特征速度；

　　　$\dot{m}$——质量流量；

　　　p_c——燃烧室压力；

　　　C_d——流量系数。

3）点火器燃烧室圆柱段的直径大小决定了燃烧室的流通面积，在推进剂流量、室压、

混合比一定的情况下，流通面积的大小将决定燃烧室内燃气的流速。燃烧室面积的选取还要充分考虑点火器头部喷嘴和火花塞的安装，在满足燃气流动要求的情况下，要保证头部喷嘴和火花塞安装的合理性。

圆柱段直径为

$$D_c = \sqrt{\frac{4q_m}{\pi \rho_g v_g}} \qquad\qquad (7-67)$$

式中　q_m ——推进剂总流量；

　　　ρ_g ——燃气密度；

　　　v_g ——燃气平均速度，其中燃气速度取值小于或等于 30 m/s。

点火器圆柱段长度的选取通常会影响到燃气的流动状态：圆柱段太短则不能使空气、酒精充分燃烧，造成出口气流较为紊乱，不利于出口火焰的稳定；圆柱段太长会使高温燃气在点火器燃烧腔内停留时间太长，造成热损失和燃烧室身部冷却问题。因此，在点火器圆柱段长度选取时既要满足出口参数的要求，还要满足自身冷却及防护结构设计的要求。

燃烧室的容积和燃烧室长度可由式（7-68）、式（7-69）计算

$$V_c = \frac{q_m t_s R T_c}{p_c} \qquad\qquad (7-68)$$

$$L_c = \frac{4V_c}{\pi D_c^2} \qquad\qquad (7-69)$$

式中　t_s ——点火器中燃气停留时间，通常与燃烧工质的种类、燃烧室压力等有关，一般取经验值 1～5 ms。

根据上述计算确定的空气酒精火炬点火器设计结构参数见表 7-2。点火器设计结构如图 7-17 所示。

表 7-2　点火器设计特征参数

参数名称		单位	参数
空气内喷嘴	节流孔直径	mm	6
	出口内径	mm	5.3
	出口外径	mm	6.3
	缩进长度	mm	10
酒精外喷嘴	出口内径	mm	9
	切向孔直径	mm	1.0
	有效截面系数	—	0.128 9
	气涡半径	mm	4.5
	喷雾角	°	148
	几何特性	—	26.6
	流量系数	—	0.055 77

续表

参数名称		单位	参数
燃烧室身部	喉部直径	mm	11.5
	圆柱段直径	mm	55
	身部长度	mm	80

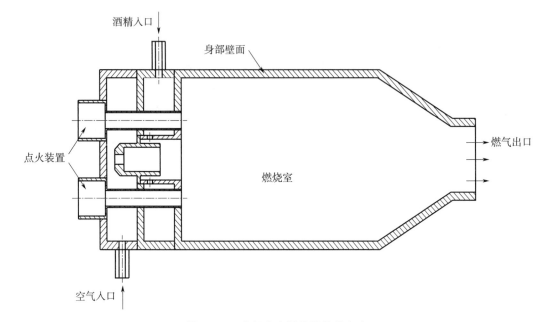

图 7 - 17　火炬点火器设计结构方案

7.3.2　发生器设计

在以空气、酒精作为燃烧工质的蒸气发生器设计中，同样是基于液体火箭发动机燃烧、气动、热力系统设计，蒸气发生器用于将化学能高效转化为气动热能。本节主要介绍化学蒸气发生器的设计依据、设计理论、设计结构。

7.3.2.1　设计依据

空气酒精蒸气发生器的工作机理是将空气、酒精两种介质在燃烧室内部均匀雾化，高效掺混，形成快速燃烧的流场环境，利用高温燃气快速加热水生产水蒸气。氧化工质、还原工质分别为空气、酒精，氧化工质中含有大量氮气，会造成燃烧过程中存在较多不可凝气体，若采用该品质水蒸气进行动力系统引射工质，须考虑不可凝气体对引射能力、排气系统设计等的影响。

（1）发生器设计思路

发生器是基于化学工质燃烧、换热提供热能的流体装备，根据工质的工作特点，发生器借助点火装置实现了快速点火燃烧，维持稳定化学热能转化。发生器设计特征与液体火箭发动机相似，主要包括点火装置、头部喷注器、身部燃烧室以及水汽化蒸气生产腔等。

空气酒精发生器与点火器设计思路相似，需要考虑因素包括：

1）基于小型液体火箭发动机设计方法实现非自燃工质持续燃烧，合理布置点火器确保可靠起动、稳定燃烧；

2）在气/液双工质的燃烧设计中，考虑气/液工质组织燃烧中供应、冷却、高效掺混、稳定燃烧设计，喷嘴类型与布置方式；

3）在燃烧腔室设计中，为满足低氧化性工质持续燃烧，需要具备合理的容腔结构及尺寸，同时利用水实现燃烧室高效冷却、掺混汽化与蒸气生产等目的。

（2）主要设计内容

发生器的主要设计内容包括：工质流量、燃烧混合比、燃烧室压、出口喉径、酒精喷嘴、燃烧室尺寸、水汽化容腔尺寸等参数。

1）发生器工质流量，是指酒精、空气、软化水流量总和，即生产水蒸气的总质量流量。根据主燃烧室内化学工质生产能量，水汽化形成特定参数蒸气的设计要求，开展进一步热力计算，选取合理安全的发生器工作参数。

2）发生器燃烧混合比，是基于燃烧热力计算确定的空气、酒精流量之比，一般为实现工质能量的高效利用，其混合比设计为富氧形式，即余氧系数范围为 $1.0 \sim 1.05$。

3）燃烧室压与出口喉径。燃烧室压主要取决于设计蒸气品质参数，必须确保燃气出口压力、温度满足蒸气生产要求。

4）发生器喷嘴设计。由介质流量、喷嘴压降、燃烧室尺寸等特征，计算需要的喷嘴个数、喷嘴结构、喷嘴布置形式等。

5）发生器燃烧腔设计。根据液体火箭发动机燃烧室容腔设计方法，需要考虑完成燃烧过程所需的容腔尺寸，同时考虑水充分汽化后体积容腔，合理选取燃烧室容腔结构、水掺混与冷却布置形式，确保燃烧腔室的结构、尺寸等参数符合设计要求。

7.3.2.2　设计理论

蒸气发生器的工作原理是一定压力和流量的酒精和空气通过装置内的喷嘴雾化后，被点火装置点燃，形成稳定的燃烧火焰后，在火焰下游注入一定压力和流量的软化水，高温燃气与水掺混换热后形成满足要求的高温水蒸气。

（1）燃烧及热力参数计算

蒸气生产装置设计方案是将酒精、空气燃烧产生热量，并为软化水提供加热所需的能量，考虑燃烧过程尽量充分、燃烧温度较高，选择理论混合比进行燃烧计算[8]。

假设空气是由 21% 的氧气和 79% 的氮气组成（体积百分比），即含有 1 mol 氧气的空气中，有 3.76 mol 的氮气。因此，单位摩尔酒精在空气中充分燃烧的化学方程式为

$$C_2H_5OH + 3O_2 + 11.28N_2 = 2CO_2 + 3H_2O + 11.28N_2 \qquad (7-70)$$

由以上方程可知，酒精与空气充分燃烧反应的摩尔比为 1:3，计算可知化学当量的空气-酒精比约为 9.0。根据化学当量比燃烧反应方程式，查表列出反应物质、生成物质的标准摩尔生成焓见表 7-3，计算出单位摩尔酒精燃烧所能提供的热量。

表 7 - 3　燃烧化学反应各物质标准摩尔生成焓[8]

物质	酒精	氧气	二氧化碳	水	氮气
	C_2H_5OH	O_2	CO_2	H_2O	N_2
298 K 下的生成焓 $\bar{h}^0_{f,i}$ /(kJ/mol)	−236.277	0	−393.546	−241.845	0
1 300 K 下的比定压热容 $\tau_{p,i}$ /[(kJ/(mol·K)]	—	—	0.056 984	0.045 027	0.034 113

由表 7 - 3 计算单位摩尔酒精与空气恰当反应的焓变为

$$H_{reac} = \sum_{reac} N_i h_i \qquad (7-71)$$

$$H_{prod} = \sum_{prod} N_i [\bar{h}^0_{f,i} + \bar{c}_{p,i}(T_{ad} - 298)] \qquad (7-72)$$

根据定压绝热燃烧的热力学第一定律 $H_{reac}(T_i, p) = H_{prod}(T_{ad}, p)$，计算可得到绝热燃烧温度为 $T_{ad} = 2\,311.6$ K，恰当混合比燃烧释放热量为

$$H_{prod} = \sum_{prod} N_i [\bar{h}^0_{f,i} + \bar{c}_{p,i}(T_{ad} - 298)] \qquad (7-73)$$

根据燃烧反应放热量计算掺水量，掺水后温度按照 150 ℃，燃烧充分掺混后室压按 0.5 MPa 计算，查找水在不同条件下的焓值：$H_{0.1,15} = 62.96$ kJ/kg，$H_{0.5,150} = 2\,767$ kJ/kg，按照下式计算单位摩尔质量酒精充分燃烧时，软化水的最大掺混质量为

$$\Delta H = \sum_{prod} N_i h_i - \sum_{reac} N_i h_i \qquad (7-74)$$

按照理论计算认为所有燃烧产生的热完全用来加热水汽化生产水蒸气，水汽化完全变成需要温度的蒸气，所需的热量应与燃烧产生的热相等，因此可知

$$\Delta H = q_s(H_{0.5,150} - H_{0.1,150}) \qquad (7-75)$$

综上计算，可获得单位摩尔酒精与空气充分燃烧，即 1 mol 酒精（质量为 46 g）与 3 mol 空气（质量约为 411.8 g）充分燃烧，燃烧产生的热量用于加热水，使水汽化为额定压力、温度条件的水蒸气，可汽化的水约 27.78 mol（质量为 500 g）。

（2）蒸气发生器设计参数

开展空气酒精蒸气发生器设计，首先明确蒸气发生器设计参数，包含介质种类、蒸气产量、蒸气参数：

1）介质种类：空气＋酒精＋软化水；

2）蒸气产量：即水蒸气总流量，其中有酒精与空气充分反应产生的二氧化碳和水，同时还包括汽化过程加入的软化水；

3）蒸气参数：提供设计温度、设计压力范围。

若给定设计输入参数条件，则需要根据要求开展设定流量的蒸气发生器全过程参数设计，假设要设计 4.5 t/h 的空气酒精蒸气发生器：

首先根据水蒸气产量、蒸气要求进行燃烧热力分析计算，明确介质种类及耗量，再根据液体火箭发动机设计原理进行蒸气发生器结构设计。假定设计一台空气酒精蒸气发生器，设计参数见表 7 - 4，根据燃烧热力计算过程，确定发生器工作过程反应物、生成物之间的关系，结果详见表 7 - 5。

表 7 - 4　发生器设计参数

名称	参数
水蒸气流量/(g/s)	1 250
蒸气温度/℃	150
蒸气压力/MPa	1.0

由液体火箭发动机设计理论，计算空气、酒精为介质燃烧反应生成热，同时考虑高效利用燃烧热快速加热软化水汽化生产水蒸气，发生器的设计参数见表 7 - 6。

表 7 - 5　反应物、生成物参数

反应物	酒精	空气		水	
		氧气	氮气		掺混水
质量流量/(g/s)	60	125	415		650
生成物	二氧化碳		氮气	生成水	
质量流量/(g/s)	115		415	70	650

表 7 - 6　空气酒精蒸气发生器设计参数

名称	酒精	空气	软化水	空气喷嘴压降	酒精喷嘴压降	室压
单位	g/s	g/s	g/s	MPa	MPa	MPa
参数	60	540	650	0.6	0.6	1.0

7.3.2.3　结构设计

根据空气酒精发生器的工作特点，头部主要用于组织两种工质的合理供应，使气、液双工质按要求分配、喷注、掺混，工质经过喷嘴后在下游形成高效雾化、均匀混合的流场环境，用于支持稳定燃烧的工作条件。身部设计是确保形成良好的水冷却，并借助喷嘴实现水均匀供应，达到水与气（燃气）合理掺混汽化，从而维持蒸气的稳定输出；发生器配套供应系统设计是为各工质提供稳定、匹配的工艺参数，确保其内部燃烧稳定、蒸气正常生产。

（1）发生器头部

发生器头部是空气、酒精两种组元混合良好并高效燃烧的必要保障，同时设计中还需解决头部的结构设计与冷却保护问题。设计中通常要考虑喷嘴、喷注器、隔热板、集液腔等。

①喷嘴设计

喷嘴形式的确定：液体火箭发动机结构设计中，根据气、液双工质喷嘴设计特点，可选取的喷嘴结构形式包括同轴离心式、同轴直流式、撞击式等。可根据燃烧工质性质、流量、种类确定一种相对较优的布置形式。

根据燃烧热力计算结果列出了三种喷嘴结构方案，三种方案喷嘴结构如图 7 - 18 所示。

1）同轴离心喷嘴结构（气、液工质双离心喷嘴）。内部酒精工质采用顺时针旋转离心喷嘴形式，外部空气工质采用逆时针旋转涡流器形式，形成图 7-18（a）所示的气、液双工质离心雾化掺混模式，由同轴组合式双离心喷嘴完成额定流量、混合比条件下的喷嘴参数设计，兼顾考虑喷嘴在喷注面的布局及供液、冷却防护等因素；

2）直流撞击同轴喷嘴结构（气、液工质双直流喷嘴）。内部空气工质采用直流喷嘴形式，外部酒精工质采用直流撞击喷嘴形式，形成图 7-18（b）所示的气、液双工质撞击雾化掺混模式，由同轴直流喷注完成额定流量、混合比条件下的喷嘴参数设计，兼顾考虑喷嘴在喷注面的集液冷却、气液供应、喷嘴布局等问题；

3）同轴直流离心喷嘴结构（气体直流、液体离心喷嘴）。内部空气工质采用直流喷嘴形式，外部酒精工质采用离心喷嘴形式，形成图 7-18（c）所示的气、液双工质直流离心雾化掺混模式，由同轴气体直流、液体离心完成额定流量、混合比条件下的喷嘴参数设计，兼顾考虑喷注面的集液冷却、喷嘴布置问题，需考虑高混合比条件下直流喷嘴内气体流速对离心雾化效果的影响。

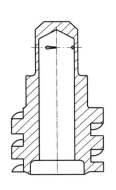 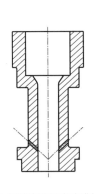 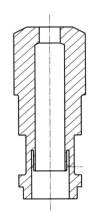

(a) 同轴气液双组元离心喷嘴结构　　(b) 同轴直流撞击喷嘴结构　　(c) 同轴直流离心喷嘴结构

图 7-18　三种方案喷嘴结构

图 7-18 所示为三种类型同轴式气液喷嘴结构方案：

图 7-18（a）为同轴气液双组元离心喷嘴结构形式，由离心喷嘴设计方法分别开展酒精切向孔离心喷嘴设计、空气涡流器离心喷嘴设计，再进行组合式同轴离心双组元喷嘴参数计算，根据气液两种工质的设计流量开展组合式喷嘴设计尺寸计算；酒精、空气两种工质供应方式为液体上层腔体供应、气体下层腔体供应，对于头部集液供应结构设计、燃烧室顶部喷注面冷却设计均不利。

图 7-18（b）为同轴直流撞击喷嘴结构形式，由直流喷嘴计算方法可分别开展空气、酒精直流喷嘴设计，确定两种工质的设计参数，优选最佳的设计尺寸确保喷嘴加工可实现，计算组合式喷嘴设计尺寸参数。此种喷嘴的气、液两种工质分别由上层集气腔、下层集液腔供应，对于头部集液分配结构设计、燃烧室顶部喷注面冷却设计均有利。

图 7-18（c）为同轴直流离心喷嘴结构形式，分别开展空气直流、酒精切向孔离心喷

嘴设计，根据酒精、空气流量开展组合式喷嘴尺寸计算。此种喷嘴的气、液两种工质分别由上层集气腔、下层集液腔供应，对于头部集液分配结构设计、燃烧室顶部喷注面冷却设计均有利。

根据空气酒精蒸气发生器的额定设计参数，计算图 7-18 (b) 直流撞击型酒精、空气双组元喷嘴的设计参数，见表 7-7，确定额定流量下喷注器的喷嘴设计参数。

表 7-7　酒精、空气喷嘴设计参数

名称	酒精流量	酒精喷嘴个数	酒精喷嘴压降	酒精孔径
单位	g/s	个	MPa	mm
参数	60	12	0.6	0.85
名称	空气流量	空气喷嘴个数	空气喷嘴压降	空气孔径
单位	g/s	个	MPa	mm
参数	540	12	0.6	8.0

②喷注面设计

喷注面设计形式包含曲面形式、平面形式。曲面喷注面一般用于等热流密度分布、敏感介质，或能量密度高、较难实现热流密度均匀设计的情况；平面喷注面一般用于常规工质、较容易实现热流密度均匀设计的情况；发生器选用酒精作为燃烧介质，较容易实现热流密度、混合比的均匀分布设计，平面喷注面结构不影响发生器的稳定燃烧过程，平面喷注面加工工艺相对简单。因此，发生器的喷注面设计一般为平面形式。

根据喷嘴设计参数可确定喷嘴的种类、数量。喷注面通常采用蜂窝式、棋盘式、同心圆式等喷嘴排列形式，结合目前公开资料及相关设计报道，蒸气发生器喷注面大多为同心圆形式的喷嘴布置结构。

喷注面上的喷嘴排列布置除要考虑喷嘴数量和类型之外，还需要考虑喷注面的雾化、混合、流量密度分布等特征，再者需要考虑喷嘴与集液腔布置、喷注面冷却、液相分区、压降选取等系列问题。

根据上节所述燃烧室计算流程，确定的空气酒精点火器燃烧室设计参数见表 7-8，从而确定发生器头部喷注面直径为 $D_c = 180$ mm，发生器头部设计过程与小型液体火箭发动机头部设计过程相同，由气、液双工质的类型及设计参数确定了喷注单元基本参数、喷注单元数量后，开展发生器头部喷注面、供应腔、接口等结构设计。

表 7-8　燃烧室设计参数

名称	符号	单位	设计参数
燃烧室压	p_c	Pa	500 000
燃烧室推进剂流量	q_{mc}	kg/s	0.06+0.540
掺混室流量	q_m'	kg/s	1.250
密度	ρ_g	kg/m³	3.135

续表

名称	符号	单位	设计参数
燃烧产物总摩尔量	m_d	mol	50.560
相对分子质量	M		22.053
物质常数	R_g		377.0
燃烧温度	$T_c(T_{ad})$	K	
燃烧室流速	V_g	m/s	20.0
燃烧室直径	D_c	mm	180.5
蒸气温度	$T_{c'}$	K	423.0
燃气停留时间	t_s	s	0.05
燃烧室容积	V_c	m³	0.003 556
燃烧室长度	L_c	mm	200.0
喉部	$q(\lambda)$		1
喉部面积	A	m²	0.001 338
喉部直径	d_{st}	mm	41.29

　　头部喷注面作为向燃烧室内持续喷注燃烧工质、组织燃烧室内稳定燃烧的关键部件，其典型结构特征是采用多个喷嘴或组合式喷嘴按照一定的排列布置方式，确保合理的布置能够获得较高的燃烧效率，防止燃烧不稳定，能对燃烧室内部形成一定的冷却效果。因此在喷注面设计中主要考虑：性能、稳定性、可靠性、流阻设计，兼顾冷却、结构布置简单等特点。

　　喷注面包含头部喷注器的全部喷嘴出口，其中面向燃烧室的一端的喷注面会受到腐蚀性燃烧产物、高温、热环境应力等综合因素的影响，因此设计时需要给出一定的使用安全余量。喷注面一般分为曲面形式、平面形式两种，曲面形式主要在等流量密度分布敏感的设计中需要考虑，通常会对制造提出较高要求，在一般小流量及热流密度不过分要求的场合，多采用平面喷注面形式。

　　在确定尺寸的喷注面内布置喷嘴时，通常要考虑喷嘴布置对燃烧稳定性的影响，从原则上讲喷嘴数量越多燃烧效率越高，但同时会增加喷注器的结构复杂性及制造难度，也可能会导致燃烧不稳定；而喷嘴数量少会造成燃烧室单元截面的混合组元分配不均，混合比偏离最佳值，使燃烧效率降低等。因此，喷嘴数量的确定需要兼顾喷注面尺寸、组合式喷嘴设计尺寸、喷嘴及喷注面的加工制造难度等因素的综合影响，选取合理的控制条件。

　　对于不同结构的喷嘴形式，根据俄罗斯液体火箭发动机的某些设计经验，下面给出不同喷嘴间距的计算依据[11]。

　　双组元气/液喷嘴

$$H = 1.5 \sqrt{D_c} \tag{7-76}$$

式中　H、D_c——喷嘴中心距（或称喷嘴间距）、燃烧室直径（mm）。

图 7-19 所示为典型喷注面上的喷嘴排列结构形式，图 7-19（a）为蜂窝式喷嘴排列结构，每个燃料喷嘴周围有六个氧化剂喷嘴，可以根据排列密度要求进行调整，也可采用反蜂窝式结构，燃料喷嘴和氧化剂喷嘴互换，同时根据设计混合比调整喷嘴设计尺寸；图 7-19（b）为棋盘式喷嘴排列结构，适用于混合比较大的喷嘴布置结构，采用相同数量级的喷嘴尺寸时适当调整；图 7-19（c）为同心圆式喷嘴排列结构，其特点是，所有喷嘴都位于同心圆上，燃料喷嘴和氧化剂喷嘴位于同一圆心上，根据混合比和设计需要采用交叉排列的方式，或沿射线方向交叉排列的方式，双组元喷嘴或直流喷嘴通常采用此种形式。

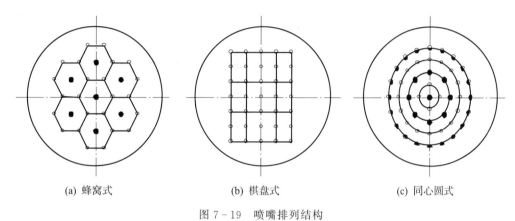

(a) 蜂窝式　　　　　　　(b) 棋盘式　　　　　　　(c) 同心圆式

图 7-19　喷嘴排列结构

结合喷注面设计结构形式，确定空气酒精蒸气发生器最终设计结构，如图 7-20 所示，加工结构如图 7-21 所示。

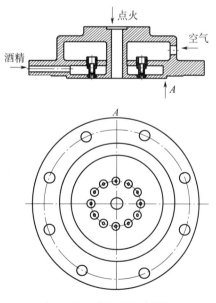

图 7-20　喷注器设计结构

图 7 - 21　喷注器加工结构

　　1）喷嘴采用同轴直流撞击形式或直流离心形式，确保头部内靠近燃烧室腔体为集液腔，远离燃烧室腔体为集气腔，一方面满足双组元喷嘴供应要求，另一方面确保喷注面冷却设计达标。

　　2）根据空气酒精蒸气发生器设计参数，选用 12 个独立喷嘴设计形式，均匀布置于喷注面上，综合考虑设计结构与冷却要求，采用同心圆式的喷嘴排列方式，既满足均匀雾化掺混的要求，同时使加工难度降低。

　　3）考虑气液混合设计中混合比较高，导致酒精设计流量相对较小，根据喷注面设计需要选用同轴直流撞击喷嘴结构或同轴直流离心喷嘴结构，按照均匀性要求确定喷嘴数量及间隔排布形式。

　　4）同轴气/液直流撞击喷嘴沿周向均匀排布于喷注面上，喷嘴的端面、背面接口分别与喷注面和隔离盖板焊接固定，确保喷嘴工作状态与设计要求一致。

　　5）喷注器采用上、下分层实现集液与集气同时供应，下层酒精腔采用径向进液与喷注面冷却，上层空气腔采用轴向供气并均匀分配至喷嘴单元，喷注器顶部中心设置与火炬式点火器安装接口及燃气导流装置。

　　（2）发生器身部

　　发生器的身部实质是为两种工质燃烧提供稳态工作的部件，同时还需要完成高温燃气上游区域身部壁面的冷却、下游区域水与燃气的高效掺混汽化换热过程，通过稳定流场确保输出的蒸气压力、温度等稳定。

　　燃烧室内部需要承受高温、高压工作环境，其内部主要完成两种工质的雾化、混合物燃烧过程，设计结构会对发生器产生很大的影响，因此设计时需要考虑以下几方面的因素：

　　1）合理选择尺寸和形状，在最小的容积下得到较高的燃烧效率；

　　2）合理地组织内、外冷却方式，防止内壁烧蚀；

3）减少燃气的总压损，结构简单，质量小，工作可靠。

发生器身部实质是燃烧室，作为一个固定容腔燃烧装备，燃烧工质需要在其中停留足够时间，以确保燃烧工质充分混合燃烧。所需的停留时间是许多参数的函数。燃烧速率是由介质组合喷注状态、燃烧室几何形状、喷注器设计结构等决定的。燃烧室容积对燃烧效率有一定影响，理论上所需的燃烧室容积是燃烧工质的质量流量、燃烧产物的平均密度以及有效燃烧所需停留时间的函数。

理论上燃烧室直径为

$$D_c = \sqrt{\frac{4q_m}{\pi \rho_g v_g}} \tag{7-77}$$

式中　q_m——推进剂总流量；

　　　ρ_g——燃气密度；

　　　v_g——燃气平均速度，其中燃气速度 v_g 的取值范围为 10～30 m/s。

圆柱段长度的选取通常会影响燃气的流动状态：圆柱段太短不能使空气、酒精充分燃烧，造成出口气流较为紊乱，不利于出口火焰稳定；圆柱段太长会使高温燃气在发生器燃烧腔内停留时间太长，导致热损失和燃烧室身部冷却问题。

燃烧室容积和燃烧室长度的计算式为

$$V_c = \frac{q_m t_s R T_c}{P_c}$$

$$L_c = \frac{4V_c}{\pi D_c^2} \tag{7-78}$$

式中　t_s——点火器中燃气停留时间，通常与燃烧工质的种类、燃烧室压力等有关，一般取经验值范围 1～5 ms。

蒸气发生器设计中，通常在燃烧室下游、燃烧室喷嘴之前将软化水供入燃气中，使软化水与燃气进行充分热交换，从而形成所需要的水蒸气。

根据燃烧热力计算确定了软化水供应参数，通常软化水对身部再生冷却后，由燃烧室身部壁面的直流孔喷注进入燃气中，借助直流孔流量计算公式 $q_m = 3.5 n C_d D_h^2 \sqrt{\Delta p_h \rho}$ 设计软化水直流孔参数，结果见表 7-9。

表 7-9　软化水直流孔设计参数

名称	符号	单位	参数
总流量	q_m	g/s	600
孔个数	n		20
单孔流量	q_{nh}	g/s	15
孔流量系数	C_d		0.65
孔直径	D_h	mm	1.8
设计压降	Δp_h	Pa	400 000
流体密度	ρ	g/cm³	1

依据发生器设计参数，采用圆柱形燃烧室设计形式，由表 7 - 8 知燃烧室直径为 180 mm，而针对燃烧室冷却、软化水掺混供应、水汽化换热等需要，燃烧室设计结构如图 7 - 22 所示。

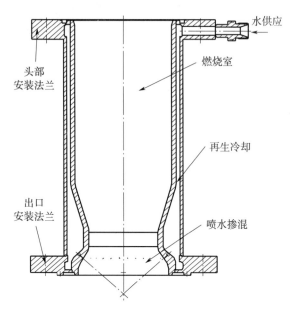

图 7 - 22　发生器身部设计结构及实物

依据液体火箭发动机燃烧室设计准则[12]，通过燃烧室结构、强度、力学与气动热力学分析，在发生器身部设计中采用可靠的冷却结构，提供有效的热防护措施。在发生器身部结构设计中，针对工质燃烧室、水汽化蒸发容腔的设计是基于液体火箭发动机再生冷却技术，将汽化冷却水先通过身部冷却夹层，进行燃烧室壁面冷却的同时提高汽化换热前的水温度，完成冷却过程后的水再通过喷注孔喷入燃气中汽化蒸发，一方面壁面受冷降温保证身部结构强度不破坏，另一方面冷却工质经过夹层吸热升温有利于提高水汽化换热效率。

根据燃气热边界传热过程简化分析，可得到燃气经燃烧室内壁面向再生冷却介质的传热方程，从而计算出冷却壁面温度

$$T_{wf} = T_{wg} - q \frac{\delta_w}{\lambda_w} \tag{7 - 79}$$

式中　　T_{wg} ——燃气内壁温；

　　　　q ——热流密度；

　　　　δ_w ——燃烧室内壁厚度；

　　　　λ_w ——材料平均导热系数。

典型液体火箭发动机身部冷却通道结构有以下几种形式：由内、外壁间隙形成的光滑缝隙式冷却通道，压抗点焊式结构、铣槽式结构、波纹板结构、管束式结构等。蒸气发生器身部再生冷却计算流程依据液体火箭发动机身部设计计算过程，确保设备运行可靠的前

提下尽可能使结构简化，从而保证设备运行的可靠性。图 7-22 所示为空气酒精蒸气发生器设计结构及实物，在确保冷却满足要求的情况下，选用光滑再生冷却夹层结构，内部设置合理的换热肋片组成流道从而增大换热面积，确保冷却均匀的同时，提高整体水的热吸收效率。

7.4　蒸气发生器系统调试

前两节详细介绍了典型液氧酒精蒸气发生器、空气酒精蒸气发生器的设计方法，其实质是根据不同燃烧工质的性质开展化学蒸气发生器设计计算、结构优选。化学蒸气发生器的工作原理是基于液体火箭发动机高效燃烧、气动热力学与工程传热技术的综合应用，发生器可作为一种补充、替代传统蒸汽锅炉的新型高效热能动力装备。本节将介绍点火器系统、蒸气发生器系统的调试方法及性能评价。

7.4.1　点火器系统组成与调试

7.4.1.1　系统组成

点火器也称为点火装置，用于发生器起动初始阶段提供点火初始能量。在发生器工作前点火器起动工作，当发生器点火成功后即可关闭，点火装置系统组成原理如图 7-23 所示（氧气酒精点火器）。

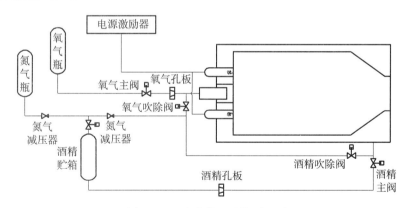

图 7-23　点火装置系统原理图

1）氧气供应系统主要包括工业氧气瓶组、减压器、限流孔板、阀门、管路及相应连接件，由于氧气特殊的化学性质，氧气供应系统大多需要用铜质材料，流通通道不能有尖锐突起，避免产生火花引起爆炸，限流孔板采用音速喷嘴实现流量控制，通过测量氧气在孔板喷嘴前的温度、压力，由测量参数间接计算即可得到氧气供应流量。

2）酒精供应系统主要包括酒精贮箱、阀门、限流孔板、管路及相应连接件，通过在系统中设置流量计和压力传感器测量系统参数。由于点火器介质供应流量较小，通常采用氮气挤压方式供应，以恒压控制、孔板限流方式确保供应参数稳定。

3）氧气和酒精供应系统在主阀（最靠近点火装置的阀门）后须设置一路氮气吹除系统，在点火工作结束后，快速将主阀后管路内部、点火装置集液腔内部的残余工质吹入点火装置内燃烧，使阀后有限容腔保持干燥条件，吹除的氮气、酒精增压氮气均由氮气瓶组实时供应。

图7-24所示为点火装置工艺系统组成（空气酒精点火器）：压缩空气系统为点火装置提供氧化工质，包含生产满足压力条件的气源的空气压缩机或固定容腔气瓶组、供应管道、阀门、节流元件、测压传感器等；酒精系统为点火装置提供还原工质，包含供应满足压力条件的酒精贮箱（挤压供应需满足压力容器承压设计要求）、供应管道、增压气源、流量计、节流元件、测量传感器等；高压包通过电源间歇性控制高压电极产生电火花，实现点火器内部的点火；工质供应流量可用音速喷嘴尺寸或喷射压降来控制与调节，确保点火器使用的燃烧工况与设计参数一致。

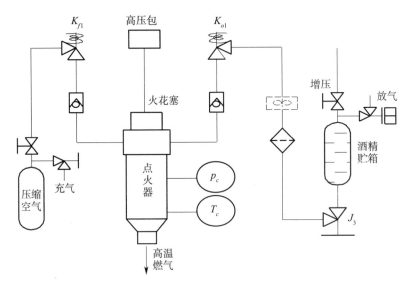

图7-24　点火装置工艺系统组成

7.4.1.2　调试要求

试验系统设计规模应根据点火装置的使用工况确定，如根据工质供应流量、供应系统工质流动速度要求、供应管道压力条件、供应系统控制方式及工作时序等合理设置。为了获得点火器在设计配套系统中的工作参数，各路供应系统均应设置测量贮箱压力、孔板前后压力、喷前压力（点火装置集液腔）及氧气温度等重要参数，条件允许的情况下还可以测量点火装置燃烧室压力和温度。

试验系统配置完成后需要对氧气和酒精系统进行冷调，确定各种工况下的系统工作参数和建压时间，氧气和点火酒精冷调程序如图7-25所示。冷调过程应在吹除状态下进行，尽量模拟点火装置真实工作状态，以获得点火器各路工质准确的供应、建压时间。

冷调结束后进行热调。为了研究各种工况的点火性能，需要对点火装置进行较全面的热调，包括变流量和变混合比，详细研究各种工况的点火器工作情况，获取点火装置工作适应性与稳定性。可在额定工况下进行重复点火热调，评判点火装置的点火可靠性。一般情况下火花塞提前 1 s 起动打火，氧气较酒精先进入燃烧室，以提高点火过程成功率，在确定酒精进入且点火成功后关闭火花塞，使点火装置处于燃烧维持工作过程，点火器热调单次程序工作时间一般不超过 5 s，也可根据使用需要在一定范围内进行调整。

在编制点火装置热调程序时，依据冷调参数与点火装置目标时序要求，将热调控制程序转换为介质供应阀、火花塞、吹除阀等设备执行过程，确保热调控制能够达到目标工作模式，使工质按要求进入点火装置并实现燃烧过程的控制。

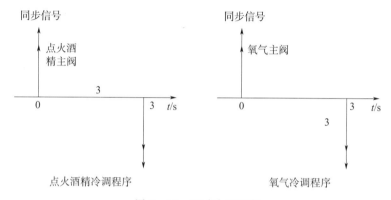

图 7 - 25　工质冷调程序

点火器系统用于确保点火装置正常工作，通常是在确保发生器点火成功后即可关闭点火装置，而点火器系统中的两路燃烧工质供应，供应系统各部件按照预定程序控制完成热调或点火过程，一方面要确保系统工作可靠，供应参数满足设备正常工作所需的流量、时间等条件，另一方面要确保系统在点火装置异常时可控，确保系统及设备的安全。

7.4.1.3　调试过程

为确保发生器点火系统工作正常、可靠，在高空模拟试验系统中应用的点火装置投产之前，必须要进行相关的调试验证，确保点火器装置及系统工作状态满足要求。

（1）点火器冷调

冷调是指点火器产品安装至试验台系统后，进行常温状态下的系统调试。

调试目的：一是获得点火器两种供应工质的流动特性，主要包含点火器流阻（喷嘴压降）、供应管路流阻（贮箱至点火器之间供应系统产生的压降）；二是调试过程中将测控系统带入调试，验证试验台系统阀门动作特性、响应时间；三是通过两种工质的开阀过程，分别获取两路工质的充填建压时间。

表 7 - 10 列出了氧气酒精点火器冷调数据，由调试结果可以看出经过两种工质多次调试，得到酒精额定 60 g/s 的供应流量条件下的点火酒精喷前压力约为 2.54 MPa、点火器酒精喷前建压时间约为 0.78 s。同时获得设计混合比条件下氧气喷前压力约为 2.19 MPa，点火器氧气建压时间约为 0.23 s。单路介质多次同工况冷调，确定数据重复性较好，防止由于采集系统或传感器测量偏差造成的偶然误差。

（2）点火器热调

热调是指点火器产品经过冷调后，达到额定流量条件下的设计压降、供应系统响应时间要求后，按照点火器使用前的验证需要，开展点火器的热调试验点火验证。

调试目的：一是获得点火器系统整体性能参数，主要包含控制系统工作性能、设计混合比、点火器建压时间与稳态参数；二是调试后检查各系统工作状态，确认点火器正常起动、点火建压过程正常、关闭后吹除工作正常，事后检查产品外观及供应系统，确保均无异常等。

表 7 - 10　点火器冷调数据

点火酒精调试				
名称	箱压	流量	孔前压力	喷前压力	充填建压
单位	MPa	g/s	MPa	MPa	s
1	4.844	60.0	4.788	2.544	0.785
2	4.839	62.0	4.786	2.541	0.767

氧气调试			
名称	箱压	孔前	喷前压力	充填建压
单位	MPa	MPa	MPa	s
1	5.137	5.038	2.199	0.231
2	5.218	5.120	2.234	0.230

图 7 - 26 所示为点火器设计工作程序，根据表 7 - 10 中的燃烧工质冷调数据确定目标工作时序，设定合理的工作流程开展点火器热调试验证，通过测控系统获得点火器工作过程参数，如图 7 - 27 所示，可知：

1）点火器正常起动建压，测量控制系统工作状态正常。

2）参照冷调确定点火酒精、氧气的充填建压时间，在热调过程中确保了点火器正常工作时点火酒精喷前压力约 2.54 MPa、氧气喷前压力约 3.10 MPa，点火器起动、建压、燃烧过程正常。

3）调试后检查点火器系统，各路供应状态正常，点火器外观正常，点火器内部燃烧室、喷嘴正常，点火器满足高空模拟试验使用要求。

图 7 - 26　点火器工作程序

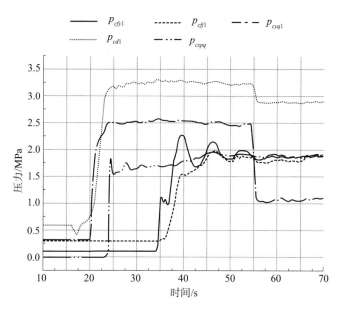

图 7 - 27　点火器工作过程压力曲线

7.4.2　发生器系统组成与调试

7.4.2.1　系统组成

发生器系统由以下几个分系统组成：氧气供应系统，点火装置酒精供应系统，发生器酒精供应系统，液氧供应系统（或空气供应系统），水供应系统及相应的氮气吹除和控制、测量系统。

供应系统一般包括贮箱（气瓶）、增压泵、截止阀、管路、节流孔板、单向阀等，利用流量计测量工质流量，系统上设置压力和温度传感器。根据发生器的燃烧工质设计流量、流速要求计算管路规格。为防止管路产生冲蚀、磨损、振动和噪声，氮气流速不应超过 100 m/s，氧气流速不应超过 10 m/s，液氧、酒精流速不应超过 8 m/s，水流速不应超过 3 m/s。具体设计过程可参考压力管道相关设计要求。需要注意的是，发生器供应系统需要设计节流孔板来提高系统压降，达到系统稳定的目的，一般系统压降要高于发生器喷注器的压降。

供应系统与发生器连接后，需要进行冷调试验，冷调试验以额定流量为目标值，确定系统压力匹配关系和多种工质在发生器集液腔的建压时间，冷调过程应确保在吹除状态下进行，吹除压力需要略高于喷前压力。试验系统工艺原理如图 7 - 28 所示。

7.4.2.2　调试要求

在发生器系统建立完后，需要分别进行液氧、酒精、点火酒精、氧气、水供应系统冷调试验，确定调试控制时序后开展不同工质额定流量条件下的调试，以打开进入发生器阀门的时间作为 0 s，记录各路工质在发生器集液腔内的建压时间、压力参数、流量

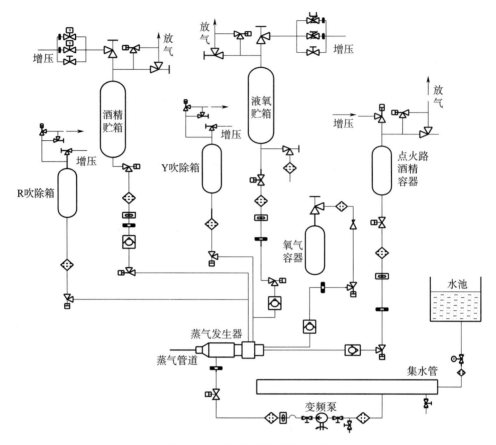

图 7-28　发生器系统工艺组成图

特性等。按照各路工质在发生器内工作过程的建压时间、图 7-29 中工质工作顺序确定发生器正常工作过程，将调试数据与控制程序相结合，获得最终的发生器工作时序控制过程。

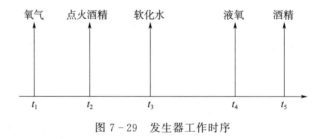

图 7-29　发生器工作时序

在进行发生器起动、关机、变工况调整等调试试验过程中，获取点火装置、发生器、工艺系统及测控系统的匹配性和适应性。在额定工况下也应重复点火，评判点火装置的点火可靠性。图 7-30 所示蒸气发生器系统热调试结构图，图中左侧为蒸气发生器安装平台，发生器出口法兰与蒸气排放管道连接，在蒸气管路出口设置等效喷嘴，用于模拟发生器起动后建压参数的确定，确保发生器正常工作时与后端匹配喷射泵工作特性一致。

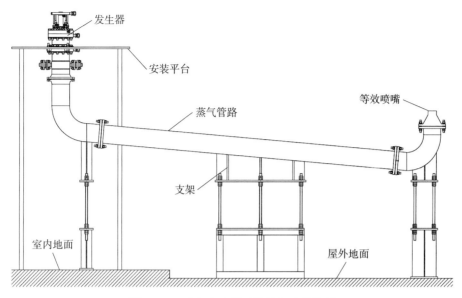

图 7 - 30 蒸气发生器系统热调试结构图

等效喷嘴的截面计算方法可参照收缩喉部设计计算公式[10]

$$q = K_m \frac{p_c}{\sqrt{T_c}} q(\lambda) A_{st} \qquad (7-80)$$

$$K_m = \sqrt{\frac{k}{R_g} \left(\frac{2}{k+1}\right)^{\frac{k+1}{2(k-1)}}} \qquad (7-81)$$

等效喷嘴的音速喉道安装在发生器身部后端,首次热调的主要目的是验证设计方案的可行性,获得热调参数。发生器稳态工作时间不宜过长,一般测量发生器工作中各项参数稳定后几秒即可,防止因设计方案问题造成发生器烧蚀破坏、局部过热损坏等。

首次点火后应对发生器分解检查,重点检查发生器喷注器面是否有变黑、烧蚀现象,喷注孔是否有异常,发生器头部点火装置的燃气流道是否被烧蚀,头部焊缝是否有裂纹,点火装置喷口是否烧蚀等。分析热调试数据是否满足设计要求,在发生器整体结构和数据均正常的情况下,可以进行百秒点火试验。如果发生喷注器面被严重烧蚀,需要重新考虑喷注器的设计方案。如果工作正常,工况不满足设计要求,要根据偏离程度进行调整计算,获取发生器额定设计工况。

发生器单独热调成功后,需要将发生器系统与蒸气喷射泵等系统连接进行全系统热调,获取发生器生产蒸气驱动喷射泵引射高空模拟系统的极限真空度、真空抽吸速度曲线等。

7.4.2.3 调试过程

为确保发生器系统工作正常、可靠,在高空模拟试验系统中应用的发生器在投产之前,必须要进行相关的调试验证,确保发生器与各供应系统工作状态均满足使用要求。

（1）发生器冷调

冷调是指发生器产品安装至试验系统后，进行不点火状态下的各供应系统与发生器的匹配工作性能验证、控制系统的调试验证，并获取工艺、测控系统与发生器新产品工作的配套要求，获得工艺、测控系统及发生器自身特征参数。

调试目的：一是获得发生器两路燃烧工质及一路掺混水的流动特性，主要包含发生器流阻、供应管路流阻、低温预冷过程对于介质供应的影响、水供应流量的调整关系等；二是调试过程中将测控系统带入调试，验证试验台各系统阀门、泵、传感器等参数特性，响应时间及反馈信号等是否正常可靠；三是通过三路工质的开阀及供应过程，分别获取三路工质的充填建压时间。

表 7-11 列出了液氧酒精发生器冷调数据，按照发生器的设计混合比分别进行三种工质的冷调试验：得到酒精流量 1.0 kg/s 工况下的酒精喷前压力约为 1.62 MPa，酒精喷前建压时间约为 2.8 s，得到液氧流量 2.1 kg/s 工况下的液氧喷前压力约为 2.0 MPa、液氧喷前建压时间约为 0.4 s，得到软化水 15 kg/s 工况下的喷前压力约为 1.71 MPa、软化水喷前建压时间约为 0.6 s。

表 7-11　发生器冷调数据

液氧调试

名称	箱压	流量	孔前压力	喷前压力	充填建压
单位	MPa	kg/s	MPa	MPa	s
1	1.60	2.05	1.8	1.10	0.3
2	2.01	2.10	2	1.33	0.4

酒精调试

名称	箱压	流量	孔前压力	喷前压力	充填建压
单位	MPa	kg/s	MPa	MPa	s
1	1.66	0.98	1.626	0.82	2.8
2	1.65	1.02	1.615	0.83	2.8

软化水调试

名称	泵后压力	孔前压力	喷前压力	流量	充填建压	泵转速
单位	MPa	MPa	MPa	kg/s	s	r/min
1	0.735	0.68	0.58	10	0.6	1 620
2	2.018	1.89	1.71	15	0.6	2 730

（2）发生器热调

热调：是指发生器产品经过冷调后，达到额定流量下的设计压降和供应系统响应时间要求后，按照发生器使用前验证需要，开展发生器的热点火验证。

调试目的：一是获得发生器系统整个性能参数，主要包含设计混合比状态下的工作性能、工艺与测控系统工作过程的匹配性、发生器工作参数与设计状态差异等；二是调试后通过检查各系统的工作状态参数，复查数据及多媒体记录确认点火器、发生器及各系统的起动、建压及工况调整中无异常状况。

图 7-31 所示为发生器系统的工作程序，控制程序参数依据表 7-10、表 7-11 冷调数据确定，发生器热试结果如图 7-32 所示：

1）点火器、发生器的起动建压、测量控制等工作状态均正常；

2）发生器生产的水蒸气压力、温度参数稳定，反映了发生器供应状态稳定，发生器内工质燃烧、持续加热水汽化生产水蒸气的过程满足设计要求。

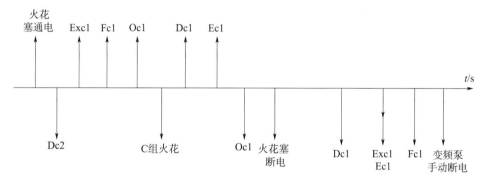

图 7-31　点火器工作程序

如图 7-32 所示，在蒸气发生器热调 280 s 的工作程序中，蒸气压力（p_{cf}）约 6.5 s 时趋于稳定 1.35 MPa，蒸气温度约为 180 ℃；稳态工作过程中可看出蒸气压力基本稳定在 1.26 MPa，蒸气温度基本稳定在 195 ℃。

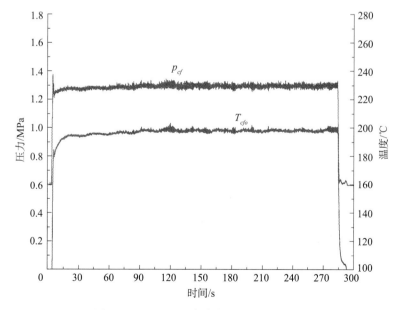

图 7-32　280 s 程序蒸气压力与温度曲线

通过发生器的调试数据分析，获取蒸气发生器系统工作参数，包括液氧、酒精、水等多路工质供应的工艺与测控参数，用于检验蒸气发生器是否达到设计工作状态、输出蒸气是否达标。而基于冷调、热调试验确定的控制程序，是保证蒸气发生器在点火起动、稳态工作、停止运行等过程中各系统均按要求执行的基础。蒸气发生器的前期冷、热调试试验，后期的数据分析均是确保产品工作正常、参数稳定、性能良好的必要条件。

7.5　发生器工程化应用

7.5.1　工程化方案

装备研发及产品化作为国民经济各行业提供技术的落脚点，也是将核心技术产业化发展与转化的具体表现，我国在装备制造业已经形成了门类齐全、规模较大、具有一定技术水平的产业体系。

蒸气发生器作为一种新型热能生产装备，其研制技术发展依托于液体火箭发动机高空模拟试验技术发展的需要，蒸气引射高空模拟试验技术要求具备一种持续大流量、快速稳定的蒸气生产系统，传统的热能装备因其限制条件通常不能满足使用要求。因此研制一种兼备高效、快速、清洁的蒸气热能生产装备，可以满足蒸气引射高空模拟试验技术发展需要，将其转化为可应用于工业化生产热工装备，成为脱离试验系统应用的工程化产品，对于国民经济发展具有重要的意义，本节主要介绍蒸气发生器工程化产品设计内容。

蒸气发生器是一种基于液体火箭发动机工作原理的燃烧热能装备，是一款集燃烧设计、流体控制、热能利用于一体的燃烧热能生产设备。蒸气发生器与液体火箭发动机的工作系统相似，发生器本身仅作为热能生产装备，而发生器系统则包含工质供应系统、发生器装备、配套阀门与调节器系统、工质供应控制与测量监视系统，从而才能形成完整、独立的工作系统。

以空气酒精蒸气发生器为例，蒸气发生器工程化方案设计中的系统组成，如图 7-33 所示。该系统为工程化系统，由人机界面交互模式控制，实现测控系统与工艺系统的交互管理，使蒸气发生器产品按设定程序工作，转化为独立装备的工作过程：

1）工艺系统包括：酒精供应、空气供应、水供应、点火系统以及蒸气发生器，多路工质供应路中主要包括贮箱、管道、泵、阀门、节流元件、吹除装置等，用于为点火器、发生器提供工作所需要的工质供应条件。

2）测控系统包括：自动控制单元、电源系统、测量传感器、监控报警与程控保护等，自动控制单元通过 PLC 实现对电磁阀控制，由测量传感器实时采集并反馈信号，确保工艺系统按照设定程序工作，根据监控数据确保工作状态稳定。控制系统用于实现人机界面与工艺系统之间的控制功能，确保蒸气发生器持续、稳定工作。

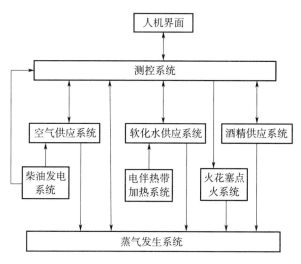

图 7 - 33　蒸气发生器系统组成

7.5.2　工程化实施

车载式装备作为一种通用化的产品模式，须按照车载式动力蒸气生产装置过程开展细化设计，图 7 - 34 所示为一种蒸气发生器车载式设计方案，即将蒸气发生器系统装于货车，实现车载化水蒸气生产与供应，其实施过程如下：

（1）确定工艺路线

蒸气发生器是一种快速燃烧工质、加热汽化水生产水蒸气的热能装备，典型的蒸气发生器工艺系统组成原理如图 7 - 34 所示，以该工艺系统设计方法开展工程化样机研制。

图 7 - 34 中所述工艺系统是典型的空气酒精蒸气发生器系统，确定工艺系统主要包括：

1）蒸气发生器：根据发生器燃烧热力设计过程，确定所需要的工质种类、工作参数，常用设计采用的清洁工质包含空气、酒精、软化水。

2）点火方式：发生器点火方式有火炬式点火、等离子点火或其他点火方式，考虑通用性及稳定性，通常选用火炬式点火。

3）介质供应：介质供应可以采用挤压、泵压两种形式，选用空气、酒精、软化水为工质的蒸气发生器，可采用压缩机直接压缩连续供应空气工作方式，可采用酒精箱、水箱存储的泵压供应方式。

4）控制监测方式：考虑发生器工作过程需要，可采用程序自动控制的气动、电动阀门两种工作模式，为便于设备通用性化，电动控制相比气动控制更为方便。

（2）确定设备规模

按照上述过程确定蒸气发生器工艺设计方案后，细化蒸气发生器工程化样机的设计参数：水蒸气产量、水蒸气参数等。

1）首先根据水蒸气产量要求，确定蒸气发生器设计规模；再根据单次连续工作时间

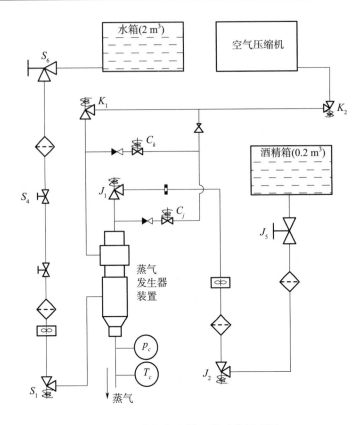

图 7 - 34　蒸气发生器工艺系统原理图

要求，确定发生器供应系统的工质储箱、供应管路、阀门、附属设备的规格；最后根据蒸气发生器系统布置规模，选配合适的车载或撬装结构，按照使用场所配套合理的动力保障条件。

2）按照水蒸气参数需要确定蒸气发生器的设计指标，包括发生器的燃烧工质类型、燃烧汽化蒸气的压力、温度参数；按照蒸气发生器设计工艺及测控条件，主要包括介质供应系统压力、流阻、压降、供应形式等设计，工艺控制方式与测控执行等；按照各工艺设备安全运行与可靠控制的工艺要求，为工艺设备提供合理的工艺冷却、状态监测、振动防护与保温等配套条件，也可根据应用场合进行适当配套条件取舍，以达到控制成本及设备重量的目的。

（3）装备工程化设计

若综合考虑蒸气发生器装备工程化需要，水蒸气流量可控制在 2 t/h 以内、蒸气压力参数可控制在 1.6 MPa 以内，根据需要进行细化产品配套设计。图 7 - 35 所示车载式蒸气发生器装备主要包括：汽车底盘、操作柜、发电机油箱、发电机、空气压缩机、软水系统、水箱、蒸气发生器、泵、阀、管路及其他辅助系统。

1）车载上装需要综合考虑移动结构，其容器布局、工艺管路安装、测控线缆敷设应紧凑式设计，并满足安全性、可维护性的相关技术要求。

2）测控系统与发生器设备均集成于一体，采用模块化结构设计，配置专门的设备箱，并配置友好的人机界面。

3）车载上装需要综合考虑各设备满载重量、设备在车底盘上的承重布置、车载设备工作过程中安全防护等。

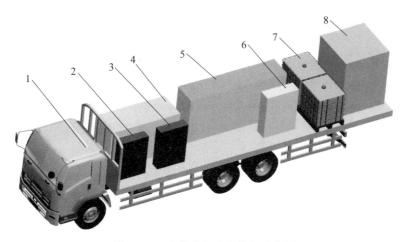

图 7 - 35　车载蒸气生产装备示意图

1—3 类汽车底盘；2—操作柜；3—发电机油箱；4—柴油发电机；5—活塞压缩机；6—软化水处理系统；

7—水箱（软水）；8—蒸气发生器

参 考 文 献

［1］ 张贵田．高压补燃液氧煤油发动机［M］．北京：国防工业出版社，2005.

［2］ 朱宁昌．液体火箭发动机设计［M］．北京：宇航出版社，1994.

［3］ 刘国球．液体火箭发动机原理［M］．北京：宇航出版社，1993.

［4］ 杨立军，富庆飞．液体火箭发动机推力室设计［M］．北京：北京航空航天大学出版社，2013.

［5］ 康忠涛．空气/煤油直接燃烧生成燃气方法研究［D］．长沙：国防科技大学，2012.

［6］ 张群，黄希桥．航空发动机燃烧学［M］．北京：国防工业出版社，2015.

［7］ 蔡国飙．液体火箭发动机设计［M］．北京：北京航空航天大学出版社，2011.

［8］ 严传俊．燃烧学［M］．西安：西北工业大学出版社，2016.

［9］ 崔心存．醇类燃料的实用技术［M］．北京：化学工业出版社，2014.

［10］ 杨立军．液体火箭发动机推力室设计［M］．北京：北京航空航天大学出版社，2013.

［11］ 王治军．液体火箭发动机推力室设计［M］．北京：国防工业出版社，2014.

［12］ 萨顿．火箭发动机基础［M］．北京：科学出版社，2003.

第8章　高空环境参数测量

运载火箭第二、三级发动机的性能试验，通常在发动机喷管达到满流状态的某一真空压力环境（多数在 20 km 以上的高空）条件下进行，姿轨控发动机及空间发动机高空模拟试验要求的真空度更高。发动机高空模拟试验的主要目的是获取发动机近似实际飞行高空环境条件下的性能参数，包括发动机真空推力、燃烧室压力等。试验舱内的真空压力、温度、热流等对发动机性能参数的准确测量影响较大，这些参数在高空环境下的测量方法与常温常压环境下有所不同。本章主要介绍液体火箭发动机高空模拟试验环境下，推力、压力（真空压力）、温度、热流等参数的测量方法与系统设计。

8.1　推力参数测量

发动机在进行高空模拟试验时，主动引射高空模拟试验系统一般使用水平试车架结构，被动引射方式高空模拟试验系统（如空气泄压式扩压器结构）一般使用倾斜式试车架结构。真空环境条件下推力测量系统中的推力架、校准装置是影响推力准确测量的关键因素。本节结合真空环境下推力测量系统设计实例，对设计内容、设计理论、调试过程及性能评估方法进行介绍。

8.1.1　推力架结构组成

推力测量系统主要包括推力架、推力测量校准装置、柔性约束元件、预紧力装置等。推力架是用于连接发动机与地面承载基础之间的机械装置，传递发动机试验时产生的推力。根据推力参数测力情况，推力架结构还分为测量轴向推力的推力架、测量轴向推力和两个侧向力的三向力推力架、测量三向力及三个扭矩的六分力推力架等三种形式，如图 8-1 所示。

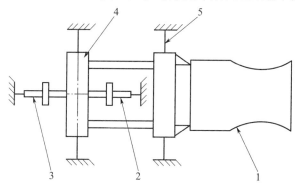

图 8-1　推力架的结构形式

1—发动机；2—标准力传感器；3—测量力传感器；4—弹簧片；5—动架

液体火箭发动机高空模拟试验中，为确保推力数据的准确获取，设计在真空环境下工作的推力装置应满足发动机安装及推力测量要求，对推力从发动机到传感器传递途径进行分析，通过结构上的优化降低传递途径上各项因素对推力测量的影响，实现推力的准确测量。

典型的轴向推力架系统构成[1]如图 8-2 所示。发动机安装在动架上，定架固定在基础上，动架和定架之间采用柔性约束元件连接，使动架只能沿推力测量系统轴线运动。热试车时，发动机产生的推力使发动机和动架一起沿推力方向移动，并通过传力机构作用于测量力传感器，传感器输出的电信号由数据采集系统记录下来。其中，预紧力装置可以消除传递结构中的间隙，在发动机点火前使测量力传感器提前受到和推力方向一致的一定大小的预紧力，保证试验前、后推力测量系统工作状态一致，减小发动机点火瞬间推力架及传感器受到的冲击。

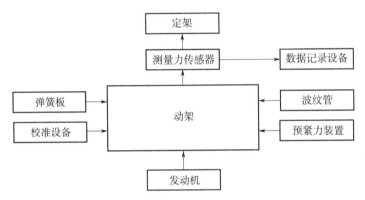

图 8-2　轴向推力架系统构成

8.1.2　测量系统设计

高空环境下推力参数测量系统设计时，对推力架及推力测量校准装置的相关影响因素进行综合分析和优化设计，减小力传递过程中各种影响因素对发动机推力测量的影响程度，提高推力测量准确性。进行分析和优化的环节主要包括：

1）推力架动架和定架之间的支撑件、弹性约束元件的影响；

2）推进剂输送管、测压管等的影响，以及推进剂管路内压力和流体动量的影响。这些力在火箭飞行中表现为内力，但在试车台上是外力，影响推力准确测量。

推力测量校准装置优化环节主要包括：

1）传感器的布局形式；

2）推力原位校准的方法；

3）发动机试验中温度与真空压力的变化对传感器及预紧力装置的影响。

8.1.2.1　推力架设计

推力架的结构形式取决于推力大小、试车目的及推进剂种类，在一定程度上也取决于试验系统整体布置形式、推力测量系统总体布局，通常在高模试验舱内进行的中、小推力的发动机及推力室采用水平式推力架。研制阶段的发动机，通常要求推力架通用性强，能适用于几种不同推力的发动机试车，以节约成本。定型阶段的发动机试验或者对推力测量精度要求较高的应用场合，采用结构轻巧的专用推力架。

在发动机高空模拟试车中，除了试车架结构中的弹性约束元件外[2]，在动定架中布置的管道、波纹管等对推力测量也有约束作用，通过对结构形式、管路走向布置等进行优化设计，减小推力测量的附加约束作用。

推力架设计基本原则：

1）轴线重合：即发动机推力轴线、测量力传感器（或多传感器并联）轴线重合，校准传感器与测量力传感器轴线重合。

2）高传力比：推力参数原位校准可以有效减小系统误差，但在系统校准过程中的机械装置的调整或变形容易导致传感器工作特征段发生偏离，不利于系统工作的稳定性。而采用高的传力比，可保证推力架长期稳定工作，不易受到其他因素的干扰。一般认为弹簧片、各种管道、管道内流体压力及动量等所"损耗"的推力不得大于实际推力的 1%。

3）拉压特性一致：因工作传感器在受拉和受压这两个受力方向的校准曲线差别较大，试车前后工作传感器的受力方向应与试车过程中的受力方向相一致。

根据上述原则，各环节设计及优化基本要求如下：

（1）定架

定架的作用是承受发动机的推力，支撑动架、测量力传感器及校准装置，并将有关作用力传递至试车台基础。要求定架在设计上具备较大的刚度、较小的变形，一般变形不应大于其主体结构尺寸的 0.1‰，以较短的传力路线将力传递至试验台基础件。如水平式试车台，一般采用圆形外框或四边形外框，其支撑结构与基础连接时，应具备足够的支撑面积及连接强度，地脚螺栓尺寸大小和配置须合理，保障整个定架具备刚性大、变形小的特征。

定架基于其长期使用的要求，需要具备较好的刚性及长期稳定性，在动载荷系数及安全系数的选取上趋于保守，一般动载荷系数依据发动机起动特性选取 1.5～2，安全系数选取 2～2.5。对所需承载的力的传递路径与支撑结构的对应关系进行优化，确保传力路径与支撑结构重合，结构具备良好的强度及刚性。其典型结构如图 8-3 所示。

（2）动架

动架的作用是传递发动机产生的推力。为了保证推力测量的准确性，发动机安装后推力轴线与传感器的推力测量轴线重合，使用单个测量力传感器的情况下应与传感器的轴线一致，使用多个传感器并联的情况下应与多传感器的分布轴线重合。在推力作用下，动架的变形量应尽可能小，一般不应超过主体结构尺寸的 0.3‰。

为避免推力架与发动机产生共振而破坏，动架设计时应确保前几阶的固有频率不与发动机的主要振动频率重合，动架安装完毕后应进行模态试验，确保其在使用中不与发动机发生耦合共振。

如果动架质量过大，会影响试车架测量的动态特性，在小型发动机及发动机高空模拟

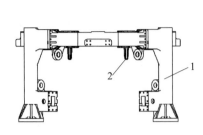
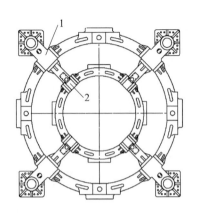

图 8-3　典型定架承载结构

1—承载立柱；2—动架力传入位置

试验中的影响明显。在确保承载强度及刚性的前提下应尽可能减小其质量，动载系数一般按 1.2～1.5 选取，安全系数按 1.5～2 选取。动架是发动机或转接架将推力传递到定架的中间环节，设计应考虑力传递路径各环节的影响。以图 8-4 典型动架承载结构为例，力传出点应与定架相配合，力的传入点与传出点均匀分布，确保与测量力传感器的轴向吻合，减小由于变形造成的不确定性误差。

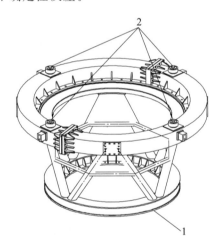

图 8-4　典型动架承载结构

1—发动机力传入位置；2—动架力传出位置

（3）弹性约束元件

弹性约束元件的作用是把动架和定架连接起来[1]，使动架精确定位，并使动架不能横向移动，只能沿推力轴线方向进行小的位移。弹性约束元件常采用变截面的结构，如图 8-5 所示。

变截面弹簧片的优点是纵向刚度大，能承受较高的临界载荷，弹性阻力小，加工性能好。若不考虑纵向载荷，变截面弹簧片的横向刚度系数计算式为

$$k = \frac{6EJ}{l(3L^2 - 6Ll + 4l^2)} \qquad (8-1)$$

式中　k ——弹簧片的横向刚度系数；

　　　E ——弹簧片材料的弹性模量；

　　　J ——弹簧片的惯性矩；

　　　L、l ——弹性片相应的长度。

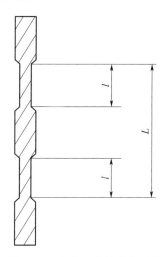

图 8-5　变截面弹性约束元件

在推力作用下，弹簧片产生的变形取决于测量力传感器、动架和定架的变形。各弹性约束元件的约束力，既取决于上述各个环节的变形，又与弹簧片本身的刚度有关。减小弹簧片的刚度和上述各个环节的变形，可减小弹簧片的弹性阻力，通常弹性阻力不超过轴向推力的 0.15%。

在设计弹性约束元件时应该考虑极限受载情况，当试验发生故障时，发动机有可能产生较大的横向力，极限值可能达到推力的 10%～20%。当推力架为水平状态时，弹簧片还要承受发动机和动架的重力，设计结构上除了要考虑正常应用时具备良好的弹性特性，还需具备故障模式下的结构维持能力。典型应用形式如图 8-6 所示。

（4）管道配置

液体火箭发动机试车台上的各种推进剂管道、气体供应管道，通过动、定架的力分界面分别固定在动架或定架上。由于试车架在试验中受推力和振动的影响，会发生一定量的轴向变形，该轴向变形作用到这些管道上，管道的配置、走向对推力准确测量有一定影响。在管道的走向、管道补偿器的配置时应考虑以下因素[2]：

1）管道的走向：管道的走向特别是在通过动、定架的力分界面时，应尽可能保证其与推力轴线垂直。在推力方向具有最大的柔性，减小对推力的影响，特别是将管道在增压状态下的影响降低到最小。

2）管道补偿器的配置：对于高空模拟发动机试验台，为了便于安装、减小对推力的影响，在发动机推进剂管道与固定在定架上的推进剂供应管道之间，应安装补偿器。一般

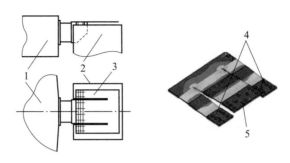

图 8-6　"山"形弹簧板弹性约束元件连接示意图

1—动架；2—定架；3—弹簧板；4—连接动架；5—连接定架

补偿器采用金属波纹管或带有金属网套的波纹软管。发动机试车过程中，发动机入口需要增压，使波纹管处于一定的压力条件下，波纹管内的力使波纹管对两固定端产生作用力。由于力分界面上的波纹管轴线并非完全垂直于发动机推力轴线，与推力轴线成角度 α，此作用力投影为沿推力方向的"负推力"。压力引起的"负推力"如下式

$$F_y = K_y \cdot y \qquad (8-2)$$

式中　F_y——波纹管变形刚性产生的"负推力"（kN）；

　　　K_y——波纹管的径向刚度（kN/mm）；

　　　y——波纹管的竖向位移（mm）。

$$F_r = p \cdot A_{rj} \qquad (8-3)$$

式中　F_r——管道内液体压力所产生的"负推力"（N）；

　　　A_{rj}——波纹管的平均面积（m^2）；

　　　p——波纹管内流体压力（Pa）。

　　显然，"负推力"的大小取决于波纹管的中径和管内液体的压力。对于挤压式发动机试验，推进剂是由增压气体直接挤出，波纹管内液体压力高，"负推力"可能超过推力值的20%。虽然"负推力"可通过试验和测量管内液体压力进行修正，但修正值受到波纹管的安装状态和压力测量精度的影响。此外，管道内液体流动也能产生"负推力"，其值可由下式计算

$$F_C = q_m v \cos\alpha \qquad (8-4)$$

式中　F_C——管道内液体流动所产生的"负推力"；

　　　q_m——管道内液体的质量流量；

　　　v——管道内液体的流动速度。

　　为了减小负推力的影响，试验系统在 -2 s 时进行推力修正，采用此时的推力测量值作为负推力值对推力零位进行修正[3]。由于试验过程中发动机入口压力在一定范围内实时变化，因此理想的修正方法应根据入口压力变化进行实时修正。修正方法见下式

$$\Delta F = (pio - pio_{-2})\lambda_y + (pif - pif_{-2})\lambda_r + F_{-2} \qquad (8-5)$$

式中　ΔF——负推力修正值（kN）；

　　　F_{-2}——点火程序 -2 s 的推力测量值（kN）；

pio_{-2}、pif_{-2}——点火程序－2 s的发动机氧路和燃料路入口压力（绝压，MPa）；

λ_y、λ_r——修正系数；

pio、pif——试车额定工况下氧路和燃料路入口压力（绝压，MPa）。

3) 管道的弹性阻力：管道的弹性阻力实质上就是波纹管的弹性阻力，取决于波纹管的变形和刚度，通常应小于推力值的 0.3%～0.5%。波纹管的变形除了与传感器和动架的变形有关外，还与发动机定架变形有关。

通过波纹管的仿真计算和试验分析可知推力损失、低温影响、"负推力"大小等因素都与波纹管的安装状态有关。主要分为波纹管安装时的轴向压缩量、竖向偏移量、倾斜角度和固定方式。通过分析总结出以下安装要求：

a) 波纹管在使用时不能使金属网套受到牵扯力，安装时必须有压缩量，根据波纹管的长度及两侧管道的长度计算，一般 200～300 mm 长度的波纹管宜控制在 5～10 mm；

b) 安装时要调整波纹管两侧的推进剂管道，使两侧管道的轴线重合，减小波纹管的横向偏移量，降低波纹管竖向应力，也便于安装；

c) 波纹管的倾斜度受两侧管道的倾斜度的影响，尽可能使波纹管保持水平状态，消除"负推力"；

d) 波纹管两侧的管道分别固定在动架和定架上，固定要可靠，保证推力校准状态与试车状态一致。

8.1.2.2　校准系统组成

推力校准系统组成包括传感器、激励电源、信号调理器、数据采集及处理系统[3]。

（1）测量力传感器

对测量力传感器有如下要求：

1) 对中、小推力的发动机试车，一般采用单传感器测量推力[1]。对大型发动机，特别是对多喷管发动机试车，用多个传感器测量推力。多传感器的优点是推力轴线对中要求不高，结构更紧凑。校准用标准传感器可优先采用单标准力传感器形式，也可采用多标准力传感器形式。

2) 传感器的精度应与发动机推力测量精度匹配。由于火箭发动机试验的特殊性，应选择温度系数较小的传感器。

3) 传感器应有较强的抗横向力，可在异常出现的侧向干扰或发动机摇摆情况下确保测量数据的获取。

4) 传感器自身刚性较好，在额定推力下的变形小，具有较高的固有频率。

5) 可选用有两个独立输出信号的传感器，实现冗余测量。

（2）激励电源

应变式推力传感器一般采用 5～15 V 的高精度直流恒压源供电，特定条件下也可使用交流恒压源，传感器内部设计有桥臂电阻自动补偿功能。

（3）信号调理器

选择传感器激励源、信号放大器一体化的信号调理器，具有激励源微调与回测、增益可调、温度自动补偿等功能。

8.1.2.3　力源加载装置

液体火箭发动机试验推力现场测量环境复杂，试车架进出管道多，进行原位校准可最大限度地消除系统误差。原位校准力源加载装置包括标准传感器、激励电源、信号放大器、调零装置、数据采集系统等。校准方法分为电模拟量校准及物理量原位校准。

（1）电模拟量校准

电模拟量校准简称电校，是一种简单的现场校准方法。它只能对信号调理及数据采集装置的电特性进行校准，不能对传感器机械量转换为电量的特性及推力架等机械环节进行校准。

常用的电校法有电压替代法和并联电阻法两种。前者用对应于传感器输出的标准电压来代替传感器输出电压，对数据采集系统进行电校。后者是在传感器某桥臂并联一精密电阻，使电桥失去平衡，输出一个特定的电压值，对测量系统进行校准。在推力测量系统中，推荐并联电阻校准法。

（2）物理量原位校准

试验前后，在现场直接施加标准力值，对测量力传感器、推力架、液气导管等在内的整个推力测量系统进行物理量校准。测量力传感器原位校准的安装方式及状态和试车状态完全一致，原位校准方法最大限度地减小了力测量系统误差。

①原位校准装置的类型

物理量原位校准装置主要有杠杆砝码型和标准传感器型两类。杠杆砝码型是把传统的杠杆砝码式的二等标准测力机校准技术用于试车现场，其缺点是力值精度低、检定困难、结构庞大，机械部件在振动条件下易磨损；标准传感器型是用液压加载力源，由标准传感器及配用仪表指示标准力值进行校准。标准传感器型校准装置的精度高、结构紧凑、便于自动快速校准。校准时测量系统各机械部件的变形量应与试车时的变形量相同，校准力的传递路线与试车时的推力传递路线一致。

②标准传感器

标准传感器及配用仪表具有较高的精度和稳定性。选用的标准传感器的精度和稳定性应优于 0.02%，温度误差小于 2×10^{-5} ℃，并有一定的抗横向力能力，保证不同安装条件下的力值复现。激励电源和配用仪表的精度应优于 0.01%，且有自动温度补偿功能。

③力源加载装置

力源加载装置一般基于液压原理，加载装置包括油缸（力发生器）、供油系统和调节机构。为了保证液压加载的稳定，确保在原位校准时能让力值稳定在校准数值，其液压稳定性要好，加载过程冲击小。原位校准点一般设为满量程（额定推力）的 20%、40%、60%、80%、100%、120%，其中额定推力 $\pm10\%$ 范围内的校准数据是关键数据。通常力源加载装置长期使用后，易出现力值校准点不稳定、加载停止后力值逐渐下滑、卸载停止后力值缓慢上升的问题。多数是电液伺服阀问题，建议采用力反馈方式，对力源加载装置提出稳定性、灵敏度、零漂、频带、可靠性等相关要求。

8.1.2.4　预紧力装置

预紧力装置的作用是克服管道连接、液体压力及液体流动所产生的"负推力"。对于垂直式试车台，还用来平衡动架及发动机的重力，使测量力传感器在试车前后承受同一方向的载荷，消除传感器与承载座之间的间隙。在上述各力平衡之后，预紧力大小一般选择测量推力值的 $5\% \sim 30\%$。对于小推力发动机试车台，可用弹簧施加预紧力。对大、中型试车台，则由液压校准装置施加预紧力，试车时测量力传感器测量的输出值为图 8-7 所示的推力值与预紧力值之和。

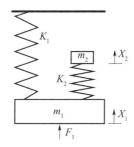

图 8-7　传感器测量值相关构成图

8.1.2.5　推力架热防护

高空模拟试验中，试验舱内对传感器防护的同时，还要对推力架或转接架进行热防护。一般隔热装置用于实现测量力传感器和标准力传感器的热防护。热防护装置以降低推力测量系统和推力校准装置的温度敏感性为出发点，通常采用加大传感器隔热层壳体厚度增加热容量、在壳体外表面剖光增大热反射、壳内带水冷套进行强制冷却、对推力架及传力装置采用独立的热屏蔽罩，避免发动机关机回火和辐射热对测量装置的影响。

8.1.3　真空环境推力测量

真空环境的推力架依据推力架与高模装置的相对关系可分为：舱外推力架和舱内推力架。真空环境推力架由于其推力在真空环境建立过程中受到较大的冲击载荷，工作过程中真空度的波动对推力架的承载及其推力测量产生较大的影响，在设计上需进行充分考虑，以适应真空环境推力承载及推力测量的要求。

（1）传感器安装位置的选择

标准力传感器和测量力传感器可采用放置在试验舱内和放置在试验舱外两种方案。

1）舱内方案。全部传感器、推力架（包括动架和定架）及校准装置均置于舱内，其优点是结构紧凑，附加机械干扰力及修正量最少，容易使校准状态下和试车状态下的变形一致。缺点是所有传感器都受到真空压力和温度变化因素的影响，易带入误差因素。

2）舱外方案。全部传感器、推力架及校准装置均置于舱外，其优点是全部传感器都不受真空和温度环境因素的影响。但缺点是动架传力件的悬臂长、刚度差；校准状态与试车状态的变形不易一致。因推力由舱内传递到舱外，传力件的密封（常用金属波纹管）给推力修正带来困难。某些情况下，修正量高达额定推力的 5%，不符合"99%以上的推力直接作用于传感器上"这一原则。此外，真空推力的修正对密封用波纹管的特性及真空度的依赖性较大，因此，舱外方案对推力测量精度的影响因素较为复杂。

3）混合方案。一部分传感器和传力件放在舱内，另一部分放在舱外。例如，欧洲阿里安运载火箭第二、三级发动机的高空模拟试验，其推力测量系统就采用混合方案：工作传感器放在舱内，标准力传感器放在舱外。

在采用舱内方案时，把定架固定在舱盖或舱内的某一侧壁（长方形真空机舱）。在真空条件下，舱盖和舱壁发生的不均匀变形会引起传感器、动架及约束件的变形，产生附加力，影响推力测量的精度。较好的做法是在真空机舱头盖的加长段（圆柱段）上增设双支梁或"十"字梁，用以分别支撑定架及传感器承力座等，避免产生附加力。

（2）真空环境对传感器的影响

通常采用的舱内方案优点较多，但试验过程中应重视舱内传感器受到真空和温度环境的影响因素。

①对标准力传感器的影响

模拟各种因素对推力测量的影响，应进行真空条件下的推力校准模拟试验。通常，标准力传感器采用全密封型，而多数密封型传感器在真空环境压力变化时会承受一个附加的轴向力，使标准力传感器的零位发生变化。应考虑推力测量数据的修正，修正的力值等于压力变化乘以用来密封传感器的膜片平均面积。某些全密封传感器的灵敏度在真空条件下会发生变化，例如 HBM 公司的 Z4 型传感器，量程为 20 kN，其灵敏度变化量为 0.1%，超过传感器的精度范围。

② 对测量力传感器的影响

真空环境对测量力传感器的影响与对标准力传感器的影响相似，前者的情况更复杂。因为标准力传感器是在稳定的真空压力条件下工作，而测量力传感器是在压力急剧变化的环境下工作。试验可知，全密封型传感器在环境压力突然降低时，零位不稳定。因此，在采用舱内方案时，测量力传感器不宜选用全密封型或半密封型结构，因为半密封型传感器的零位更不稳定，且修正困难。通常选用敞开式结构传感器或对环境压力具有自动补偿功能的传感器。

测量力传感器的性能还受到舱内温度变化的影响，舱内温度变化取决于发动机的类型和结构，例如，使用可贮存推进剂的发动机试车的舱内温度较高、变化大，而低温介质发动机试车时的舱内温度较低、变化小。当舱内温度快速变化时，对测量力传感器进行隔热保护，使测量力传感器能正常工作。

真空环境推力架的设计中，按照满足发动机安装及推力测量的要求，对推力从发动机到传感器的传递因素进行分析，通过结构上的优化降低多种因素对推力测量的影响，实现推力的准确测量。

8.1.3.1　舱外真空推力测量

大型发动机由于其燃气排放量大，热流密度高，冷却困难等相关试验条件的限制，一般采用被动引射方式，借助发动机喷管出口高速燃气的引射作用在发动机喷管出口截面附近产生一定的真空度。

舱外真空推力装置在设计上需考虑试车架的强度和推力测量所需的刚度。针对高空模拟试车，应考虑以下问题：

1）真空推力与地面推力的差异。由于喷管不满流，其推力数据波动比地面试验波动较大，在校准系统中需对其带来的误差进行处理。

2）喷管不满流时，燃气激波分离面不在喷管出口处，而在喷管内，造成发动机推力波动大、振动增大，对试车架结构及连接结构的长期工作稳定性产生影响。

3）高空模拟试验发动机起动时，推力的加载和现场真空度的变化，导致发动机产生各方向的跳动，在试车架结构上要考虑减少跳动产生的干扰。

舱外推力装置的典型应用如图 8 - 8 所示，该水平舱外真空推力架为某 180 kN 火箭发动机试验用推力架。

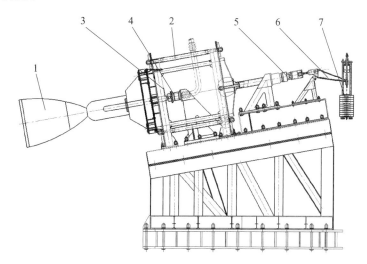

图 8 - 8　水平舱外真空推力架结构示意图

1—发动机；2—动架；3—定架；4—测量力传感器；5—标准力传感器；6—杠杆；7—砝码

推力架设计时应使弹簧板的初始变形量基本一致，受力基本一致。针对摇摆试车，需对动架拉梁进行加固并安装限位挡块及限位抱箍，限制摇摆试车时动架摆动幅度，避免试车过程中弹簧板受到损坏。对试车架的推力轴线的同轴度和水平度进行测量并调整试车架与测量力传感器的同轴度，使试车架各部件的轴线基本同心。试车架调整后进行多种状态推力校准与试验，通过试验数据分析，确定负推力修正方法，满足高空模拟试验推力测量精度要求。

8.1.3.2　舱内真空推力测量

设计舱内真空推力测量系统时，一般要求推力传感器及自动校准装置能在真空及热环境下正常工作。测量装置的推力传递系数应大于 99%，在额定载荷作用下，动架的变形量应尽可能小，一般不应超过总体尺寸的 0.3‰。通常管道的弹性阻力应小于推力值的

0.3%～0.5%，对测量装置需采取热防护措施，减少发动机热辐射对推力测量精度的影响。

某舱内推力架结构形式如图 8-9 所示，三维结构图如图 8-10 所示。

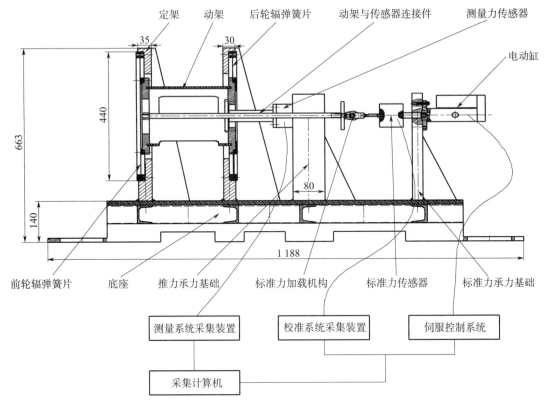

图 8-9　某舱内推力架结构形式

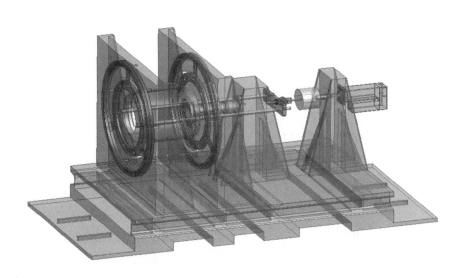

图 8-10　某舱内推力架三维结构图

该推力架采用单传感器测量推力的单点承力结构，动架和定架的连接采用前后轮辐式弹簧片结构，采用标准力传感器和电动缸组成的自动推力原位校准装置。在试车架后部加力进行校准，由定架（包含推力承力基础、标准力承力基础和底座）、动架、弹簧片（包括前轮辐弹簧片和后轮辐弹簧片）、动架与传感器连接件、工艺管路、测量系统（含测量力传感器、测量系统采集装置）、原位校准系统（含标准力传感器、电动缸、标准力加载机构、校准系统采集装置、伺服控制系统）、采集计算机等几部分组成。

8.1.3.3　舱内六分力推力测量

（1）测量原理

理想状态下，发动机推力与发动机中心轴线重合，但由于加工精度的限制，非对称因素的影响，形成发动机的几何不对称性，或者高温高压情况下发动机喉部与喷管的变形以及燃气在喷管内的不对称流动，导致发动机推力作用线偏离发动机中心轴线，产生推力偏心，出现侧向推力和主推力矢量绕推进器质心的力矩。推力偏心的存在不仅影响飞行性能，而且直接影响发动机本身的性能及入轨精度和使用寿命。

推力的矢量力测量就是除了推力的轴向（Z 向、发动机主推力方向）外，同时测量由发动机主推力的偏斜造成的侧向力（X 向：水平方向，Y 向：垂直方向），以及绕各轴的转动力矩（M_x，M_y，M_z），获得发动机推力偏斜角、推力偏移方位角、侧向力方位角、推力偏移、主推力、两个侧向力的测量方法。

采用矢量力传感器结构，通过传感器直接测量矢量力的六个空间分量。发动机推力矢量坐标如图 8-11 所示。

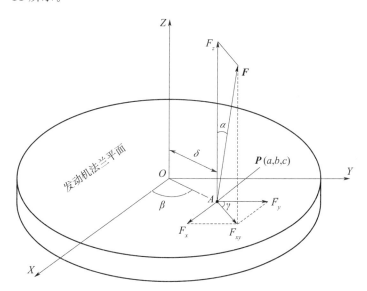

图 8-11　发动机推力矢量坐标

通过矢量力传感器可以得到以下参数：

主推力 F_z：空间推力 F 在 Z 轴上的投影大小；

侧向力 F_x：空间推力 F 在 X 轴上的投影大小；

侧向力 F_y：空间推力 F 在 Y 轴上的投影大小；

X 轴扭矩 M_x：空间推力 F 在 X 轴上的扭矩；

Y 轴扭矩 M_y：空间推力 F 在 Y 轴上的扭矩。

依据空间力系的平衡条件可得出下列发动机推力偏心的公式

$$F = \sqrt{F_z^2 + F_y^2 + F_x^2} \tag{8-6}$$

$$\alpha = \arctan \frac{\sqrt{F_x^2 + F_y^2}}{F_z} \tag{8-7}$$

$$\delta_x = \frac{cF_x + M_y}{F_z} \tag{8-8}$$

$$\delta_y = \frac{cF_y + M_x}{F_z} \tag{8-9}$$

$$\beta = \arctan \frac{\delta_x}{\delta_y} \tag{8-10}$$

$$\gamma = \arctan \frac{F_x}{F_y} \tag{8-11}$$

$$\delta = \sqrt{\left(\frac{cF_x + M_y}{F_z}\right)^2 + \left(\frac{cF_y + M_x}{F_z}\right)^2} \tag{8-12}$$

式中　F —— 矢量力；

α ——推力偏斜角，空间推力 F 与推力理论轴线 Z 轴的夹角；

δ ——推力偏移量，空间推力 F 与 XOY 平面的交点到 XOY 平面中 O 点的距离；

β ——推力偏移方位角，OA 与 X 轴之间的夹角；

γ ——侧向力方位角，侧向推力 F_{xy} 与 Y 轴之间的夹角；

c ——系数，矢量 P 在 Z 轴上的分量。

矢量力传感器采用一体加工而成，结构如图 8-12 所示。传感器由 7 个双圆弧形双向弹性铰链和 7 个应变梁构成，双圆弧形双向弹性铰链的优点是抗干扰能力强，灵敏度高，可以提供小的角位移，轴向刚度大，没有间隙和摩擦、滞后的问题，有极长的寿命。由弹性铰链所实现的机械分解，使各测力元件只受到被测方向推力的作用，因而各分量间干扰小，有利于提高精度。

力与力矩的分解关系如下

$$F_x = M_1 + M_2 + M_3 + M_4 \tag{8-13}$$

$$F_z = M_7 \tag{8-14}$$

$$F_y = M_5 + M_6 \tag{8-15}$$

$$M_y = (M_1 + M_2) - (M_3 + M_4) \tag{8-16}$$

$$M_x = M_6 - M_5 \tag{8-17}$$

$$M_z = (M_1 + M_3) - (M_2 + M_4) \tag{8-18}$$

（2）六分力推力架一体化装置

某型号姿控发动机矢量推力测量系统原理如图 8-13 所示，主要由安装架、矢量力传

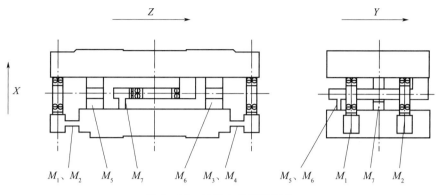

图 8-12　矢量力传感器结构

M_1、M_2、M_3、M_4 —用于响应 X 向载荷的应变片，其输出的电压值分别为 U_1、U_2、U_3、U_4；

M_5、M_6 —用于响应 Y 向载荷的应变片，其输出的电压值分别为 U_5、U_6；

M_7 —用于响应 Z 向载荷的应变片，其输出的电压值为 U_7

感器、管路约束力释放装置、标准力源、六分力校准架、数据采集、信号放大器及数据处理等组成。

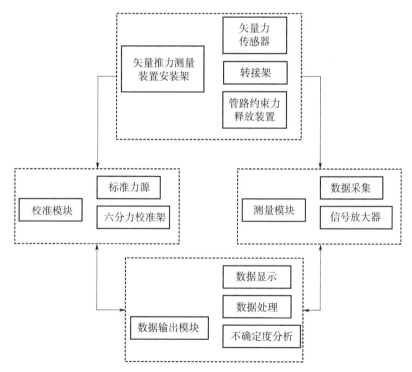

图 8-13　矢量推力测量系统原理

六分力推力测量系统推力架主要设计要点如下：

1）安装架用于安装矢量力传感器及校准系统，实现矢量力传感器校准及发动机工作过程产生的推力测量，用于并支撑各组件，并将有关作用力传递至试车台基础。

2）矢量力传感器实现液体火箭发动机推力矢量力测量，将推力输入转化为电压信号输出，其输出 7 个电压值。经计算后，可同时获取三个方向的力载荷 F_x、F_y、F_z 以及三个方向的力矩载荷 M_x、M_y、M_z。

3）管路约束力释放装置用于减小高压管路刚度，减少管路约束引入的高量级干扰量，并减小管路内因高压推进剂流动产生的负推力。

4）原位校准系统用于实现推力测量系统 X 向、Y 向、Z 向、X 轴扭矩、Y 轴扭矩、Z 轴扭矩校准，获得试验条件下矢量推力测量系统的主系数，消除安装精度、推进剂管路约束、控制气管路约束及测量、控制线缆约束等带来的不确定度。

5）数据处理系统用于处理试验过程中采集设备采集到的矢量力传感器输出的信号，将全系统的互耦因素消除，将测量系统测量的电压值转化为推力偏斜角、推力偏移方位角、侧向力方位角、推力偏移、主推力、两个侧向力，并实时显示矢量力数据。

6）隔热装置用于将矢量力传感器与高温环境隔离，可以避免热辐射和关机回火对推力测量的影响。将矢量力传感器环境温度维持在（25±1）℃。

图 8-14 所示为典型六分力推力测量校准一体化装置组成。

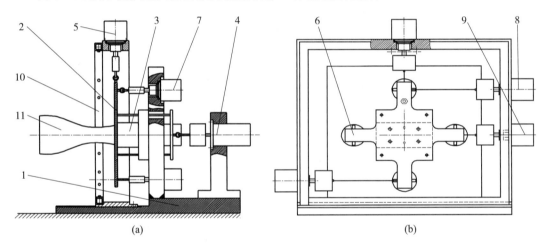

(a)   (b)

图 8-14　典型六分力推力测量校准一体化装置组成

1—定架；2—加载头；3—矢量力传感器；4—F_x 标准力源；5—F_z 标准力源；6—F_y 标准力源；

7—M_y 标准力源；8—M_x 标准力源；9—M_z 标准力源；10—隔热装置；11—发动机

8.1.4　系统调试及性能评估

推力架安装完毕后需对推力测量系统进行使用前的调整测试，包括对力源加载装置、标准力传感器、测量力传感器、测量系统等进行综合调试和评估，掌握其实际力传递特性、校准误差大小、负推力修正值等数据，并对实际调试结果进行评估。

8.1.4.1　推力架调整及几何误差测量

试车架安装完毕后，严格按照技术要求及图样文件，进行试车架动架四周间隙及推力轴向的水平度及垂直度调整。

　　试车架水平度及同轴度测量，严格按照技术要求及图样文件进行，边安装边调整，安装完毕后进行同轴度和水平度测量。为了保证四个测量力传感器受力均匀，采取加调整垫片调整动架与定架之间间隙的方法，一方面保证动架的水平度（保证发动机推力轴线与试车架中心重合），另一方面保证四个测量力传感器受力均匀。

8.1.4.2　推力架的性能调试

　　为了提高推力架推力测量精度，需要对推力架弹簧板进行调整，使弹簧板的初始变形量基本一致，受力基本一致。对试车架推力轴线的同轴度和水平度进行测量并调整试车架与测量力传感器的同轴度，使试车架各部件的轴线保持同轴。

　　推力架经过调整后认为已处于理想状态，在此状态下开展多种状态下的推力校准：常温负推力试验、常温与常温增压的对比试验、常温与低温的对比试验、常温常压与低温增压的对比试验、试车架的感量试验。通过试验数据分析，提出推力数据处理时的修正方法，以提高推力测量系统精度，满足热试车推力测量精度要求。

8.1.4.3　试车架力传递系数测试

　　试车架力传递性能的优劣是试车架的主要技术指标，GJB 2898—1997《液体火箭发动机地面试验测量方法》及国外的相关标准均要求大型发动机试车架推力至少应有 99% 通过试车架传递到测量力传感器上[5]，即试车架的力传递系数 $X \geqslant 99\%$。试车架的力传递系数 X 按下式计算

$$X = \frac{测量力传感器输出推力值}{标准力传感器输出推力值} \times 100\% \qquad (8-19)$$

式中　　X ——力传递系数。

8.1.4.4　感量测试

　　测量力传感器记录零位后，在预紧力砝码上加一定重量的重物，观察测量力传感器的输出。当测量力传感器输出值有变化时，将所放重物放在量程为相应量程及精度的天平上称重，确认实际的最小感量。

8.1.4.5　多状态下的推力校准

　　安装发动机后，使推力架和推力测量系统处于试车状态下，推进剂泵前管道在不增压和增压至额定工作压力状态下分别进行现场推力校准试验，确定介质输送管路在增压条件下对推力测量的影响。

　　低温状态下进行不增压和增压条件下的推力校准试验，确定低温状态下对推力架力传递的影响。

　　常温常压和增压状态下，推力架在推动架与拉动架状态下进行对比试验。通过感量试验，确定推力架最小感量。

　　安装发动机后，推力架和推力测量系统处于试车状态，推进剂泵前管道在不增压的情况下，进行常规的推力现场校准工作，记录测量力传感器输出的数据，并进行校准试验：

　　1）常温常压负推力校准；

2）常温增压负推力校准；

3）低温常压推力校准；

4）低温增压推力校准；

5）推力架在推动架与拉动架状态下的对比试验。

依据以上试验，将常温常压推力校准状态下得到的系数与发动机实际工作的差异进行比较，获取其修正系数，通过在数据分析中将相关因素的影响进行修正，提高推力测量的精度。

8.1.4.6 推力测量系统的性能评估

通过试验结果确定了影响因素，并对试车架进行传力分析。其典型评估方式如下：

（1）传力特性测试

根据 JJF 1059.1—2012《测量不确定度评定与表示》以及 GJB 3756—99《测量不确定度的表示及评定》所述进行测量精度评估。

（2）系统鉴定原理框图及鉴定方法

推力测量计算公式如下

$$F = b(U - U_0) + \Delta F \tag{8-20}$$

式中　b ——校准斜率（kN/mV），通常采用三遍六档现场加载方式，最小二乘法拟合获取；

　　　U ——测量信号（mV），计算机采集到的传感器信号值；

　　　U_0 ——零位（mV），传感器在大气压环境下的输出信号值；

　　　ΔF ——负推力修正值（kN）。

推力测量系统校准原理框图如图 8-15 所示。

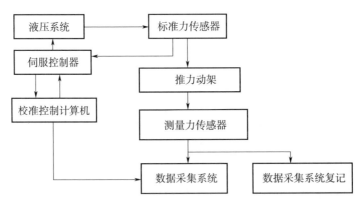

图 8-15　推力测量系统原理框图

测量系统现场校准方法与流程如下：

1）进行系统配置，推力传感器通道激励为额定电压，校准试验期间电压波动小于 10 mV。

2）采集系统采样速率设置为 100 点/s，输入信号稳定后采集系统开始进行校准。

　　3）预压三遍后，对测量力传感器进行三遍六档现场校准，计算各通道的斜率 b 值，累计校准三次。

　　4）每次校准完成后进行负荷试验，对传感器按零位及额定载荷加载，重复加载三次。

　　5）每次负荷加载均采集 10 s，利用本次校准系数处理数据，计算出各传感器每次加载所测推力平均值 x_i。

　　6）重复三遍，并按要求保留有效数字。

8.1.4.7　性能评估结论

　　通过校准获取各环节对推力测量的影响，获取校准不确定度、测量过程不确定度；最终获取推力测量不确定度。对比设计的精度要求，确认系统是否可以满足推力测量的要求。

8.2　真空压力测量

8.2.1　真空压力

　　发动机高空模拟试验中，不同型号发动机对真空度有着不同要求。有的发动机试验过程要求真空压力维持在 100 kPa～300 Pa，探月、探火系列发动机要求模拟环境 76 km，对应于真空压力 2 Pa。真空压力环境是高空模拟试验的前提和基本条件，测量系统设计及测量方法的研究对真空压力的准确测量至关重要。

8.2.1.1　传感器的选择

　　76 km 高空模拟试验环境对应的真空压力是 2 Pa，从环境大气压 100 kPa～2 Pa 范围的真空压力测量，由于一个真空压力传感器的测量量程及精度的限制，无法满足全过程的真空压力准确测量，应采用两个或者两个以上不同原理（如电阻硅、电容薄膜）、不同量程的真空压力传感器组合，使测量范围相互衔接，满足实际准确性测量需求。

　　真空压力测量系统设计分别选择 100 kPa、13 kPa、1.3 kPa 及 13 Pa 四个不同量程的真空压力传感器。100 kPa、13 kPa 真空压力传感器监测真空机组抽吸全过程真空压力变化情况。1.3 kPa、13 Pa 监测点火前和点火过程中真空压力变化情况。采用分段测量，保证分段区间内真空压力测量数据的准确性。对于提供数据的关键位置真空压力测量，应采取冗余测量方式，确保数据的可靠获得。

8.2.1.2　传感器的安装

　　真空压力传感器多数通过引压管安装，引压管的长度、直径、接口形式、开口面与气流方向等设计对测量结果的准确性有一定影响[6]。如果试验时间比较长，试验舱真空压力达到平衡，各种安装方式引起的测量差异趋于一致。如图 8-16 所示，气流流动时，A、D 接法的引压管开口面与气流方向垂直，开始动压作用小，测量结果有一定滞后。B、C、E 接法则受到气流方向的影响，短时间内测量值有一定误差，相对 D 接法，其他接法测量值更准确。真空压力传感器比较好的安装方式是：引压管应短、粗、直，与被测点距离近，引压管开口与气流方向一致或垂直（但不伸入管内）。真空压力计安装前，应使用氮气对引压管进行吹除，检查引压管内的多余物情况。

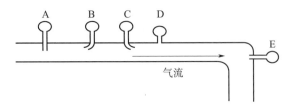

图 8-16　真空压力传感器引压管安装示意图

真空压力测点分布应根据试验舱和抽气管路结构进行设计，如图 8-17 所示，在试验舱体顶部前、中、后以及抽吸管道上共设置 7 个真空压力测点。真空压力传感器类型、量程及用途见表 8-1。

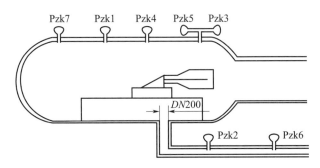

图 8-17　试验舱真空测点位置示意图

表 8-1　试验舱真空压力传感器类型、量程及用途

传感器代号	传感器类型	量程	位置	用途
Pzk1	电容薄膜	1.3 kPa	舱顶前部	监测抽吸及点火过程真空度的变化
Pzk2	电容薄膜	200 Pa	抽吸管道	监测真空度是否满足要求
Pzk3	电容薄膜	13 Pa	舱顶后端	监测 76 km 点火条件是否满足要求
Pzk4	电容薄膜	13 kPa	舱顶中端	监测抽吸过程真空度的变化
Pzk5	电容薄膜	1.3 kPa	舱顶后端	监测抽吸及点火过程真空度的变化
Pzk6	电阻真空压力计	1 kPa	抽吸管道	监测机械泵抽吸过程真空度的变化
Pzk7	96 型电阻硅	100 kPa	舱顶前部	监测试验舱从大气压至 2 kPa 的变化过程

8.2.1.3　现场校准

电阻真空压力计及配套的二次仪表经过计量检定，作为现场校准的标准真空压力计，采用抽真空仪及电阻真空压力计对试验舱顶真空压力传感器进行现场校准，系统组成如图 8-18 所示。

校准档位按被测真空压力参数范围确定，例如对 100 kPa 真空压力计进行校准时，校准下线应合理，保证与下一档真空压力计（13 kPa）测量范围衔接，如 100 kPa 真空压力

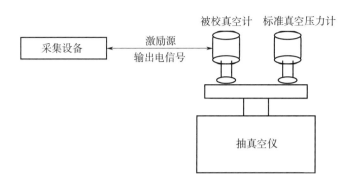

图 8-18　真空压力传感器现场校准装置

计可校准到 12 kPa。校准档位以标准真空压力计的实际输出显示为基准。一般情况校准一遍六档，对于提供数据的真空压力计校准时，可进行三遍六档或一遍十八档。校准时标准真空压力计抽至校准档值附近停泵，通过微调进气阀至预定的档位值，采集系统同时记录校准数据。全部档位校准结束后，对校准数据采用最小二乘法进行线性拟合获得 a 和 b 值，试车中实时计算真空压力测量值。现场校准中，相关系数大于 0.999 9 以上认为校准合格，否则更换真空压力计重新校准。

8.2.2　试验舱内压力参数测量

高空模拟试验中，试验舱内发动机的推力室压力和推进剂阀（隔离阀）前压力是关键参数，推力室压力也是性能参数，必须准确测量。在发动机额定工况点火过程中，压力传感器输出值应在传感器和采集装置量程的 1/3～2/3 范围内。要根据参数测量范围及传感器的灵敏度，选择合适的测量通道增益。在试验测试过程中，对压力传感器零位进行监测，零位变化大的传感器应分析原因，传感器确实存在问题时应及时更换。传感器零位检查方法通常采用传感器桥臂并电阻，传感器输出电压与传感器零位电压相减，该值与校准后的首次桥臂并电阻值进行比较，差值较小（如相对偏差小于 0.3%）时，认为传感器零位稳定。

8.2.2.1　传感器的选择

安装于试验舱的发动机在高空模拟试验中，压力传感器多数采用应变式压力传感器和压阻式压力传感器。电阻应变式压力传感器采用金属应变片，耐温性能相对较好。压阻式压力传感器动态性能较好，但耐温性和耐蚀性较差。姿控发动机高空模拟试验过程脉冲点火多，对试验传感器的动态性能有一定要求（传感器频响不小于 400 Hz）。另外，试验过程中舱内环境温度一般大于 100 ℃，无论选择应变式压力传感器还是压阻式压力传感器，舱内压力传感器应采取热防护措施。推力室压力传感器一般选用水冷结构，并采用双传感器冗余测量。如果发动机推力室只有一个测压接口，可用三通进行冗余测量，但注意测压接口过长会影响推力室压力测量的动态性能。推力室压力传感器选择时还要考虑传感器膜片前后腔体与环境相连通，这样可以保证在抽真空过程中，室压传感器膜片处于平衡状态，传感器输出电压不会随着真空度的不同而发生变化，提高测量准确度。

8.2.2.2　压力参数测量

压力参数测量系统如图 8-19 所示，采集装置的每个通道具有独立的激励源、隔离、放大、增益可调等功能。压力传感器输出电压值设置为采集设备测量量程的 1/3～2/3 范围内。

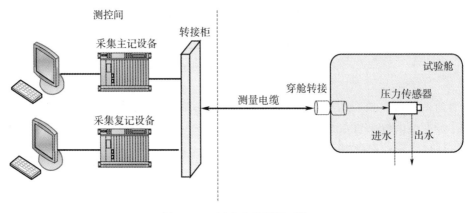

图 8-19　压力参数测量系统

8.2.2.3　现场校准

压力传感器在发动机试验使用前进行现场校准。校准前，对传感器通电预热 30 min，保证传感器零位输出电压稳定。校准过程采用三遍六档，校准结果相关系数应大于0.999 99。校准后对传感器及测压导管内腔进行清洗，用氮气对传感器及测压导管内腔进行吹除，保证无多余物。

8.2.2.4　数据修正方法

发动机高空模拟试验中，由于受到试验舱内力、热复杂环境的影响，压力测量数据出现零位漂移、线性变差、奇异点等异常情况，需要对测试环境及测试设备所带来的影响因素进行综合分析，对数据进行合理性修正，提供准确可信的数据。压力数据处理流程如图8-20 所示。

试验数据修正时应遵循如下原则：

1）及时修正：若数据存在异常情况，尽快查明原因，确认数据异常由测量系统引起，与被试产品无关，在不破坏试验状态的情况下，及时进行修正。

2）合理、准确修正：针对异常情况，应采用合适、合理、正确的修正方法，保证数据修正后的真实性和准确性。

3）综合修正：对于复杂情况，由多种因素引起异常数据时，需要采用多种方法进行综合修正（如热、力共同作用），真实反映发动机的固有工作特性。

4）不修正：出现一般的异常数据，复查测量系统所有环节是否工作正常。若无法确认数据异常是由测量系统引起的，不修正，避免误导分析发动机的真实工作特性。

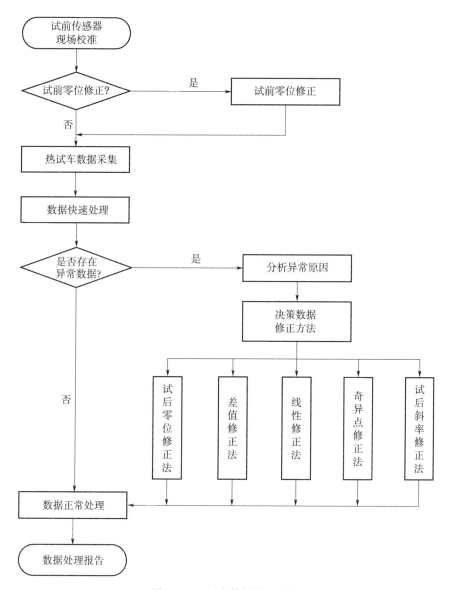

图 8 - 20　压力数据处理流程

发动机高空模拟试验中，真空压力常用的数据修正方法有以下几点：

（1）试前零位修正

测量系统的系统误差通常在某一特定范围内是相对固定的，但传感器的零位漂移是影响因素不确定、大小不确定的随机误差[7]。试前通过对整个试验过程的实时监测，结合校准时零位和当地环境大气压等状态数据，采用试前零位修正法对其进行修正[8]。

（2）试后零位修正

影响传感器零位变化的因素较多，应结合实际情况，采取相应方法对其进行修正。通常试验数据进行了试前零位修正后，试验过程热辐射、振动冲击引起新的较大零位变化（即试后零位与试前零位偏差较大），同时分析发动机试验数据与实际理论计算值偏差过大，还需数据处理时进行试后零位修正。

（3）差值修正

差值修正法常用于对热试车发动机入口压力、喷前压力及真空压力参数的修正，主要利用试验系统中多路测量参数之间的固定压力差值进行修正。

（4）线性修正

线性修正法运用广泛。姿轨控发动机试验过程脉冲次数多、工作时间长、温度变化快，对零位漂移的影响大。发动机长时间连续工作或几千次脉冲工作后引起传感器较大的零位漂移。但零位漂移不是某一时刻突变，而是逐步变化的，需按时间段采用线性修正。

（5）奇异点修正

从试验获得的数据中，若确认某些大点或奇异点是由外部干扰信号引起的，则直接剔除，其他奇异点数据按照格鲁布斯舍点方法进行修正。

（6）斜率修正

在试车过程中，由于传感器自身原因或外界因素引起传感器输出异常，使得试验数据严重偏离正常值，无法提供正常试验数据。试验后复查测量系统各环节工作是否正常，需重新对传感器进行现场校准，对原始试验数据重新处理，确保准确、可靠的真实数据。

8.3　温度参数测量

发动机高空模拟试验中，试验舱内温度的变化影响其他性能参数的准确测量。发动机工作过程主要部件分布不均衡或温度过高等因素影响发动机的结构可靠性，试验舱内温度参数测量对发动机结构、冷却模式、系统总体设计等有重要意义。发动机高空模拟试验中常用的温度测量主要有接触式热电偶、热电阻和非接触式红外测温两种方式，见表 8-2。

表 8-2　测温传感器及方式对比

种类	热电偶			热电阻	红外测温仪
	T 型	K 型	B 型	Pt100	
测温范围/℃	−270～400	−270～1 370	0～1 820	−200～860	600～1 800
灵敏度	40 μV/℃	40 μV/℃	3 μV/℃	0.38 Ω/℃	±0.1 ℃
精度	0.5 ℃	1.5 ℃	1 ℃	0.2 级	0.75％F.S
输出形式	电压	电压	电压	电压	电流/数字量
安装方式	接触式	接触式	接触式	接触式	非接触式

8.3.1　接触式热电偶测温

接触式热电偶测温是发动机高空模拟试验中最为常用的一种测温手段。其主要特点如下：测温简单、测量精度较高、安装可靠。发动机高空模拟试验热电偶测温系统主要由测温热电偶、补偿电缆、电连接器、采集装置等组成。热电偶温度测量组成框图如图 8-21 所示。

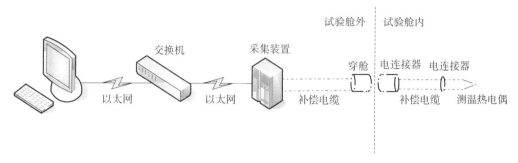

图 8 - 21 热电偶温度测量组成框图

8.3.1.1 热电偶选择与安装

根据被测表面材料及测温范围选择热电偶类型：

1）发动机表面测温位置为金属导电材料，热电偶采用点焊的方式进行安装。通过储能设备的瞬间放电，将热电偶测温点熔在被测金属表面。这种方式温度测点安装牢靠，在高空模拟试验中，测点不易脱落。

2）发动机表面测温位置为非金属导电材料，被测温度较低时（＜400 ℃），热电偶通常采用高温胶带粘贴固定。

3）发动机表面测温位置温度较高（＞400 ℃），被测位置表面不允许点焊时，采用热电偶捆扎的方式进行安装，如 B 型热电偶采用这种方式安装，如图 8 - 22 所示。B 型热电偶在 0～50 ℃范围内热电势比较小，可以取消补偿导线简化测量。

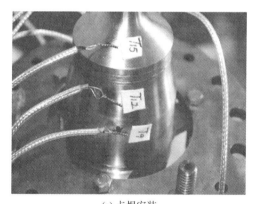

(a) 点焊安装   (b) 捆扎安装

图 8 - 22 热电偶安装方式

8.3.1.2 热电偶冷端补偿

数据采集装置一般放置在试验舱外，通过电缆、补偿电缆、热电偶连接，采集计算机通过以太网与采集装置通信。采集装置具备本地存储能力，通过以太网向计算机实时发送数据。采集装置采用非公用参考点接线，每对热电偶保留独立的正负极。补偿线采用与热电偶正负极相同的材料。由于热电偶的热电势相对于冷端温度进行测量，使用不同的采集装置测量热电偶信号时，应考虑冷端补偿。常用以下几种方法[3]：

（1）冰水混合物补偿法

热电偶测量参考端（补偿导线与测量电缆连接处套绝缘护套）放置于冰水混合物中，使参考端温度为 0 ℃。这种方法补偿精度高，但对于高空模拟试验中位置分布多的热电偶，测量过程烦琐。

（2）计算修正法

用高精度铂电阻测量出冷端的环境温度，通过查表获得对应环境温度的热电势，与热电偶测量结果热电势相加，得到修正后的温度。该方法适用于参考端温度比较恒定的情况，补偿环节带来一定误差。

（3）软件实时修正法

使用铂电阻或热敏电阻对参考端温度进行实时测量，自动对热电偶测量数据进行实时修正。该方法补偿精度较高、方法简单，适用于各种环境中，得到广泛应用。目前功能比较完善的温度采集装置采用这种补偿方式。如 LXI 1000 热电偶采集装置每个通道都设置一个冷端温度测量铂电阻，太平洋 6000 数据采集装置温度补偿盒每 8 个通道设置一个冷端温度测量传感器。

8.3.2　非接触式温度测量

热电偶是最常用的温度传感器，但不能完全覆盖高空模拟试验中试验舱内所有温度测量。例如某双组元发动机推力室喉部表面温度不能采用热电偶接触式测量，主要原因为：

1）热电偶测点与喉部表面为点接触，没有实现面接触。热电偶测点与被测温度达到平衡后，才能反映真实温度，响应滞后。高温热电偶惰性时间一般超过 10 s，发动机点火后喉部表面温度达到热平衡时间不超过 5 s。响应滞后影响发动机设计方对发动机工况的准确判断，工况较高时可能会导致发动机喉部烧蚀。

2）点焊或粘贴易破坏喉部表面涂层。高温作用下，捆扎金属丝容易与涂层发生反应，破坏图层的有效性，导致烧蚀。对于推力室喉部表面高温测量，一般采用非接触式红外测温方法，测量原理框图如图 8-23 所示。高空模拟环境下非接触式红外测温系统主要由红外测温仪、热防护装置、远控云台、信号调理器及测控设备组成。

8.3.2.1　红外测温仪

红外测温原理是通过测量被测物体表面的辐射能量来达到测温的目的。辐射能量通过大气媒介传输到红外测温仪上时，它内部的光学系统将目标辐射的能量汇聚到探测器的感温敏感器件，并转换成电信号，通过调理电路滤波、放大后采集到计算机上。高空模拟试验环境中，红外热辐射在传播过程中都会受到真空度、测量角度、测量距离及环境温度的影响（例如反射、折射等）[9]。选择红外测温仪时应考虑这些影响因素。

发动机高空模拟试验使用红外测温仪测量表面温度时，优先考虑将红外测温仪放置在试验舱内，且离发动机较近的位置。如果放置在试验舱外，试验舱观察窗玻璃会对红外热辐射带来衰减作用，影响测量准确性。但在某些试验条件下，由于试验舱环境温度因素或空间尺寸因素，红外测温仪无法放置在舱内，必须通过观察窗玻璃进行测温。实践证明，

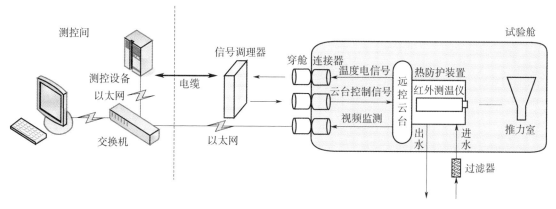

图 8 - 23 试验舱红外测温原理框图

观察窗玻璃会使红外测温值偏高。试验舱外提高红外测温准确性的主要方法：通过观察窗玻璃进行计量校验，减小玻璃带来的误差。

选择红外测温仪时，应选择双波长红外测温原理的测温仪。双波长红外测温技术可以有效降低由于测温距离、角度及大气穿透率等因素导致红外辐射能量损失而带来的测温准确性的影响。双波长红外测温通过测量物体两个不同光谱范围内的辐射能量并由这两个辐射能量之比来推断物体的温度。选取所测温度范围内被测物体发射的波段。如某姿控发动机喉部温度的测量范围为 600～1 600 ℃，发射的峰值波长范围约为 0.5～2.2 μm。此外，还要避开可见光的干扰（波长在 0.39～0.78 μm），可选的范围缩小为 0.78～2.2 μm。由红外测量原理可知，两波长距离越近，发射率的影响越小，灵敏度越低，两者之间需要平衡。由黑体辐射曲线可知，1.2 μm 和 1.55 μm 距离较近，在 700～1 400 ℃范围内的比值分布广，还避开了主要的吸收波长，推荐选择 1.2 μm 和 1.55 μm 两个波段。FLUKE 公司双波长红外测温仪的测温量程为 600 ～1 800 ℃，测温精度为 0.75％F.S，响应时间为 10 ms，是比较理想的红外测温仪。

8.3.2.2 红外测温防护

发动机高空模拟试验中，试验舱内温度达到 300 ℃。红外探测器主要为光学器件，工作温度为 −10～65 ℃，在这种环境中使用时，需进行热防护。

设计水冷热防护装置，采用夹层冷却结构，将红外测温传感器包裹，保障水冷却装置内的温度不超过 50 ℃。结构示意图如图 8 - 24 所示。

8.3.2.3 红外测温目标定位

红外测温仪放置在试验舱内时，测量目标人工定位对焦比较困难，试验过程的振动能导致测点位置发生偏移。设计红外测温装置时，可以利用图像可视化技术，将视频录像功能与红外测温技术相结合。通过光纤网络远程实时传输红外测温传感器测点位置和实时数据，利用远程可控云台控制红外测温仪，传感器位置发生偏移时及时远程调节。信号调理装置对红外测温仪输出信号进行调理，对云台控制信号进行驱动。

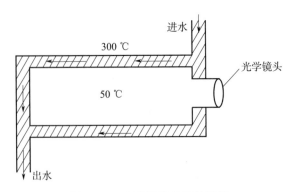

图 8 - 24　红外测温热防护装置

8.3.3　热流密度测量

发动机高空模拟试验中，发动机工作过程中产生的高温燃气以热辐射、热传导的方式向发动机上的测控仪器传导大量的热量。试验舱设计时，舱内仪器设备的热防护必不可少。舱内热防护的设计主要依据飞行器飞行热防护设计的参考数据，以及试验舱内的热流密度和温度测量数据。所以，热流密度的测量系统设计是高空模拟试验真空获取系统设计的内容之一。

高空模拟试验热流密度测量系统主要由热流传感器、信号变送器、采集装置组成。系统组成如图 8 - 25 所示。热流传感器输出的电压信号经信号变送器转化为电流信号，通过测量电缆接入信号采集装置。采集装置对热流传感器信号经过滤波、放大处理后进行采集，获取热流密度值。

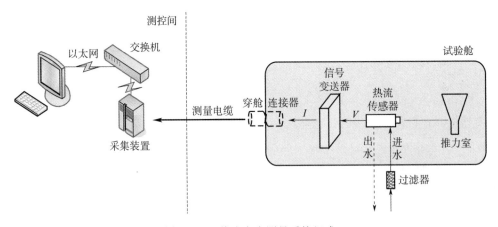

图 8 - 25　热流密度测量系统组成

（1）传感器选择

热流传感器类型较多，常用的是热电堆式热流传感器。典型产品是美国 ITI 公司的 HT - 50 型高温热流传感器。传感器量程为 3.15 MW/m²，温度量程为 -250～980 ℃，响应速度为 0.1 s，线性输出，精度为 5%。传感器结构坚固，适用于高温、振动的发动机试验环境。配套水冷却流量不低于 3 L/min。传感器安装时，传感器感温面与发动机被测面的间距尽可能小，减小热阻、加快热量传递、缩短热流稳定时间[10]。

热流传感器使用一定年限后，灵敏度系数发生一定的变化，发动机高空模拟试验前，应进行计量校准。热流采集装置根据校准证书上的系数对热流传感器测量值进行修正。

（2）信号变送与采集

发动机高空模拟热环境试验中，热流密度参数作为热环境加载的闭环反馈数据。信号变送器放置在试验舱内热流传感器附近，将传感器输出的电压信号转化为电流信号进行信号传输。信号变送器的选择应考虑真空及环境温度的影响，若变送器无法在真空及较高温度环境中使用，可设计 0.1 MPa 压力的恒压桶，将信号变送器放置在恒压桶内。在试验前，使用热风枪对热流传感器测温面进行热源加载，进行测量通道正确性和热流传感器定性检查，确认热流传感器有信号输出。

采集装置推荐采样速率 2 000 Hz，滤波频率 100 Hz。试验前在试验舱内，对每个测量通道进行电量校准，减小测量电缆及采集设备带来的系统误差。

参 考 文 献

［1］ 郭宵峰 . 液体火箭发动机试验 ［M］. 北京：宇航出版社，1990.

［2］ 沈继彬，曾晓军，曹庆红 . 泵前管道波纹管对推力测量的影响分析 ［J］. 火箭推进，2015，41 (4)：95 - 99.

［3］ 赵万明 . 液氧/煤油发动机试车主要参数测量方法研究 ［J］. 火箭推进，2006，32 (5)：51 - 55.

［4］ 朱子环，贾洁，耿卫国，等 . 液体火箭发动机试验推力自动校准加载系统的研制 ［J］. 宇航计测技术，2014，34 (2)：30 - 33.

［5］ GJB 2898—1997：液体火箭发动机地面试验测量方法 ［S］. 中国航天工业总公司：国防科学技术工业委员会，1997.

［6］ 刘玉魁 . 真空系统设计原理 ［M］. 北京：新时代出版社，1988.

［7］ 费业泰 . 误差理论与数据处理 ［M］. 北京：机械工业出版社，2004.

［8］ 晏卓，李志勋 . 姿控发动机试验缓变参数数据修正方法 ［J］. 火箭推进，2018，44 (1)：87 - 94.

［9］ 郭赣 . 真空热试验的温度测量系统 ［J］. 航天器环境工程，2009，26 (1)：33 - 36.

［10］ 李志勋，田健江，张彤 . 姿控发动机试验热流参数测量系统设计 ［J］. 火箭推进，2010，26 (2)：53 - 58.

第9章 系统调试与验证

真空系统调试是验证高空模拟试验台试验能力，获得相关系统、设备工作特性的必要手段。调试结果是指导液体火箭发动机高空模拟试验的重要依据。第1章介绍的真空获取方式按扩压器结构形式和燃气引射方式分为：扩压器开式真空系统、扩压器闭式真空系统、组合开式真空系统、组合闭式真空系统四种结构形式。扩压器开式真空系统和扩压器闭式真空系统结构简单，系统均是借助发动机高速燃气的自身引射作用，在发动机喷管出口附近产生一个真空环境，达到高空模拟的目的。扩压器开式和闭式这两种真空系统结构简单，调试与验证内容也相对较少，一般需进行冷却水调试、扩压器入口与发动机喷管出口间隙调试、扩压器内部流场仿真。在获得扩压器工作特性参数后，采用真实发动机进行试验验证，以考核扩压器、冷却水系统性能，得出发动机喷管出口真空压力特征值。

组合开式真空系统和组合闭式真空系统均是将发动机安装在试验舱内进行高空模拟试验的系统。组合开式真空系统是借助发动机高速燃气的自身引射作用，使试验舱达到一定的真空度。组合闭式真空系统是通过主动引射系统，使试验舱达到更低的真空度。组合闭式真空系统结构复杂、系统庞大、调试内容多，需要综合考虑多种耦合因素。本章以一个典型的组合闭式真空系统——"四级蒸气引射高空模拟试验系统"[1]为基础，介绍该系统的调试内容和流程，以及系统性能评估方法。

9.1 系统调试内容

四级蒸气引射高空模拟试验系统主要由试验舱、扩压器、补偿器、降温器、蒸气喷射泵、冷却水系统、蒸气生成系统组成，系统结构如图9-1所示。系统调试内容一般分为：冷却水系统调试、蒸气生成系统调试、系统联合调试、考台试验，调试流程如图9-2所示。冷却水系统调试主要验证系统设计的合理性，获取系统的流阻特性，调节和分配冷却水流量，确保各设备供水量满足要求。蒸气生成系统调试主要验证系统设计的合理性，获取各供应系统的管路特性及充填特性，考核蒸气发生器的工作特性。系统联合调试主要验证蒸气生成系统、冷却水系统、蒸气喷射泵系统的匹配协调性，获取试验舱、扩压器、蒸气喷射泵的工作特性，验证系统压力平衡计算的正确性。进行完系统联合调试后，一般还会采用真实发动机进行考台试验，以考核发动机真实点火条件下试验舱、扩压器、补偿器、降温器、蒸气喷射泵、冷却水系统、蒸气生成系统工作的可靠性和稳定性，评估各设备和系统在真实热环境条件下的性能。

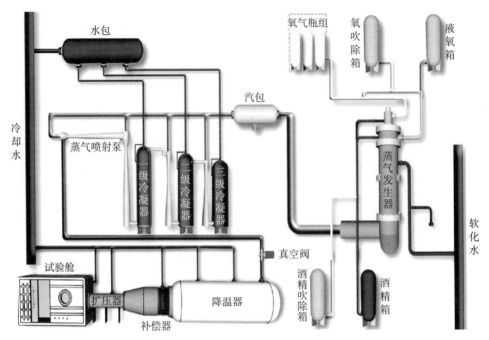

图 9-1　四级蒸气引射高空模拟试验系统结构图（见彩插）

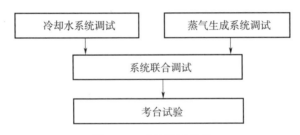

图 9-2　系统调试流程

9.2　冷却水系统调试

　　冷却水系统的主要功能是为高空模拟试验系统的各设备供应所需的冷却水，达到燃气降温和设备热防护的目的。冷却水通常采用落压式和泵压式两种供应方式。落压式供应是利用地势落差，将高位水池内存储的冷却水通过冷却水管道供应至低位各设备处，供应过程稳定可靠，不受电力供应影响，但需额外增加室外管网和高位水池。泵压式供应是利用冷却水泵将冷却水加压后供应，系统紧凑，加上冷却塔等降温装置，可以实现循环供应，但受电力供应影响，可靠性低于落压式。

　　冷却水系统流量精确调节，是系统调试的重要工作。冷却水流量过小可能造成燃气升压降温系统被高温燃气烧蚀。冷却水流量过大会增加冷却水的消耗量与能耗，尤其是采用落压式供应，会减少冷却水供应时间，从而影响引射系统工作时间。冷却水流量一般采用流量调节阀或限流孔板进行调节。限流孔板作为常用的节流原件，有着结构简单、工况稳定的特点，在冷却水供应中得到了广泛应用。本节主要介绍如何选取限流孔板，并通过调试数据进行孔板修正，达到流量精确调节的目的。

9.2.1　冷却水流量调节形式

采用限流孔板进行冷却水流量调节，一般是在管路上设置一定规格的限流孔板，再通过远程控制阀门的开闭，达到冷却水按时序供应的目的。根据冷却水各支路供水方式，分为串联型、并联型和串并联混合型，串联型供应系统图如图 9 - 3 所示，并联型供应系统图如图 9 - 4 所示。在四级蒸气引射高空模拟试验系统中，为了提高冷却水利用率，控制总流量，延长供应时间，可根据冷却水需求的重要程度，在重要部位采用并联型，在次要部位采用串联型，但应充分考虑串联系统存在一台设备故障，其余设备无法正常工作的风险。

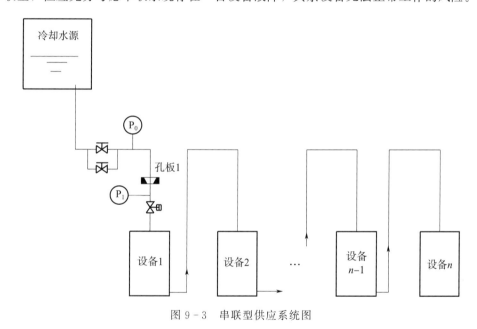

图 9 - 3　串联型供应系统图

9.2.2　限流孔板的选择

冷却水系统调试的一个主要内容就是保证流量按需供应给所需设备。孔板的计算和选择是所有调试工作的基础。当管道公称直径小于或等于 150 mm 时，通常用单孔孔板；当管道公称直径大于 150 mm 时，采用多孔孔板[2]。

（1）单孔孔板

单孔孔板体积流量计算式为

$$Q = 128.45 C d_0^2 \sqrt{\frac{\Delta p}{\gamma}} \qquad (9 - 1)$$

式中　Q——工作状态下体积流量（m³/h）；

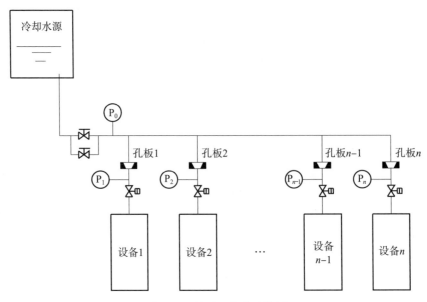

图 9 - 4 并联型供应系统图

C ——孔板流量系数，由 Re 值和 d_0/D 查图 9 - 5 获取，D 为管道内直径；

d_0 ——孔板孔径（m）；

Δp ——通过孔板的压降（Pa）；

γ ——工作状态下的相对密度（与 4 ℃水的密度相比）。

（2）孔数的确定

多孔孔板的孔径（d_0）一般可选用 12.5 mm、20 mm、25 mm、40 mm。

在计算多孔孔板时，首先按单孔孔板求出孔径（d），然后按式（9 - 2）求取选用的多孔孔板的孔数（N）

$$N = \frac{d^2}{d_0^2} \tag{9 - 2}$$

式中　N ——多孔限流孔板的孔数（个）；

　　　d ——单孔限流孔板的孔径（m）；

　　　d_0 ——多孔限流孔板的孔径（m）。

（3）孔板厚度

孔板厚度计算式为

$$S_k = kD \sqrt{\frac{p_1}{[\sigma]^t \varphi}} \tag{9 - 3}$$

式中　p_1 ——孔板进口压力（MPa）；

　　　D ——管道内径（mm）；

　　　$[\sigma]^t$ ——不锈钢在常温下的许用应力（MPa）；

　　　S_k ——孔板厚度（mm）；

　　　k,φ ——孔板结构系数，一般分别取 0.6 和 0.85。

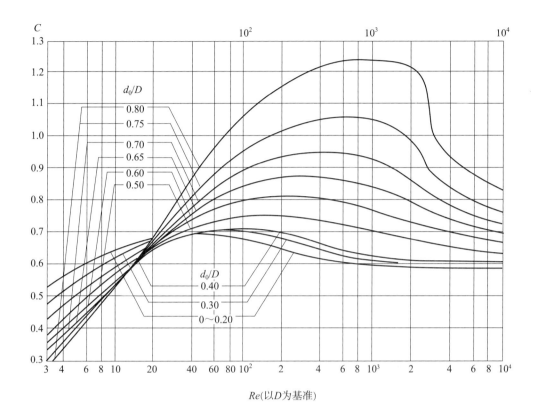

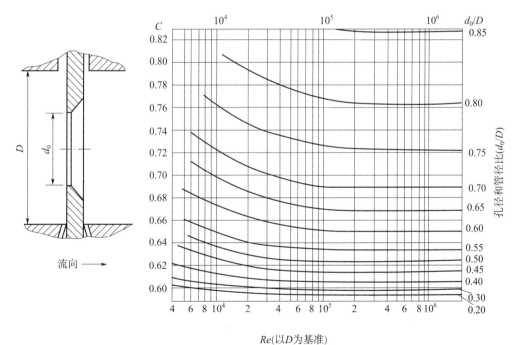

图 9 - 5　C - Re - d₀/D 关系图

（4）孔板流动特性

当通过孔板的压降 Δp 增大到一定值，孔板缩口处的压力降到流体饱和蒸气压 p_v 以下，导致部分流体汽化（汽蚀），管道流量不再随压差的增加而增加，称此时孔板两端的压差为阻塞压降 Δp_s。孔板在汽蚀状态下，会导致管路、阀门冲蚀加剧，噪声增加，因此应尽量避免此状态。当节流孔板的压降 Δp 小于其对应的阻塞压降 Δp_s 时，可以避免汽蚀现象的发生。

$$\Delta p_s = 0.81(p_1 - F_f \cdot p_v) \tag{9-4}$$

$$F_f = 0.96 - 0.28\sqrt{\frac{p_v}{p_c}} \tag{9-5}$$

式中　p_1——孔板进口压力（MPa）；

　　　Δp_s——孔板阻塞压降（MPa）；

　　　F_f——临界压力比系数；

　　　p_v——对应温度下水的饱和蒸气压（MPa）；

　　　p_c——水的热力学临界压力（MPa）。

9.2.3　系统调试

（1）调试方法

调试过程一般按照先支路后全系统联合调试的顺序进行。系统调试时需对压力和流量等参数进行测量，通过测量数值校核孔板计算的准确性。流量测量可在总管路上设置流量计，兼顾对各支路和总流量进行测量，某些重点部位可再单独设置流量计。表 9-1 是某四级蒸气引射高空模拟试验系统调试数据。

表 9-1　冷却水系统调试样表

序号	名称		设计值	单调	联调
1	试验舱	流量 Q/(m³/h)	20	21.5	20.8
		孔板进口压力 p_1/MPa	0.45	0.42	0.44
		孔板出口压力 p_2/MPa	0.20	0.21	0.22
2	扩压器	流量 Q/(m³/h)	30	31.5	30.6
		孔板进口压力 p_1/MPa	0.45	0.43	0.46
		孔板出口压力 p_2/MPa	0.20	0.18	0.19
3	补偿器	流量 Q/(m³/h)	10	9.5	10.2
		孔板进口压力 p_1/MPa	0.45	0.44	0.46
		孔板出口压力 p_2/MPa	0.20	0.21	0.22
…	…	…	…	…	…

　　冷却水系统调试的目标是有效利用冷却水，使降温设备获得良好的降温冷却效果。在开展冷却水系统调试时，火箭发动机不工作，降温冷却效果验证还不充分，应在后续考台试验中加以验证。根据考台试验获得的冷却水进出口压力、温度、流量等参数，再次修正孔板尺寸，确保冷却水量满足设备冷却要求。

　　（2）背压对流量的影响

　　在进行蒸气喷射泵冷却水调试时，蒸气喷射泵并未工作，此时冷凝器内压力为大气压，但当蒸气喷射泵工作时，冷凝器内压力为负压，压差增加，冷却水流量增大，将出现调试时流量小于工作时流量的现象。图 9-6 是某试验系统冷却水流量随背压变化的数据曲线图。

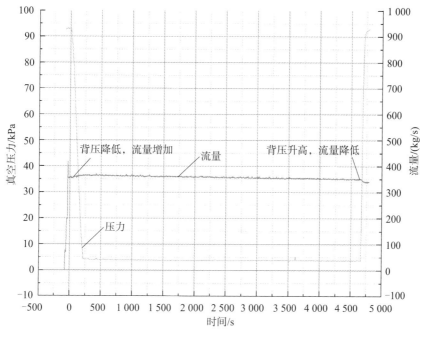

图 9-6　压力曲线图

　　由图 9-6 可看出，在起动段（0～50 s），蒸气喷射泵开始工作，冷凝器内压力逐渐降低，冷却水流量缓慢增加；在关机段（4 700～4 750 s），蒸气喷射泵停止工作，冷凝器内压力恢复成大气压，冷却水流量随之降低。

　　（3）压头对流量的影响

　　当冷却水系统采用高位水池落压式供应时，随着冷却水池水位下降，压头降低，冷却水量也随之降低，在设计和调试过程中应考虑这一因素的影响，避免由于水流量减少而导致的风险。图 9-7 为某试验系统冷却水流量曲线图，从图中可以看出，随着高位水池液位的下降导致压头降低，冷却水流量也随之减少。

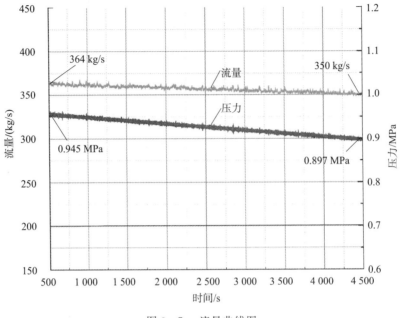

图 9-7　流量曲线图

9.3　蒸气生成系统调试

蒸气生成系统调试是蒸气引射高空模拟系统调试的重点，根据调试目的不同可以分为系统冷调和系统热调。系统冷调即蒸气发生器不工作，主要验证系统技术状态的正确性，为系统热调提供必要的数据。系统热调即蒸气发生器点火调试，主要考核蒸气发生器的工作性能，验证系统的协调性和可靠性。

典型的蒸气生成系统主要由蒸气发生器、介质供应系统、配气系统、蒸气输送系统、控制系统、测量系统和辅助系统组成，系统原理图如图 9-8 所示。介质供应系统中液氧和酒精一般采用挤压方式供应，供应系统主要由介质贮箱、流量计、阀门、过滤器、供应管路及附件等组成。软化水一般采用泵压式供应，系统主要由水箱（水池）、离心泵、流量计、阀门、过滤器、供应管路及附件等组成。氧气一般采用标准氧气钢瓶供应，系统主要由氧气钢瓶、阀门、过滤器、声速孔板、供应管路及附件等组成。

9.3.1　系统冷调

（1）冷调目的

1）验证系统技术状态的正确性，确定系统参数及节流元件尺寸；

2）确定系统流阻特性和充填特性。

（2）冷调方法

系统冷调一般采用真实介质进行，调试顺序通常按照酒精路、氧路、软化水路依次进

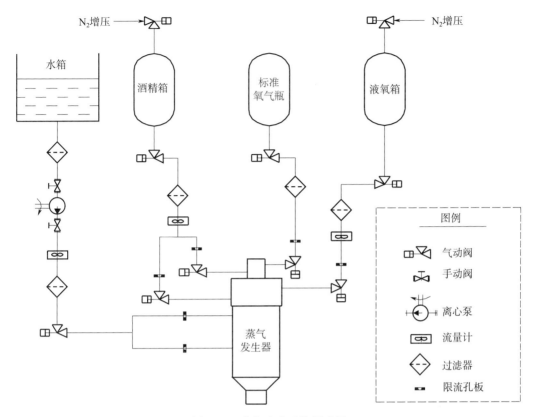

图 9 - 8　蒸气生成系统原理图

行。酒精路和氧路调试时应保证有一定的时间间隔，避免酒精和氧气（液氧）在燃烧室内共存而发生危险。调试过程还应对调试介质进行必要的收集。

调试过程按照先流阻特性调试后充填特性调试的顺序进行。流阻特性调试是将介质流量调整至额定流量，在此状态下计算出系统流阻和额定箱压（泵后压力）；充填特性调试是将箱压（泵后压力）调整至额定状态，在此箱压（泵后压力）下进行管路充填特性调试，得到充填时间 t_{10}、t_{50}、t_{90} 等参数。

一般每路调试次数应不少于 3 次，以确保数据重复性和真实性。调试过程应持续对发生器各路进行氮气吹除，避免介质串腔，保持调试状态和实际工作状态一致。氮气吹除压力应选取合理，一般情况下氮气吹除压力应小于调试时的喷前压力，这样可以避免氮气吹除压力过高而进入介质路，造成夹气现象，导致数据异常。冷调过程需要对调试数据进行分析计算，得出流阻特性和充填特性，蒸气发生器系统调试参数统计样表见表 9 - 2。

表 9 - 2　调试数据统计样表

序号	名称		流阻特性调试				充填特性调试				
			特性箱压	额定流量	系统流阻	头部流阻	额定箱压	充填流量	t_{10}	t_{50}	t_{90}
1	点火器	氧路									
		燃料路									

续表

序号	名称		流阻特性调试				充填特性调试				
			特性箱压	额定流量	系统流阻	头部流阻	额定箱压	充填流量	t_{10}	t_{50}	t_{90}
2	头部	氧路									
		燃料路									
3	身部	上路									
		下路									

注:特性箱压——发生器额定流量下的贮箱压力或离心泵出口压力,其值一般等于系统流阻＋发生器压降;

额定箱压——发生器额定工作状态下的贮箱压力或离心泵出口压力,其值等于特性箱压＋发生器室压;

充填时间 t_{10}——从控制阀通电至喷前压力达到稳态值10%的时间;

充填时间 t_{50}——从控制阀通电至喷前压力达到稳态值50%的时间;

充填时间 t_{90}——从控制阀通电至喷前压力达到稳态值90%的时间。

图9-9给出了某高空模拟试验台蒸气生成系统酒精路调试的额定流阻特性曲线。已知该发生器的额定室压为1.24 MPa,从图上可以看出,酒精额定流量为1.46 kg/s,喷前压力为0.9 MPa,箱压为2.72 MPa。计算出系统流阻为1.82 MPa,额定箱压为3.96 MPa。

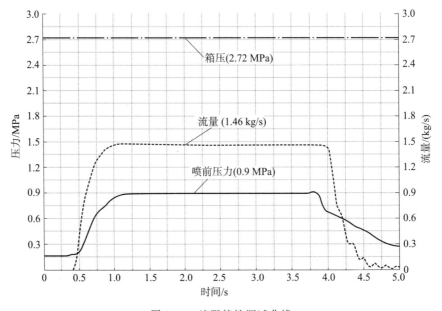

图9-9　流阻特性调试曲线

图9-10是在额定箱压3.96 MPa下的充填特性调试数据曲线。该状态下,发生器流量为1.7 kg/s,发生器喷前压力为1.33 MPa。

(3)背压对冷调的影响

某些发生器为直流式喷嘴,其流量系数与背压有关,见表9-3。背压对喷嘴流量系数的影响与喷嘴中液体的汽蚀现象有关[3]。当背压较低时,喷嘴中收缩断面处的压强也较低,容易出现汽蚀现象,使喷嘴中的液体流动状态突然变化,流量系数降低。

蒸气发生器的燃烧室压强都较高,在工作过程中一般不会产生汽蚀现象。在冷调试

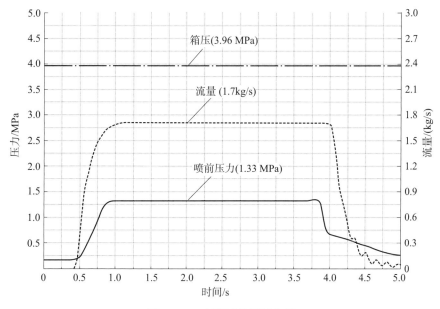

图 9 - 10　充填特性调试曲线

情况下，背压等于大气压强，容易产生汽蚀。所以，背压对流量系数的影响必须在冷调和热试的比较中予以考虑。

表 9 - 3　背压对流量系数的影响

背压/MPa	0.4	0.5	0.6	0.7	0.8	1.0	2.4
流量系数 C	0.61	0.62	0.76	0.775	0.76	0.78	0.78
喷嘴压降/MPa	1.2						

9.3.2　系统热调

（1）热调目的

1）考核蒸气发生器的工作性能；

2）验证系统的协调性和可靠性。

（2）热调方法

系统热调一般包括热调程序编制、热调系统准备、热调试验、热调后检查、热调数据分析等工作。

①热调程序编制

热调程序按照一定的起动原则，通过目标时序和充填特性时间计算得出。起动原则一般按照点火器先工作、身部软化水再进入、头部液氧和酒精最后进入的顺序进行。起动时，氧路应先于酒精路进入，关机时氧路应先于酒精路关闭。表 9 - 4 给出了某蒸气发生器热调时的目标时序，该目标时序以喷前建压 t_{50} 为目标时刻，关机指令时间根据先后顺序直接给出。

表 9 - 4　蒸气发生器目标时序

起动时序		
序号	喷前建压时刻	名称
1	0 s	火花塞通电
2	2.0 s	氧气进入(t_{50})
3	2.2 s	点火器酒精进入(t_{50})
4	2.5 s	软化水进入(t_{50})
5	3.0 s	火花塞断电
6	3.5 s	液氧进入(t_{50})
7	3.6 s	头部酒精进入(t_{50})
关机时序		
序号	关机指令时间	名称
8	5.0 s	氧气主阀关闭
9	$T+0$ s	液氧主阀关闭
9	$T+3$ s	头部、点火器酒精主阀关闭
10	$T+3.5$ s	软化水主阀关闭

　　有了目标时序和充填特性时间,就可以计算出热调时各路阀门的控制指令时间,其值为:喷前建压时刻减去充填特性时间。表 9 - 5 和图 9 - 11 给出了某蒸气生成系统的热试时序计算表和热调程序。

表 9 - 5　热试时序计算表

单位:s

序号	参数名称	建压时刻	充填时间 t_{50}	指令时间
1	氧气 O1	2.0	0.23	1.77
2	点火器酒精 JD1	2.2	0.77	1.43
3	软化水 S1	2.3	0.62	1.68
4	头部酒精 JT1	3.6	0.45	3.15
5	液氧 LO1	3.7	0.46	3.24

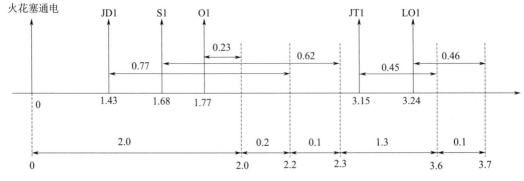

图 9 - 11　热调程序（单位：s）

②热调系统准备

系统热调时，将蒸气输送管路断开，并在断开处安装等效收缩喉部，以模拟蒸气喷射泵各级喷嘴，系统安装方式如图 9-12 所示。利用等效收缩喉部排放的方式可较为便捷地考核蒸气生成系统的工作特性。等效收缩喉部尺寸可由式（7-80）计算得出。也可根据蒸气喷射泵的喷嘴喉部直径等效换算得出，计算式为

$$d_t = \sqrt{d_1^2 + d_2^2 + d_3^2 + d_4^2} \tag{9-6}$$

式中　d_t——热调时的等效喉部直径（mm）；

　　　d_1——蒸气喷射泵一级泵喷嘴喉部直径（mm）；

　　　d_2——蒸气喷射泵二级泵喷嘴喉部直径（mm）；

　　　d_3——蒸气喷射泵三级泵喷嘴喉部直径（mm）；

　　　d_4——蒸气喷射泵四级泵喷嘴喉部直径（mm）。

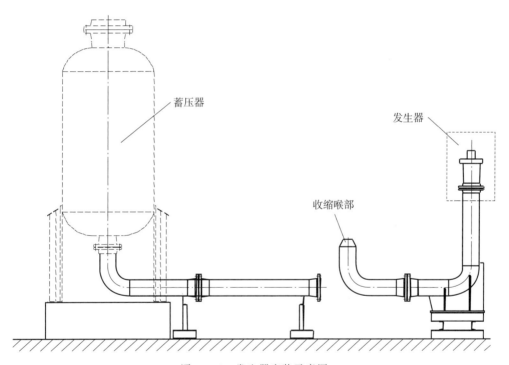

图 9-12　发生器安装示意图

③系统热调

系统准备完毕后，根据编制的热调程序开展热调试验。一般应进行短稳态考核和额定工况考核。

1）短稳态考核：获得热调状态下的系统参数，判定系统参数设置的合理性和协调性，确认蒸气发生器工作性能。

2）额定工况考核：调整系统参数，将蒸气压力和温度调整至设计值或与蒸气喷射泵相匹配的值，考核蒸气发生器和蒸气生成系统的工作协调性和可靠性。

蒸气压力和温度的调整是通过调整蒸气发生器工况而实现的，但是工况的调整需在发生器稳定可靠工作范围内进行。一般蒸气压力越高，蒸气喷射泵所需的蒸气与冷却水耗量越少。但当蒸气压力过高时，会导致膨胀增加、喷嘴长度增加，引起喷嘴损失增加，上述规律并不明显。因此，一般蒸气压力范围为 $0.4 \sim 1.6$ MPa（表压），在泵的工作压力较低（133 Pa）时，工作蒸气压力下限可选择为 0.25 MPa[4]。

蒸气发生器采用液氧和酒精燃烧加热软化水的方式产生水蒸气，在水蒸气中包含一定量的不可凝气体，因此水蒸气的实际分压要低于实测的蒸气源压力。可根据道尔顿理想气体分压定律，计算出水蒸气分压。

当整个混合气体处于温度 T_Σ 和压力 p_Σ 时，各组成气体处于 p_i 和 T_Σ 状态[5]。理想混合气体的压力等于其各组成气体分压之和，即

$$p_\Sigma = \sum_{i=1}^{n} p_i \qquad (9-7)$$

无论是过热或者饱和蒸气，对泵的性能都无太大影响。但是当蒸气管道的散热及工作蒸气在喷嘴中膨胀而变湿时，会使泵的性能不稳定。因此，一般选择工作蒸气过热度以 $10 \sim 20$ ℃为宜，蒸气干度为 96% 以上。蒸气过热度太大，不仅浪费能源还会使泵的性能不稳定。

④热调后检查

热调完毕后，应对蒸气生成系统进行检查，重点检查蒸气发生器的状态，检查内容一般包括：外观检查、内部状态检查、喷注器面及喷注孔形态检查、焊缝检查等。

⑤热调数据分析

收集、整理系统热调的全部原始数据，将试验数据、图表、曲线等汇编成试验报告。分析调试数据，确定发生器工作特性、热调程序等是否满足要求。表 9-6 给出了某型号蒸气发生器的热调试验数据。

表 9-6 热调试验数据

序号	参数名称	单位	热调数值	备注
1	蒸气压力 p_c	MPa	1.30	
2	蒸气温度 T_c	℃	200.5	
3	喉部直径 D_t	mm	120.4	
4	液氧喷前压力 p_{oh}	MPa	1.92	
5	酒精前压力 p_{jh}	MPa	1.88	
6	软化水前压力 p_{sh}	MPa	1.64	
7	液氧流量 q_{mo}	kg/s	4.00	
8	酒精流量 q_{mj}	kg/s	2.2	
9	软化水流量 q_{ms}	kg/s	16.2	

9.4　系统联合调试

在完成冷却水系统调试和蒸气生成系统调试后，就可以进行系统联合调试了。系统联合调试时，将蒸气输送管路与蒸气分配器对接，利用蒸气发生器为蒸气喷射泵供应工作蒸气，通过通入一定量的被抽气体，以考核高空模拟试验系统的工作性能。

9.4.1　调试目的

系统联合调试的目的一般包括：

1）考核蒸气发生器长程工作的可靠性和稳定性；

2）考核蒸气喷射泵、冷却水系统、蒸气生成系统等系统的工作协调性、可靠性和稳定性；

3）获取蒸气喷射泵抽气过程中的工作参数，验证实际工作性能与设计性能的符合程度；

4）验证高空模拟试验系统压力平衡计算的正确性。

9.4.2　调试方法

系统联合调试时，通过向试验舱内通入一定量的干燥空气或氮气作为负载，来模拟发动机燃气流量，以考核高空模拟试验系统特性。负载可通过设置在试验舱内的气体声速喷嘴来模拟。当模拟的负载气量过大时，也可采用在试验舱破空管路上加装喷嘴盖板来模拟，此盖板上装有多个流量不同的喷嘴。

通过调节吸入负载流量，记录对应流量下一级喷射泵入口真空压力，这样就可以得到蒸气喷射泵系统的抽气特性曲线。一条完整的抽气特性曲线应从抽气量为零开始，直到入口压力剧烈波动、迅速上升为止。如此由小到大，再由大到小地改变抽气量为一个周期。每次测试不得少于两个周期。推荐下列各值为抽气量测点：0、$0.25q_m$、$0.40q_m$、$0.63q_m$、$0.80q_m$、$0.95q_m$、$1.05q_m$、$1.10q_m$、$1.25q_m$ [6]。

9.4.3　负载气量计算

由于发动机产生的是高温燃气，加之有些高空模拟系统采用喷水的方式对燃气进行冷却。而蒸气喷射泵的抽气机理主要是黏性携带作用，所以引射系数与被抽气体摩尔质量和温度有关。为了简化计算，把发动机燃气等效成 20 ℃干空气的质量流量。为此，需对燃气进行当量换算，通常采用修正系数来校正[4]，如图 9 - 13 所示。

对于被抽燃气，先求出其平均摩尔质量，然后再进行当量换算。

$$Q_{20} = Q_h \cdot K_m \cdot K_{at} \qquad\qquad (9-8)$$

式中　Q_{20}——20 ℃干空气当量；

　　　Q_h——泵抽吸的混合气体总量；

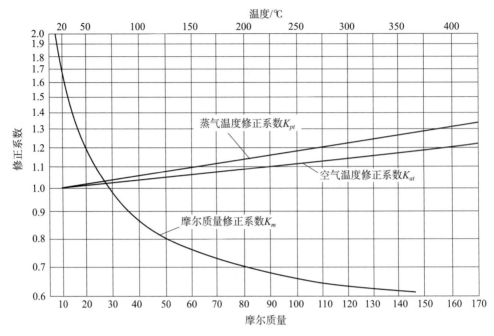

图 9-13　当量换算图

K_m ——摩尔质量修正系数;

K_{at} ——空气温度修正系数。

9.4.4　负载喷嘴计算

在确定负载气体流量后,可以利用气体喷嘴计算公式,计算出喷嘴的喉部直径,气体喷嘴流量计算式为

$$q_m = \frac{C \cdot A \cdot p_i}{\sqrt{RT}} \cdot \Gamma \tag{9-9}$$

其中

$$\Gamma = \begin{cases} \sqrt{k\left(\dfrac{2}{k+1}\right)^{\frac{k}{k+1}}} & \dfrac{p_i}{p_e} \geqslant \left(\dfrac{2}{k+1}\right)^{\frac{k-1}{k}} \\[4mm] \sqrt{\dfrac{2k}{k-1}\left[\left(\dfrac{p_i}{p_e}\right)^{\frac{k}{2}} - \left(\dfrac{p_e}{p_i}\right)^{\frac{k}{k+1}}\right]} & \dfrac{p_i}{p_e} < \left(\dfrac{2}{k+1}\right)^{\frac{k-1}{k}} \end{cases}$$

式中　q_m ——流量;

C ——流量系数;

A ——有效流通面积;

p_i ——入口压力;

R ——气体常数;

T ——气体温度;

Γ ——气动函数；

k ——气动等熵指数；

p_e ——出口压力。

9.4.5　真空环境下设备受力计算

在高空模拟试验系统设计时，为了降低发动机工作时燃气对设备加热而产生的热位移影响，通常在扩压器与降温器之间、降温器与喷射泵之间设置补偿器，确保设备运行安全。一般以试验舱和降温器作为主固定端，补偿器两侧设置滑动支架，其结构布置如图 9 - 14 所示。在进行系统联合调试前，必须进行受力复核计算，确保设备基础、管道支架等在压差变化条件下，不会发生结构破坏，否则应重新对基础和管道支架进行加固。

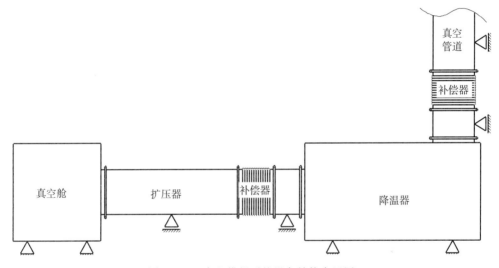

图 9 - 14　高空模拟系统设备结构布置图

在设计主固定支架时，必须使其能够承受与它相连的各部分管段对其所施加的作用力，这些作用力包括压力产生的总推力，使补偿器达到额定位移所需要的推力，以及沿直管布置的导向支架、滑动支架等所产生的摩擦力，同时还可能作用有其他无法确定的作用力，因此在固定支架设计上通常采用比较保守的方式。

以本系统为例，固定支架（主固定端）所受的水平推力通常主要有下列三项：

1）活动支架的水平摩擦反力 F_m ，可按下式计算

$$F_m = 1.5 \cdot k \cdot \mu \cdot q \cdot L \qquad (9-10)$$

式中　1.5——载荷系数；

k ——牵制系数，按表 9 - 7 查取；

q ——计算管段单位长度的结构荷重（N/m）；

μ ——摩擦系数；

L ——管段计算长度（m）。

表 9-7 牵制系数

a	<0.5	0.5~0.7	>0.7
k	0.5	0.57~0.67	1.0

注：$a = \dfrac{主要管道重量}{全部管道重量}$。

2）补偿器弹性反力和摩擦反力。补偿器由于热位移产生的推力 F_n，可根据各类型补偿器计算手册查得。

3）不平衡外压力（由压力不平衡产生的总推力）F_w。当固定支架布置在截面面积发生变化的补偿器之间时，不平衡外压力按下式计算

$$F_w = p_0 \cdot A_0 \qquad (9-11)$$

式中　F_w——不平衡外压力（N）；

p_0——当地大气压强（Pa）；

A_0——变化的截面面积（m²）。

则作用于主固定支架上的轴向合力 F 可由下式计算

$$F = F_m + F_n + F_w \qquad (9-12)$$

9.4.6　调试后的检查与数据分析

调试完成后，需检查各设备结构、基础、支架等有无变形、破坏等情况。尤其要注意检查蒸气管道的固定情况，有无热应力导致管道变形、支架失效。收集、整理联合调试的全部原始数据，将试验数据、图表、曲线等汇编成试验报告。根据数据调试数据，绘制泵的抽气负载-真空度曲线[1]。表 9-8 是某高空模拟试验系统性能调试的相关数据。图 9-15 是蒸气喷射泵系统的抽气负载-真空度曲线。

表 9-8 性能调试数据表

项目		设计指标	实际性能
工作蒸气压力/MPa		1.25	1.30
蒸气总耗量/(t/h)		12.0	13.4
冷凝水入口温度/℃		20	26
冷凝器出口温度/℃	一级	30	30
	二级	40	40
	三级	50	70
冷凝水总耗量/(t/h)	一级	550	570
	二级	450	460
	三级	200	180
满载抽气量/(kg/s)（等效 20 ℃干空气）		0.800	0.650
试验舱压/Pa	满载	<200	<50
	空载	<50	<20

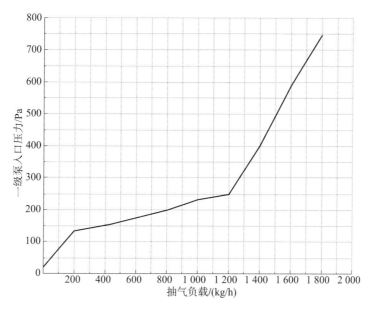

图 9 - 15　蒸气喷射泵系统的抽气负载-真空度曲线

9.5　考台试验

完成系统联合调试后，就基本掌握了蒸气喷射泵的性能，验证了冷却水系统、蒸气生成系统的相关技术指标。试验台具备承担液体火箭发动机高空模拟试验的能力，但对于高温燃气的升压和降温效果还未进行考核。此外，高温燃气对喷射泵性能的影响也需要再进行考核和修正。因此，还需进行真实发动机工作条件下的高空模拟试验系统调试，即考台试验。考台试验就是一次液体火箭发动机高空模拟试验，由于试验费用较大，通常结合试验任务同步进行。

9.5.1　试验目的

考台试验的目的一般包括：

1) 获取发动机点火条件下的真空环境；

2) 考核发动机点火条件下试验舱、扩压器、降温器、蒸气喷射泵组、蒸气供应系统的可靠性和稳定性；

3) 考核蒸气发生器长程工作的可靠性和稳定性；

4) 考核高空模拟试验台测量、控制系统工作的可靠性；

5) 考核发动机推进剂供应系统的可靠性和稳定性；

6) 获取高空模拟试验台全系统联合工作的各项数据参数。

9.5.2　试验流程

完成一次考台试验，大体上要经过试验准备、试验实施、试验结果处理三个阶段。其详细步骤和流程如图 9 - 16 所示。

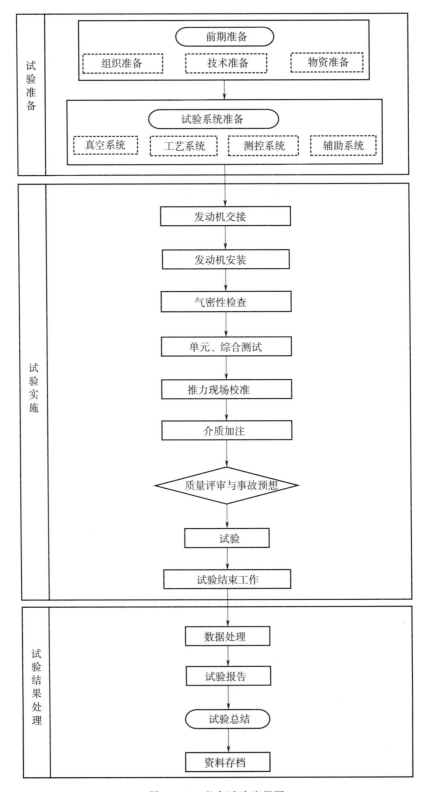

图 9 - 16　考台试验流程图

9.5.2.1　试验准备

试验准备阶段主要分为前期准备和试验系统准备，是在发动机上台前所进行的工作。

前期准备主要完成试验队伍的组织，定岗、定员、定职责。明确试验目的、要求，制定试验方案。调整计算试验参数，编制试验大纲等文件。根据试验大纲要求准备试验所需介质、常用器材及消耗品、外购件、非标加工件等。

试验系统准备主要完成如下工作：

1）真空系统准备：主要完成真空系统检查、调试和测试等工作。

2）工艺系统准备：主要完成液路、气路系统检查，将推力测量装置调整到试验状态，具备安装发动机条件等工作。

3）测控系统准备：主要完成测量系统配置，测量仪器、仪表的校准，试验程序的测试等工作。

4）辅助系统准备：主要完成动力配电设备、照明设备、消防设备、防静电设备、广播通信系统、吊运系统、废水废气处理系统等辅助设备和系统状态的检查工作。

9.5.2.2　试验实施

发动机上台后就进入试验实施阶段，其主要工作包括：

1）发动机交接：由承制单位将发动机移交给试验承担单位，并完成发动机的质量证明文件、发动机、配套备附件的检查验收工作。

2）发动机安装：按照试验大纲要求将发动机安装于试验舱内的推力架上，安装过程注意对发动机采取防护措施，并严格控制多余物。

3）气密性检查：对发动机和相关供应系统进行气密性检查，确保管路对接密封可靠。

4）单元、综合测试：对试验系统和发动机各组件按相关要求进行测试，并按照实际试验程序及预先设置故障的监测方法，验证发动机及试验台各系统工作的正确性和协调性。

5）推力现场校准：对推力测量系统进行现场校准，验证推力测量系统的正确性和协调性。

6）介质加注：根据试验大纲要求，进行介质加注，并进行取样分析，保证所加注介质足量、合格。

7）质量评审与事故预想：发动机及试验台各系统安装完毕，测试通过，处于待试状态后，召开试验准备质量评审会，并开展事故预想。质量管理部门组织试验委托单位、生产厂和试验承制单位人员，对参试产品和试验系统状态进行评审，并做出评审结论。

8）试验：在进行完质量评审与事故预想之后，就具备试验条件了，试验步骤一般按照如下顺序进行：

a）预抽真空：关闭试验舱门，起动机械泵组对真空系统预抽真空。需要进行 76 km 高空点火时，应严格控制隔膜装置两侧的压差。

b）介质充填：根据试验台操作规程要求，给试验系统充填冷却水、推进剂，并进行排气操作。管路充填时应监视贮箱和管路压强、温度等有关参数以及密封性，并检查流量计的输出信号。

c）低温介质管路预冷：蒸气发生器的液氧供应系统在预冷前应进行正压氮气吹除置换。预冷时应监视预冷温度、压力等参数及供应系统密封性，直至参数达到蒸气发生器要求的起动条件。

d）第一次警报：发出第一次警报，无关人员撤离现场，各岗位操作人员根据试验操作规程要求，将试验系统调整至试车状态。各参试系统填写试验检查表，由试验指挥员和主管技术负责人进行审查并签署。

e）贮箱增压：增压前应确认试验系统技术状态，增压过程应监视测量系统实时显示参数。按试验大纲要求，将各贮箱压力调整至额定值。若蒸气发生器采用泵压方式供应软化水，按试验大纲要求起动、调整泵的工作参数。

f）第二次警报：各系统工作状态正常，处于待试状态，发出第二次警报，所有人员撤离现场。

g）起动：试验指挥员检查试验系统技术状态，符合起动条件后，下达测量系统、真空系统起动口令。当系统工作稳定，且达到发动机起动条件后，试验指挥员下达发动机点火口令，按照试验大纲规定的程序进行发动机点火。

h）关机：试验过程中发动机及试验台各参试系统工作正常，按程序正常关机。试验过程中若发生异常情况，由试验指挥员根据紧急预案决定是否采取紧急关机措施。发动机关机后，再对真空系统实施关机。

9）试验结束工作：指挥员确认现场安全后发出第三次警报，操作人员进入现场进行调试后处理工作，发现异常情况应及时报告并保护好现场，留存多媒体记录。

9.5.2.3　试验结果处理

收集、整理考台试验的全部原始数据，将试验数据、图表、曲线等汇编成试验报告。分析整理试验数据，根据数据修正蒸气喷射泵系统的抽气负载-真空度曲线。表 9-9 是某高空模拟试验系统性能调试和考台试验的相关数据。

表 9-9　性能调试数据表

参数	设计/仿真参数	联调结果		考台结果
抽吸燃气流量/(kg/s)	0.350	0.350	0.500	0.105
一级泵入口压力/kPa	<0.6	0.36	0.78	0.147
二级泵入口压力/kPa	<2	0.612	1.887	0.556
三级泵入口压力/kPa	<8	4.469	8.094	5.12
四级泵入口压力/kPa	<29	21.83	30.92	25.6
四级泵出口压力/kPa	>100	102.8	106.2	104.4
一级冷凝器排水/℃	<40	30.7	30.53	29.4
二级冷凝器排水/℃	<50	37.1	42.15	41.4
三级冷凝器排水/℃	<70	65.9	72.97	63.9

9.6　系统性能评估

9.6.1　真空机械泵组性能评估

真空机械泵组是高空模拟试验系统的重要组成部分，一般用于系统预抽真空，减少蒸气喷射泵的预抽真空时间。图 9-17 给出了某三级滑阀-罗茨泵组的系统原理图。

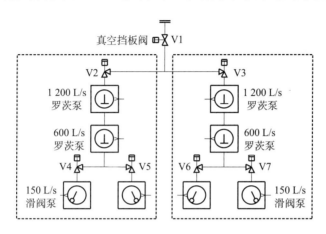

图 9-17　真空机组系统图

真空机械泵组性能的强弱，直接影响预抽真空的效果。评价机械泵组的性能，可通过试验舱抽气口附近真空泵的有效抽速这个重要指标来衡量，在相同配置下，有效抽速越高，则可认为所配置的机械泵组的性能越高。由真空设计手册可知[4]，试验舱抽气口附近真空泵的有效抽速 S_P 的计算公式为

$$\frac{1}{S_P} = \frac{1}{S} + \frac{1}{U} \tag{9-13}$$

式中　S_P ——试验舱抽气口附近真空泵的有效抽速（L/s）；

　　　S ——泵的抽速（L/s）；

　　　U ——系统管路总流导（L/s）。

则可以通过 S_P 与 S 的比值来确定机械泵组的性能

$$\eta = \frac{S_P}{S} \tag{9-14}$$

9.6.2　试验舱性能评估

试验舱是用于安装发动机、营造真空环境的场所，极限真空和密封性是其最为重要的性能指标。试验舱所能达到的极限真空压力计算式为

$$p_j = p_0 + \frac{Q_0}{S_P} \tag{9-15}$$

式中　p_j ——试验舱所能达到的极限真空度（Pa）；

p_0——真空泵的极限真空（Pa）；

Q_0——空载时，长期抽气后试验舱的气体负荷（漏气、材料出气等，Pa·L/s）。

由计算公式可以看出，试验舱的极限真空 p_j 是由真空泵的极限真空 p_0、试验舱的气体负荷 Q_0 以及试验舱抽气口附近真空泵的有效抽速 S_P 三个因素决定的。在真空机械泵组安装完成后，泵组的极限真空 p_0 和有效抽速 S_P 也就确定，则试验舱极限真空大部分是由试验舱的气体负荷，大多数情况下是试验舱的漏率决定的。

某些高空工作的火箭发动机，常常需进行 76 km 高空点火试验，即要求发动机点火前试验舱压力小于 2.03 Pa。如果让整个容积巨大的真空系统压力小于 2.03 Pa，难度非常大。通用的做法是在扩压器入口安装隔膜装置，将试验舱与扩压器隔开，这样只需保证试验舱压力小于 2.03 Pa 就能满足试验要求。在此状态下，试验舱的漏率将是一个重要影响因素。

需要指出的是，在进行 76 km 抽真空时，隔膜装置两侧压力是不平衡的。试验舱一侧持续抽真空，压力持续下降；扩压器一侧由于泄漏，压力持续上升。为确保隔膜装置两侧压差在可控范围内，应控制扩压器一侧的漏率，或者辅助进行抽真空。此外，当试验舱压力达到 76 km 点火条件时，还需要给发动机起动预留一定的窗口时间，一般应不少于 50 s。当试验舱漏率偏大时，会导致窗口时间缩短，给试验的顺利进行带来一定难度。国内某 76 km 高空模拟试验台的真空系统容积约为 700 m³，漏率小于 100 000 Pa·L/s。试验舱容积约为 50 m³，漏率小于 100 Pa·L/s。

9.6.3　燃气升压系统性能评估

火箭发动机高空模拟试验的要求是试验舱压力 p_0 小于发动机喷管出口压力 p_e，而燃气升压系统是保证发动机满足这一条件的重要系统。第 4 章对燃气升压系统设计进行了详细论述。其中，要保证超声速扩压器稳定工作，需满足以下两个工作条件：

1）发动机燃烧室压力 p_c 大于扩压器最小起动压力 $p_{c, min}$；

2）扩压器出口压力 p_E 小于扩压器最大出口压力 $p_{E, max}$。

在此工作条件下，试验舱压力 p_0 保持为定值。而扩压器出口压力 p_E 是由蒸气喷射泵的抽气能力所决定的，扩压器能够发挥的实际作用压缩比 $R = p_E/p_0$。因此，蒸气喷射泵的抽气能力应保证扩压器出口压力 p_E 小于扩压器最大出口压力 $p_{E, max}$。按照这一工作条件，可以根据被试发动机的试验要求，改变蒸气喷射泵的运行条件，降低试验设备的能耗，提高试验能力。

在发动机高空模拟试验过程中，通常要求一台扩压器能够满足发动机所有的试验工况要求，并保证试验舱内的气流压力在试验任务书规定的范围内。在发动机试验过程中，扩压器的升压能力以试验舱内的气流压力、扩压器进口截面和出口截面压力能否达到设计指标进行衡量。

9.6.4　燃气降温系统性能评估

火箭发动机高温燃气的降温可采用直接降温、间接降温或混合降温的方式。直接降温即在发动机高温燃气流动过程，向其喷注一定量的软化水，通过掺混达到对燃气直接降温的目的。这种形式，降温效果好，设备结构简单，成本低。但这种方式会增加蒸气喷射泵的抽气负载，导致蒸气喷射泵的规模增大。间接降温方式即使用降温器，通过间接换热达到对发动机高温燃气进行降温的目的。间接降温方式虽不会增加额外负载，但会额外增加降温设备，使系统规模和建设成本增加。因此，选取合适的降温方式就显得尤为重要。一般情况下，可选用直接降温的方式进行一次降温，再利用间接降温的方式将燃气温度控制在蒸气喷射泵所允许的范围内。这样既可以满足降温要求，也可以将蒸气喷射泵、降温器、冷却水系统控制在一个合理的规模范围内。通过对国内多个高空模拟试验台的试验数据进行分析，一般将直接降温所喷注的水量与发动机的燃气量比值控制在 1∶1 以下是比较合适的，这样基本可以将燃气温度控制在 800 ℃ 以内，然后再利用间接降温方式将燃气温度控制在蒸气喷射泵允许的范围内。

燃气降温系统的性能，必然是通过承担发动机试验而得到的。通过多次试验数据的积累可以得出发动机燃气流量、温度与直接降温水流量、间接降温水流量的关系，从而评估燃气降温系统的性能。在承担不同型号发动机试验时，可以对燃气降温系统参数进行调整，以提高试验台的使用效率。需要指出的是，降温器也会产生一定的压降，最好将压降控制在 1 kPa 以内。

9.6.5　蒸气喷射泵性能评估

蒸气喷射泵的抽速随进口压力而变化，在工作区间有一最大抽速峰值。在给定的吸入压力、排出压力和工作蒸气压力条件下，蒸气的消耗量随着排气量的增加而增加。而冷却水的消耗量与水的温度成正比，并且随排气量成比例地增加。蒸气喷射泵通过抽气量、入口压力、蒸气耗量、冷却水用量等方面评估蒸气喷射泵的性能。一般情况下，只要符合下列条件，即为合格[6]：

1）额定入口压力和额定出口压力条件下，实测抽气量不少于额定抽气量的 90%。

2）额定工况下，实测蒸气耗量不超过额定蒸气耗量的 5%。

3）实测冷却水量不超过额定冷却水量的 5%。

4）工作蒸气压力比额定值下降 5% 或冷却水比额定值增加 1 ℃ 时，泵仍处于稳定工作状态。

5）在额定入口压力与额定抽气量条件下，实测出口压力不低于额定出口压力的 90%。

9.7　调试总结与展望

液体火箭发动机高空模拟试验系统复杂，协同工作的分系统多，试验技术难度大。各分系统的调试与验证必不可少，全系统调试更加重要。本章只是对"四级蒸气引射高空模拟试验系统"的调试过程进行了经验总结，对系统所必需的调试内容和流程进行了简要介绍，但调试过程所需考虑的问题和内容远不止此，还需要根据系统特点进行针对性的调试验证。液体火箭发动机的研制离不开试验，高空环境工作的发动机性能鉴定更离不开高空模拟试验。"四级蒸气引射高空模拟试验系统"仅模拟了高空大气压力环境，而在液体火箭发动机实际飞行过程中，还要面对更加严酷的力、热、电磁辐射等其他环境。模拟液体火箭发动机高空飞行过程中的力、热、电磁辐射环境，会使高空模拟试验系统更加复杂，还需进行必要的调试与验证，通过调试验证结果指导试验。"成功需要很多因素，失败一个就够。"这是对液体火箭发动机试验的精炼总结。只有验证充分，才能确保成功。康斯坦丁·齐奥尔科夫斯基说过："地球是人类的摇篮，但人类不可能永远被束缚在摇篮里。"人类探索浩瀚宇宙的脚步不会停止，只有性能稳定，试验验证充分的高可靠性液体火箭发动机，才能承载人类探索更远的宇宙空间，而高空模拟试验正是通向探索浩瀚宇宙的桥梁。

参 考 文 献

［1］ 郭宵峰. 液体火箭发动机试验［M］. 北京：宇航出版社，1990.

［2］ 中国寰球化学工程公司. 管路限流孔板的设置：HG/T 20570. 15－1995［S］. 北京：化工部工程建设标准编辑中心，1996.

［3］ 杨立军，富庆飞. 液体火箭发动机推力室设计［M］. 北京：北京航空航天大学出版社，2013.

［4］ 达道安. 真空设计手册［M］. 北京：国防工业出版社，2004.

［5］ 王治军，常新龙，田干，等. 液体火箭发动机推力室设计［M］. 北京：国防工业出版社，2014.

［6］ 杭州华达喷射泵真空设备有限公司. 水蒸汽喷射真空泵：JB/T 8540－2013［S］. 北京：机械工业出版社，2014.

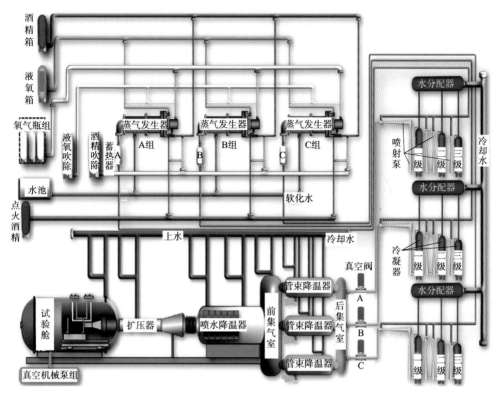

图 1-7　组合闭式真空获取系统结构组成图（P10）

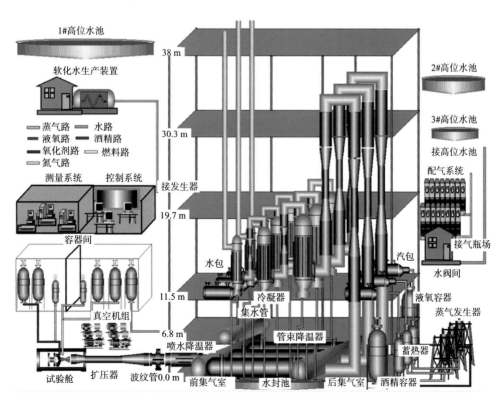

图 2-2　多组型真空获取系统结构布局示意图（P26）

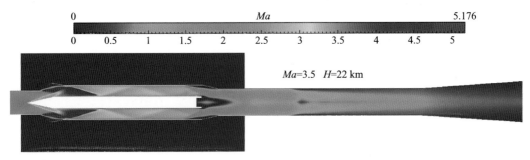

图 3 - 33　来流模拟系统仿真马赫数分布图（P74）

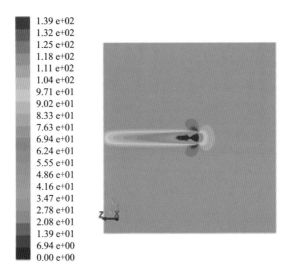

图 3 - 38　0°来流时发动机速度分布场（P80）

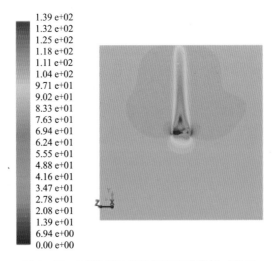

图 3 - 39　90°来流时发动机速度分布场（P80）

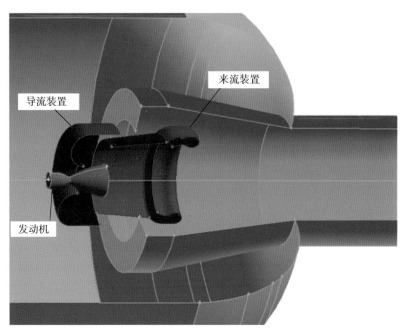

图 3-41　发动机来流模拟装置结构原理（P82）

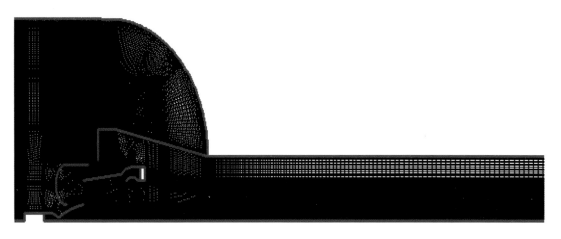

图 3-42　总体网格（P82）

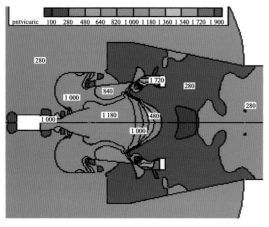

(a) 来流条件下发动机未工作时试验舱压力

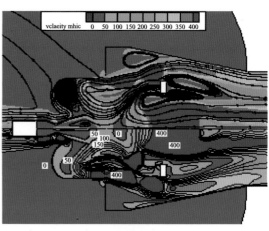

(b) 来流条件下发动机未工作时流线

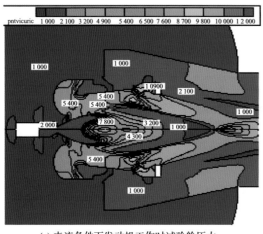

(c) 来流条件下发动机工作时试验舱压力

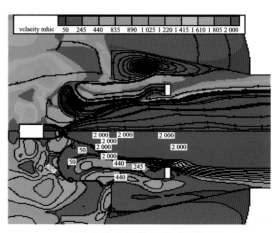

(d) 来流条件下发动机工作时流线

图 3-43　带导流装置仿真分析（P83）

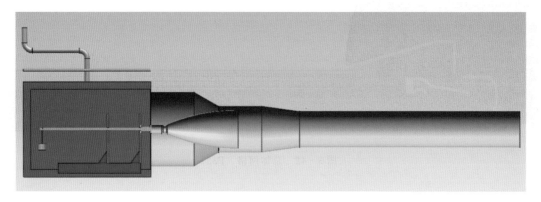

图 3-48　扩压器闭式高模试验典型结构（P87）

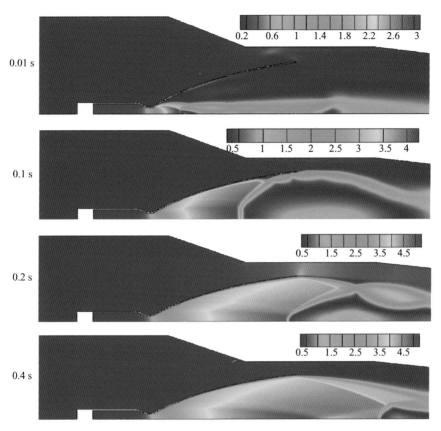

图 3-55　马赫数分布云图（P92）

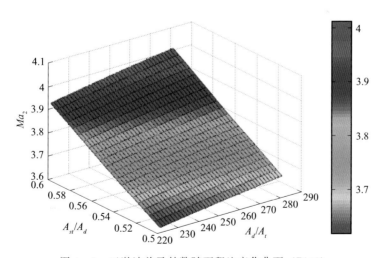

图 4-8　正激波前马赫数随面积比变化曲面（P106）

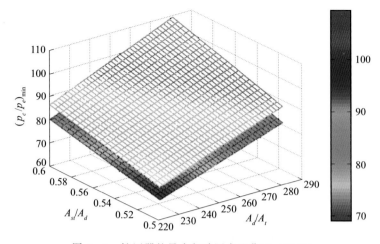

图 4 - 9　扩压器的最小起动压力比曲面（P107）

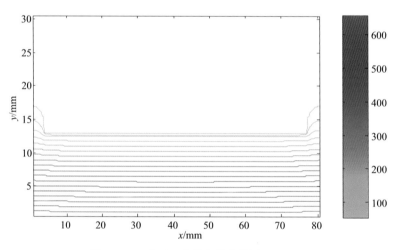

图 4 - 27　壁面温度分布等值线图（P129）

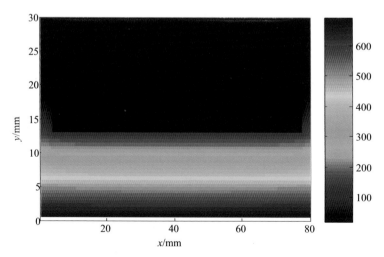

图 4 - 28　壁面温度分布云图（P130）

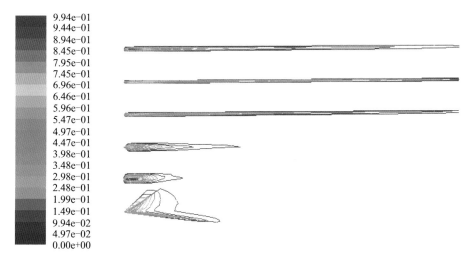

图 5-4　液态水的质量分布（P137）

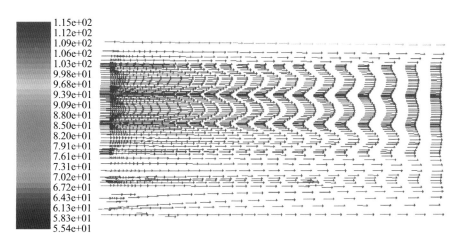

图 5-5　气流通道内气流速度分布（P137）

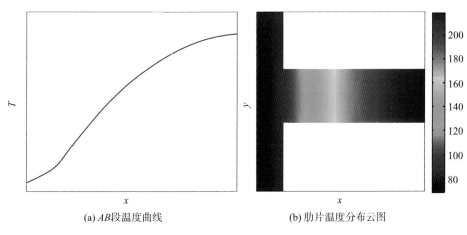

(a) AB段温度曲线　　　　　　　(b) 肋片温度分布云图

图 5-17　肋片温度分布曲线和云图（P148）

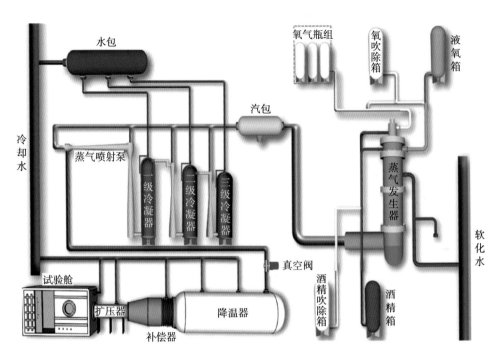

图 9-1 四级蒸气引射高空模拟试验系统结构图（P278）